文化伟人代表作图释书系

An Illustrated Series of Masterpieces of the Great Minds

非凡的阅读

从影响每一代学人的知识名著开始

知识分子阅读，不仅是指其特有的阅读姿态和思考方式，更重要的还包括读物的选择。在众多当代出版物中，哪些读物的知识价值最具引领性，许多人都很难确切判定。

“文化伟人代表作图释书系”所选择的，正是对人类知识体系的构建有着重大影响的伟大人物的代表著作，这些著述不仅从各自不同的角度深刻影响着人类文明的发展进程，而且自面世之日起，便不断改变着我们对世界和自身的认知，不仅给了我们思考的勇气和力量，更让我们实现了对自身的一次次突破。

这些著述大都篇幅宏大，难以适应当代阅读的特有习惯。为此，对其中的一部分著述，我们在凝练编译的基础上，以插图的方式对书中的知识精要进行了必要补述，既突出了原著的伟大之处，又消除了更多人可能存在的阅读障碍。

我们相信，一切尖端的知识都能轻松理解，一切深奥的思想都可以真切领悟。

■ 文化伟人代表作图释书系

History
of Animals

张超斌　甘冬营 / 译

动物志（全新彩图本）

〔古希腊〕亚里士多德 / 著

重庆出版集团　重庆出版社

图书在版编目（CIP）数据

动物志 /（古希腊）亚里士多德著；张超斌，甘冬营译. — 重庆：重庆出版社，2021.12

ISBN 978-7-229-16158-3

Ⅰ. ①动… Ⅱ. ①亚… ②张… ③甘… Ⅲ. ①生物学 Ⅳ. ①Q

中国版本图书馆CIP数据核字（2021）第222206号

动物志
DONGWU ZHI

〔古希腊〕亚里士多德　著　张超斌　甘冬营　译

策 划 人：刘太亨
责任编辑：苏　丰
责任校对：李春燕
封面设计：日日新
版式设计：曲　丹

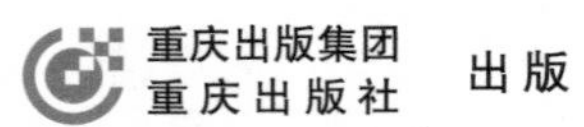

出版

重庆市南岸区南滨路162号1幢　邮编：400061　http://www.cqph.com
重庆市国丰印务有限责任公司印刷
重庆出版集团图书发行有限公司发行
全国新华书店经销

开本：720mm×1000mm　1/16　印张：25.5　字数：420千
2022年6月第1版　2022年6月第1次印刷
ISBN 978-7-229-16158-3

定价：88.00元

如有印装质量问题，请向本集团图书发行有限公司调换：023-61520678

译者序

动物学研究始于亚里士多德。公元前335年，适逢马其顿国王腓力二世病故，亚里士多德回到雅典，并在那里创办了以阿波罗神殿附近的杀狼者吕刻俄斯的名字命名的学校，人称吕克昂学园。或许是因为学园的命名与杀狼者吕刻俄斯有关，在吕克昂学园，动物学被列为必修课。

亚里士多德出生于医生世家，自幼谙悉“以无厚入有间”的解剖功夫。在游历地中海沿岸及地中海岛屿的十二年中，亚里士多德常常率领二三得意门生，深入山林水泽实地考察，捕猎不太为人所知的光鲛、鳗鲡等各类动物，加以解剖研究。经过大量的采集和观察，亚里士多德掌握了足够丰富的水陆动物资料，为《动物志》一书的撰写奠定了坚实基础。

在《动物志》一书中，亚里士多德首次将动物分为有血动物和无血动物两大类，记述了450种动物的形态结构、生活习性、繁殖发育、遗传分类、地理分布、进化历史等特征和规律，熔动物形态学、生理学、分类学、生态学、地理学、遗传学为一炉，间以燕子冬眠之类的神话传说，将各种动物的有关知识如话家常一般铺叙开来，既有绘声绘色的观察描述，也有逻辑严密的义理推演。

《动物志》甫一问世，即被誉为“动物学的奠基之作”，还被后世的动物文学作家尊为“动物文学祖本”。两千余年来，像“玄鹤的徙翔”“鲕鱼的播迁”“苇莺的闲适”等动物典故，一直是无数西方诗人从中汲取灵感的不竭源泉。

当我接手《动物志》的翻译任务时，真是既期待又担忧。我期待的是：正好可以利用自己的专业所学，重温亚里士多德的动物学经典，为广大中文读者尽一份翻译转化的绵薄之力；担忧的是：如何在翻译过程中确保译文的“信达雅”，使之既能够精准传递亚氏的本意，同时又贴合中文的表达习惯，而且不失亚氏的风格和神韵。为此，在着手翻译之前，我查阅了大量动物学经典著作和古动物词典，品读相关的动物文学作品，为翻译的措辞和口吻找感觉、定调子。在翻译过程中，我曾多次与国内外农业院校的动物学专家、学者密切联系，就措辞得当与否通信讨论，直至找到称心如意的表述方才作罢。这一切努力，无非是寄望于能够为广大中文读者献上一个经得起时间淘洗的高质量译本，实现专业性和可读性的高度统一。

需要强调的是，由于亚氏所处年代较为久远，限于当时的科学水平和认知能力，书中不太准确甚或错误的部分表述，我已根据最新学科发展在注释里做了简洁扼要的说明。

最后，感谢我的家人，虽然在本书的翻译过程中减少了陪伴你们的时间，但你们依然毫无怨言地理解和支持我的工作，使我得以心无旁骛地投身于《动物志》一书的翻译。同时，也感谢宋春阳教授、魏晨博士、杨亭博士和单鹏飞博士，是你们频频为我指点迷津，使我得以在“山重水复疑无路”之际，常有“柳暗花明又一村”的意外惊喜。限于个人的学问水平，译文若有术语处理不当或表述欠妥之处，恳请专家、学者和广大读者不吝赐教，以期再版时予以修订完善。

甘冬营

2022年3月于烟台

目 录 CONTENTS

第二卷

第三卷

第四卷

第五卷

第六卷

第七卷

第八卷

第九卷

第一卷

本卷介绍动物的组织构造，区分动物的品种和类属，并呈现其各自的形态、习惯和性格；述说动物器官的功能；重点以归属胎生四脚动物的人为例，叙述人体内外的各种器官。

天鹅

1 动物身体的各个部位，以及种、属的区分

动物身体的各个部位，有些结构比较简单，在细分后仍与自身性质相同，如肌肉细分之后仍然是肌肉；有些部位则比较复杂，细分后与自身性质相异，如手细分后不可再称为手，脸细分后亦不可再称为脸。

类似后者，有些不仅被称作部位，也被视作肢体或器官，即本身整体可称作部位，但其内部同时又包含其他部位：比如头、脚、手、胳膊、胸腔；因为此类部位本身作为整体已经可称为肢体或器官，同时又归属于动物身体整体。

凡细分后与部位自身性质相异的，可按其相异部位细分，如手掌可分为肌肉、肌腱和骨骼。

有些动物之间的某些部位相似，有些动物之间的某些部位存在差异。有些部位存在形态或种属方面的相似性，例如，一人的鼻子、眼睛、血、肉或骨骼与另一人的鼻子、眼睛、血、肉或骨骼完全相似；马及其他种马同样如此，我们统称为种：整体与整体相同，各部位亦分别相同。有的部位完全相同，仅其部位的数量有所增减，我们就将其统称为属。所谓“属”，如鸟或鱼，就是不同的属[1]，但各属之下又各自细分成许多种类的鱼和鸟。

---

〔1〕本书论及的“属”与现代生物学观念并不完全相符。现代生物学将世界上所有动物按界、门、纲、目、科、属、种分类。其中基本单元为种，也叫物种。近缘物种称为属，近缘的属为科，科隶属于目，目隶属于纲，纲隶属于门，门隶属于界。

从“属”的范畴来讲，按共同特征或独特特征进行对比，大多数部位通常在属间具有差异，如颜色差异和形状差异：同一个共同特征或独特特征存在软硬、大小、长短、多少、深浅、宽窄等差异。因此，有些肉质较软，有些肉质较硬；有些喙较长，有些喙较短；有些羽毛较多，有些羽毛较少。再进一步而言，某些动物具有其他动物所不具有的部位：例如，某些动物具有骨刺，某些却没有；有些长有冠毛，有些却没有；但总体来说，大多数部位与那些构成主要躯干的部位要么相似，要么以或多或少等方式存在差异。也就是说，“硬、长、多、大、深、宽”等和“软、短、少、小、浅、窄”等可以用“增”和“减”来统称。

此外，我们可能还会遇到部位形态不同或者部位形态相同但数量不相同的动物：这些部位只具有功能方面的相似性，例如，骨骼与鱼骨的功能相同，指甲与蹄的功能相同，手掌与爪子的功能相同，鳞与羽毛的功能相同；羽毛是针对鸟类而言，鳞是针对鱼类而言。

因此，动物各自拥有的部位，以上述方式互有差异或互相类似，更进一步而言，其局部排列亦存在异同点：许多动物有着相同的器官，但位置不同；例如，有些动物的乳头位于胸部，有些动物的乳头靠近股部。

可构成与自身性质相同的部位的物质，有些柔软湿润，有些则坚硬干燥。柔软湿润的是指其本身绝对柔软湿润，或者只要处于天然环境中，就能保持柔软湿润；比如血液、血清、脂肪、板油、骨髓、精液、胆汁、乳液，或者以另一种方式保持柔软湿润，如多余物，比如痰液以及腹腔和膀胱的排泄物。坚硬干燥的物质是指肌肉、皮肤、血管、毛发、骨骼、软骨、指甲和犄角[1]（指模棱两可的部位，原因在于犄角整体因其构成亦称为犄角）以及与此类似的部位。

〔1〕这里指动物头上长的角。

动物因生存方式、行为模式、习性和身体各部位的构造而各不相同。关于这些不同点，我们应首先采用广义的说法，再具体参考各属来论述此类不同点。

□ **河狸**

河狸是啮齿目河狸科的一属，也是河狸科存活至今的唯一一属，是世界第二大的啮齿动物（仅次于水豚）。河狸主要栖息于河岸湿地（包括溪床与潮间带），它们能维持湿地生态，使其他物种生存。

不同点表现在生存方式、习性以及行为模式等方面。例如，动物有水生、陆生之别。水生动物的生存方式也各有差别：例如，有的动物在水中生活，在水中进食，摄入水，排出水，离开水就无法存活，正如大多数鱼类；有的动物在水中生活，在水中进食，但不摄入水，只摄取空气，也不会在水中生产，许多此类动物有足，例如水獭、河狸和鳄鱼；有些有翅，例如潜水鸟和鸊鷉；有些无足，比如水蛇。有些动物生活在水中，离水就无法存活，但不摄入水或空气的除外，比如刺水母和牡蛎。水生动物又有海河湖泊以及沼泽（比如青蛙和蝾螈）之别。

陆生动物有的摄入空气，排出空气，此类现象称为“呼吸”，比如人类以及具有呼吸器官的陆生动物。有的不摄入空气，但在陆地上生活、觅食，比如黄蜂、蜜蜂以及其他所有昆虫。[1]此处所指“昆虫”，是指身体

〔1〕亚里士多德的《动物志》不仅展现了古希腊时期人们对于动物的观察和描述，还有部分生理学和生态学的内容，系统地展示了古希腊世界的“动物学”，但是读者必须注意到《动物志》一书的许多内容与现代科学观点不符，要更多地从科学技术史的角度看待此书。

上（无论仅在腹部，抑或腹背皆具）有节痕的动物。

如前所述，许多陆生动物从水中觅食，但生活在水中且摄入水的动物，无一能从陆地觅食。

有的动物初期栖息在水中，后来逐渐改变形态，离开水环境生存，比如河流蠕虫，牛虻就从这些蠕虫孕育而来。

此外，动物有定居性和无定居性之别。定居性只见于水生动物，陆生动物全部无定居性。许多水生动物紧紧依附于外部物体，比如若干种牡蛎。顺带提一下，海绵似乎天生有一种特别的感知能力：据说采集海绵时动作要足够隐秘，否则把它从所在位置摘掉的难度会增加。

有些动物会在某一时段依附于某个物体，其他时段则与该物相互分离，比如某一种刺水母；此类动物有一些会在夜间脱离依附物去觅食。

许多动物不依附于某个物体，但仍不能行动，比如牡蛎和海参。有些会游动，比如鱼类、软体动物〔1〕和软甲动物〔2〕（比如蝲蛄）。软甲类的某些动物虽然生活在水中，其天性却是通过行走来移动，所以仍旧依靠行走在水中移动。

有些陆生动物有翅，比如鸟类和蜂类，其翅膀也各不相同；有些陆生动物则有足。有足动物有的靠行走，有的靠爬动，有的靠蠕动。但没有任何一种动物仅专一于飞行，像鱼类仅靠游动那样，因为凡有皮膜翼〔3〕的动物都可以行走；比如蝙蝠有翅，也有足。海豹有发育不完全的足。

有些鸟类的足力量较小，因此被称作无足动物。这类体形较小的鸟类

---

〔1〕现代软体动物包括多板腹足、头足、无板、掘足和单板等七纲。本书论述的软体动物，仅限于头足纲。

〔2〕本书提到的软甲动物，相当于当今分类中的节肢动物以及有鳃亚门、甲壳纲和软甲亚纲（如蝲蛄）动物，而介壳动物在当今则为软体动物中的腹足纲（如蜗牛），以及瓣鳃纲（如牡蛎）。

〔3〕皮膜翼：由皮膜系统连接起来的翼，用于飞行，比如蝙蝠的翼手。

翅膀强劲有力；一般来说，与其相似的鸟类，足部力量都较小，翅膀强劲有力，比如燕子、吸蜜鸟或阿尔卑斯山[1]雨燕；这些鸟类的习性、翅膀均极为相似，容易互相混淆。（雨燕属四季可见，吸蜜鸟仅夏季雨后可见，因为只有这种时刻才能见到并抓到，但大体来看，它是一种稀有鸟类。）

有些动物可以在陆地上行走，也可以在水里游动。

此外，以下差异通过其生存方式和行为方式得到体现。有些群居，有些独居，无论其是否有足，是否有翅，或者是否适于水栖；有些同时具备两种特征，既群居又独居。对于群居动物而言，有些是为了社会目的，有些则为了个体生存。

群居鸟类有鸽子、鹤以及天鹅；顺便一提，凡爪子呈钩状的鸟类均不群居。至于水生动物，许多种鱼类属于群居，比如所谓的洄游鱼[2]以及金枪鱼、狐鲣和松鱼。

顺带一提，人类具备群居和独居两种混合特征。

社会性动物是指具有某种共同目标的动物；这一特征并不适用于所有群居动物。此处所述的社会性动物有人类、蜜蜂、黄蜂、蚁以及鹤。

有些社会性动物听从一个统治者的管理，有些则不存在统治与被统治之分：例如鹤以及若干种蜜蜂存在统治者管理，而许多其他动物则各自为政。

无论群居动物，还是独居动物，都存在定居和无定居之别。

此外，动物有肉食性、草食性和杂食性之分：有些以专门食物为食，比如蜜蜂和蜘蛛，因为蜜蜂以蜂蜜及其他特定高糖食物为食，而蜘蛛以捕

---

〔1〕阿尔卑斯山：位于欧洲中南部，长1200千米，平均海拔约3000米，是欧洲最大的山脉。多瑙河、莱茵河、波河和罗讷河等河流均发源于此。

〔2〕一些因生理、遗传的需要，以及外界环境的影响，发生周期性定向游动的鱼类被称作洄游鱼。洄游鱼分为生殖性洄游鱼、索饵性洄游鱼和季节性洄游鱼。

□ 鼹鼠

鼹鼠是哺乳动物，体形矮胖，前肢发达而后肢细小，有利爪，具有不同寻常的嗅觉，能够辨识立体空间中不同食物的气味。

捉苍蝇为生[1]；有些动物则以鱼类为食。另外，有些动物会捕捉食物，有些还会储藏食物；有些则两者都不会。

有些动物为自身提供栖息之所，有些则无定居：前一种有鼹鼠、家鼠、蚂蚁和蜜蜂；后一种有诸多昆虫和四足动物。另外，至于栖息之所的地点，有些动物选择地下，比如蜥蜴和蛇属；有些选择地上，比如马和狗；有些会打洞穴居，有些则不会。

有些动物昼伏夜出，比如猫头鹰和蝙蝠；有些则昼出夜伏。

〔1〕以今天的科学视角看，亚里士多德的观点出于时代原因，还是存在一定局限，比如此处提到的蜘蛛，其实不仅以苍蝇为食，其猎食对象还包括其他昆虫，甚至一些小型动物。

此外，有些动物性情温顺，有些则性情狂暴：有些时时刻刻都很温顺，比如人类和骡子；有些时时刻刻都很狂暴，比如豹和狼；有些可以很快被驯服，比如大象。

再次重申，我们可能会从另一角度看待动物，究其原因是动物属种里有被驯服的，也有野生的，比如马、牛、绵羊、山羊和狗。

□ **孔雀**

孔雀属鸡形目雉科，其雌雄两性有明显不同的性征，雄鸟有会开屏的尾上覆羽，雌鸟则没有。

此外，有些动物具有发声能力，有些动物则不具备，有些天生能够发出声音：有些后天习得音节分明的语言，有些则无法分辨；有些持续不断地叽叽喳喳和啁啾，有些则倾向于沉默无言；有些悦耳动听，有些刺耳聒噪；但所有动物无一例外地会在求偶过程中短暂地发挥歌唱或鸣叫的威力。

有些动物栖息于田野，比如斑鸠；有些栖息于山中，比如戴胜；有些常常光顾人类的住所，比如鸽子。

有些极为放荡下流，比如鹧鸪、谷仓门公鸡和其同属动物；其他的则纯洁优雅，比如所有种类的乌鸦，因为此种鸟类极少沉溺于交配。

有些海洋动物栖息在海里，有些临近海岸，有些则栖息在岩石上。

此外，有些受到侵犯后会变得凶猛好斗，有些则仅限于防守。前者表现为在受到恶劣对待时发动攻击或报复，后者表现为仅仅采取守势，保护自己免受攻击。

动物的性情也有下列不同表现。有些性情温顺，反应迟钝，略显野蛮，比如牛；有些脾气暴躁，野蛮凶残，教无可教，比如野猪；有些聪慧胆小，比如雄鹿和兔子；有些卑劣奸诈，比如蛇；有些雄壮勇猛，出身高贵，比如狮子；有些虽品种纯净，却野蛮奸诈，比如狼。动物如果源自高贵血统，则为出身高贵，如果没有偏离其种群特征，则为纯种。

另外，有些动物诡计多端，有害无益，比如狐狸；有些活泼欢快，温柔亲切，善于阿谀奉承，比如狗；有些性格随和，易于驯养，比如大象；有些谨慎小心，比如鹅类；有些自大善妒，比如孔雀。但在所有动物之中，唯有人类能够深思熟虑，审慎行事。

许多动物具有可以世代相传的记忆；但唯有人类可以随意回忆过往。

至于若干属种的动物，其习性特点和生存方式将会逐一详细讨论。

2 动物的消化器官

所有动物都具有进食器官和消化器官；此类器官要么完全相同，要么以上文所述方式而有所不同，也就是说，要么形态完全相同，要么有“增”有“减”，要么功能相似，要么位置不同。

另外，除了这些共同器官之外，大多数动物还有其他器官，即排出食物残余的器官。此处有限定词“大多数”，因为这一说法并不适用于所有动物。顺带一提，进食器官称为口，食物所进入的部位称为腹部，消化系统的其他部位名称较为繁多。

食物残余有两种类型，一为干，一为湿，具有能够容纳湿残余物[1]器官的动物，一定具有能够容纳干残余物[2]的器官；但具有能够容纳干

〔1〕湿残余物指动物体内的尿液。

〔2〕干残余物指动物体内的粪便。

残余物器官的动物，不一定具有能够容纳湿残余物的器官。换言之，有膀胱的动物一定有肠，但有肠的动物可能没有膀胱。顺带一提，此处所指的能够容纳湿残余物的器官称为“膀胱”，能够容纳干残余物的器官称为“肠”。

3 动物的生殖器官与触觉

其他类型的动物，除了具有上述器官之外，许多还具有一个排泄精液的器官：对于能够生育的动物，一方插入另一方……后者称为“雌性”，前者称为“雄性”；但有些动物没有雌雄之分。因此，与此功能相关的器官会存在形态差异，比如某些动物具有子宫，有些则具有与之功能类似的其他器官。

因此，上述器官是动物最不可或缺的；所有动物毫无例外必须具有其中一部分，而某些动物则需要其中一大部分。

有且仅有一种官能是所有动物都具有的，那就是触觉〔1〕。因此，触觉器官没有特别的名称；因为在某些动物类群中，该器官完全相同，而在其他的动物类群中，该器官仅仅是功能相同。

4 动物体内的水；有血动物与无血动物〔2〕

每个动物都需要水分〔3〕，如果动物出于自然原因或人为原因丧失水

---

〔1〕触觉：动物和外界接触而产生的感觉。

〔2〕动物分为无血动物和有血动物两大类。无血动物没有循环系统，故而无血。原生动物界，比如草履虫、海绵、水螅和水母等都是无血动物。

有血动物具有循环系统。具有脊椎的动物，均是有血动物。

〔3〕水分是动物身体必须具备的。动物获得水分的方法，一是直接饮水；二是从食物中获取水分。

分，则必死无疑：更进一步来说，每个动物都有储存水分的部位。这些部位就是血液和血管，其他动物身上也有相应的部位；但在后者身上，此类部位发育不完全，仅仅表现为纤维、浆液或淋巴液等。

触觉位于一个统一、均质的部位，位于肌肉或诸如此类之中，一般而言，它跟有血动物相关，存在于充血的部位。在其他动物身上，它源于跟充血部位功能相似的部位；但无论哪种情况，它都位于结构均质的部位。

相反，主动器官源于异质部位：例如，食物的准备与嘴部有关，运动与足、翅膀或相应的器官有关。

另外，有些动物是有血动物，例如人类和马，所有此类动物在发育完全之后，会变得要么无足，要么两足，要么四足；其他动物为无血动物，比如蜜蜂、黄蜂以及海洋动物里的乌贼，所有此类动物都有四个以上的足。

5 胎生、卵生、卵胎生[1]；动物的运动器官

动物有胎生、卵生和卵胎生（又称“蛆生”）之分。胎生的有人类、马、海豹以及有被毛的其他所有动物，再及海洋动物中的鲸目动物，比如海豚和所谓的鲨类动物。（在鲨类动物中，有些具有管状气道，无腮，比如海豚和鲸鱼：海豚的气道贯通背部，鲸鱼的气道位于前额；其他的则为无覆盖的腮，比如鲨类动物，鲨鱼和鳐鱼。）

---

〔1〕胎生动物指的是动物受精卵在雌性动物体内的子宫里发育成熟，并生产的物种。哺乳动物一般都是胎生，比如人类、牛、羊、马、鲸鱼和海豚等。

卵生动物一般指由产卵孵化方式繁殖的动物。一般的鸟类、爬行类，大部分的鱼类和昆虫均为卵生动物。

卵胎生动物有蝮蛇、海蛇、星鲨、胎生蜥和锥齿鲨等。它们的特点是动物的卵在体内进行孵化。

□ **金鲷**

金鲷即银金鲷，辐鳍鱼纲鲈形目鲈亚目鲷科的其中一种，分布于印度和太平洋，包括日本、中国、菲律宾、印度尼西亚、澳大利亚、新西兰等海域，栖息深度可达200米，体长可达130厘米，幼鱼成小群在河口活动，成鱼则出现在礁沙混合区，肉食性，以软体动物、甲壳动物、蠕虫等为食。

卵是动物妊娠完成的结果，胚胎在其中发育，因此，相对于动物的原始生殖细胞[1]状态，动物只是卵（蛋）的一部分，其他部分则在胚芽发育过程中作为营养。另一方面，“蛆”[2]是动物胚胎在分化和生长过程中促使动物整体发育的东西。

在动物中，有些在其体内孵卵（蛋），比如鲨鱼等动物；有些在体内形成活体胎儿，如人类和马。当妊娠完成时，有些动物会产出活的个体，有些会产出卵（蛋），有些则会产出蛆。有的卵（蛋）有壳，内容物分为两种颜色，比如鸟蛋；有的无壳，内容物只有一种颜色，比如鲨鱼之类的卵。有的蛆一开始就能移动，有些不能移动。不过，在论及生育时，我们会再明确地讨论此类现象。

此外，有些动物有足，有些动物无足。有足者之中，有的是两足，比

〔1〕生殖细胞，又称配子，是多细胞动物体内能繁殖后代细胞的总称，包括从原始生殖细胞直到最终已分化完成的成熟生殖细胞。此术语由恩格勒和普兰特尔于1897年提出以与体细胞区别。长期的自然选择使每一种动物结构，都为其生殖细胞的存活提供了最好的条件。

生殖是生物体生长发育到一定阶段后，能够产生与自己生命特征相同的子代个体。生殖是生物特有的延续生命的方式，一旦生殖停止，生物的遗传就停止。

〔2〕蛆也称为蛆虫，是卵变成蛹之前必经的幼虫阶段，现代所称的蛆普遍是对双翅目下蝇类幼虫的统称。不过在本书中，亚里士多德将蛆作为一种阶段性代称，用以代指各种完全变态发育昆虫的幼虫。

□ 狐蝠

狐蝠的头型似狐，其口吻长而伸出，体形较一般蝙蝠更大，均为植食性，其大型种类多以果实为食，小型种类则主要食花蜜 。

如人类和鸟类，且仅限于人类和鸟类；有的是四足，比如蜥蜴和狗；有些是多足，比如蜈蚣和蜜蜂；但凡有足的，其足的数量均为偶数。

水生动物中，有些无足，有些有翅或鳍[1]，比如鱼类；长有四个鳍的，两个在背上，两个在腹下，比如乌颊鱼和鲈鱼；有些仅有两个鳍，这类鳍极长、极光滑，比如鳗鱼和康吉鳗；有些无鳍，比如海鳝，其在海中的行动犹如蛇在陆地，而且蛇在水中也以同样的方式游动。有些鲨鱼类动物无鳍，比如那些扁平长尾的，如鳐鱼和刺鳐，但这些鱼类其实靠它们扁平身体的波动来游动；然而，鮟鱇有鳍，凡扁平的体表未变薄形成锐角边缘的鱼类都有鳍。

有足的水生动物（比如软体动物）靠足和鳍游动，并且沿躯干方向反向游动速度极快，比如乌贼（又称墨鱼）和枪乌贼；顺带一提，后面的这两种生物都无法像章鱼之类那样走动。

硬皮或软甲动物，如鳌虾，则借助尾部游动；尾部朝前游动时，躯干

〔1〕鳍指鱼类和某些水生动物的类似翅或桨的附肢，起着推进、平衡及导向的作用。

上发育出的鳍作为辅助，游动速度极快。蝾螈靠足和尾部游动；其尾巴与六须鲇类似，只是尺寸较小。

飞行动物中，有些具有羽翅，比如鹰和隼；有些具有膜状翼[1]，比如蜜蜂和金龟子；有的则为皮膜翼，比如狐蝠和蝙蝠。所有有血飞行动物都具有羽翅或皮膜翼；无血飞行动物具有膜状翼，比如昆虫。具有羽翅或皮膜翼的飞行动物，要么两足，要么完全无足：据说埃塞俄比亚存在某种完全无足的飞蛇。

有羽翅的飞行动物归入“鸟属”；另外两个属，即具有皮膜翼和膜状翼的，尚无属名。

无血飞行动物中，有些属于甲虫类（又称鞘翅目），其翅膀藏于外壳或甲壳内，比如金龟子和蜣螂；其他的无翅鞘，这其中有些为双翅类，有些为四翅类：四翅类体形相对较大，或者尾部有刺，双翅类体形相对较小，或者头前有刺吸式口器。甲虫类都没有刺，无一例外；双翅类头前有刺吸式口器，比如苍蝇、马蝇、牛虻和蚊蚋。

无血动物的体形通常比有血动物小，但海洋中有些无血动物的体形异常巨大，比如某些软体动物。无血动物中，体形最大的栖息在较温和的环境中，而栖息在海中的，其体形大于栖息在陆地或淡水中的。

凡能移动的动物，都依靠四个或四个以上的运动支点移动；有血动物只有四个运动支点，比如人类的双手和双腿、鸟类的双翼和双腿，四足动物和鱼类分别有四足和四鳍。具有两片小翼或鳍的动物，或者像蛇一样没有任何翼或鳍的动物，均以不少于四个运动支点的方式移动；在移动过程中，其躯干有四个弯曲处，如果有鳍，则为两个。无血动物及多足动物，无论是否有翼或足，都以四个运动支点以上的方式移动；例如蜉蝣以四足

[1] 一般无血飞行动物的翅膀称为膜状翼，比如苍蝇、蜜蜂的翅膀，等等。

和四翼移动——此处顺带说一下，这种动物不仅在其存在时间方面异乎寻常（并由此得名），而且它作为四足动物，竟然也有翅膀。

无论是四足还是多足，所有动物的移动方式类似；换言之，它们全都采用交叉移动。一般而言，动物前半身有两足；唯有螃蟹前半身有四足。

6 动物的分类，从人类开始分析动物的构造

动物的属有许多，不同种的动物分别归属其中，这些属包括：鸟类、鱼类、鲸类。所有这些都是有血动物。

介壳类单列一属，名为牡蛎；软甲类单列一属，属名未定，比如各种鳌虾和各种螃蟹、龙虾。软体动物单列一属，包括两种枪乌贼和乌贼；昆虫单列一属。上述这些均为无血动物，凡有足的，其足较多；某些昆虫足和翼皆备。

属类较少的动物，其属内的种所包含的品种较少；但唯有人类为单一属种，不再细分，而其他属种还可细分，但其分类尚无特定名称。

例如，四足无翼动物全是有血动物，无一例外，但有些为胎生，有些为卵生、胎生的有被毛覆盖，卵生的有镶嵌花纹状坚硬物质覆盖；此类镶嵌花纹状物质以其所在位置来看，相当于鳞片。

能够在陆地上活动的有血动物，但天生无足，则归为蛇属；该属的动物躯干覆有镶嵌花纹状角质层。蛇属一般为卵生；小毒蛇例外，为卵胎生。并非所有胎生动物都被毛所覆盖，某些鱼类也属胎生。

然而，被毛覆盖的所有动物都为胎生。顺带一提，如刺猬和豪猪一样的尖刺也应视为被毛；因为这些棘状突起的功能如同被毛，而海胆的棘状突起为足，二者截然不同。

涵盖所有胎生四足动物的属细分为许多种，但名称各不相同。这些种只按原有状况逐一命名，比如人、狮、鹿和狗，等等；然而，顺带一提，

凡鬃毛和尾巴被毛浓密的动物也列为一属，如马、驴、骡、驴骡和叙利亚半驴——外形与驴相似，但严格来说不是同一种动物，但该动物同类之间的交配、繁殖便是明证。

鉴于上述原因，应将动物按种分类[1]，分别讨论其特性。上述说法较为笼统，只是预先说明了解其独特特征和共同特征之前所须考虑的主题数目和特性数量。我们将逐一细致地讨论这些问题。

我们先研究细节，再讨论成因，这是自然而然的正确方法，如此一来，论证的主题和前提才会变得清楚明了。

我们先看看动物的构成部位，因为从某种程度来说，正是这些部位才使得动物的整体互不相同：要么因为这个部位我有你无，你有我无；要么因为位置或排列独特；要么出于上述原因，即形态差异，该部位或另一部位的“增减”，功能相同但结构不同或附带性质存在差异。

首先我们从人体部位入手。正如每个国家都会以其最熟悉的货币标准来计算，那么在其他事务中，我们也应选择最熟悉的。当然，人类就是我们所有人最熟悉的。

各部位显而易见，足以进行肉眼观察。但是，为了遵守适当顺序和程序，将理性的概念与肉眼的观察结合起来，我们应当列出各部位：首先是器官，之后是较为简单的部位（或者说非合成的部位）。

---

〔1〕在亚里士多德生活的时代还没有严格意义上的动物学分类，但是从亚里士多德开始，有了动物学的基本分类。亚里士多德动物分类体系为：一级分类为有（红）血、无（红）血。二级是在有血动物中分为胎生、卵生。（a）有血胎生动物又分为Ⅰ级：人，Ⅱ级：鲸，Ⅲ级：有四足的动物。（b）有血卵生动物按有无壳分为Ⅳ：鸟；Ⅴ：两栖类；Ⅵ：蛇与爬虫类，有卵无壳的动物为Ⅶ：鱼类。无血动物分为卵生、蛆生、自发生。有全卵者再分为Ⅷ：有头足类，Ⅸ：软甲类，不完全卵者为Ⅹ：昆虫和蜘蛛等。由生殖液，或者自发生成的为Ⅺ：螺、贝（当今分类中除头足纲外的的软体动物门外）。全自发生成者有Ⅻ：动植物中间体类，比如海绵、腔肠类动物。

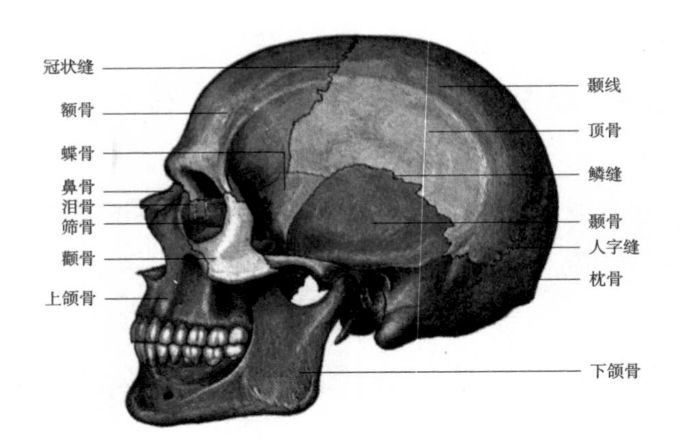

□ **人体的头部骨骼构造**

人的颅骨共有23块。颅骨为脊椎动物骨骼系统中最复杂的部分，它是中轴骨骼的最前端的部分，除下颌骨、舌骨外，其余骨借缝或软骨牢固地结合在一起，彼此间不能活动。头骨分为脑颅和面颅。脑颅位于头方，有额骨、顶骨、蝶骨、枕骨等8块骨构成颅腔，容纳并保护着脑。面颅位于头的前下方，由鼻骨、颧骨、泪骨、上颌骨和下颌骨等15块骨构成口腔，并与脑颅共同构成鼻腔和眶。

7 人体的构造；头部

人体可以细分成头部、颈部、躯干（从颈部到阴部称为胸廓）、双臂和双腿等主要部位。

构成头部的部位中，有头发覆盖的部分称为“颅骨”，颅前部分称为“前囟”或“额骨”，该部位在出生后发育，是全身所有骨骼中最后变坚硬的；颅骨的后半部分称为“枕骨”，介于额骨和枕骨之间的部位叫作“顶骨”。大脑位于额骨下面；枕骨中空。颅骨全由薄骨构成，呈圆形，包覆在一层无肌肉的皮肤内。

颅骨有缝，女性的呈圆形，男性一般为三条缝交于一点。有证据表明，有些男性的颅骨完全无缝。颅骨中线，即头发的分界之处，叫作顶骨或颅顶。某些人的分界为两个；也就是说，某些男性有双顶骨。这一说法不是指存在两个颅骨骨骼，而是指存在两个毛发分界。

8 面部

颅骨下方的部位叫作“面部”，此处仅指人类，不适用于鱼类或牛类。在面部，额骨以下、双眼之间的部位叫作前额。男性前额较大，则性格沉稳；前额较小，则性格轻浮；前额较宽，则容易心烦意乱；前额呈圆形或凸出，则性格急躁。[1]

9 眉毛和眼睛

前额下方是两条眉毛。眉毛直，则性情温和；眉毛朝鼻子内弯，则残酷无情；眉毛朝太阳穴外弯，则幽默诙谐，善于掩饰；眉毛向中间聚拢，则善妒。

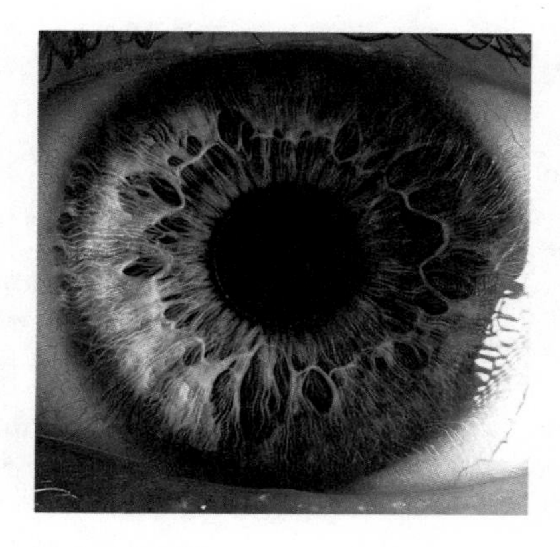

□ **人眼的虹膜**

虹膜也称黄仁，是眼睛构造的一部分，其中心有一圆形开口，即瞳孔，犹如相机当中可调整大小的光圈，内含色素决定眼睛的颜色。在日间光线较为强烈时，瞳孔会变小，只使一小束光线穿透瞳孔，进入眼睛；当进入黑暗环境中，虹膜就会往后退缩，使瞳孔变大，让更多的光线进入眼睛，多数的脊椎动物的眼睛都有虹膜。每个人的虹膜都是不同的，因而虹膜也被用于身份辨识。

眉毛下方即为眼睛。眼睛必为两只，各有上下眼睑，眼睑边缘处的毛发叫作“睫毛”。眼睛中央的部位包括实现视物的湿润部分（即“瞳孔”）、环绕瞳孔的“虹膜”和虹膜之外的“眼白”。上下眼睑组成两对眼角，鼻子一侧的叫作内眼角，太阳穴一侧的叫作外眼角。眼角长，则性情恶劣；内眼角丰满如鸡冠，则不诚实。

一般而言，所有动物均长有眼睛，唯甲胄鱼及其他发育不完全的动物除外；所有胎生动物均有眼睛，唯鼹鼠除外。有人可能会说，从严格定义来看，鼹鼠没有眼睛，但从某种程度上来说，它是有眼睛的。它无法视物，这是绝对的事实，而且外观上没有眼睛的存在；但移除表皮后，可发现其具有眼睛通常所在的部位，眼睛虹膜以及眼睛外围的部位全部存在，只因皮肤发育较快，将这些发育迟缓的部位覆盖了。

〔1〕此处对人的前额骨与人的性情描述，与我国的面相学相似。从面相识人用人，是历代帝王都暗中遵行的法则之一，可参阅唐赵蕤所著《反经》。

10 眼睛

所有动物的眼白基本类似，但动物的虹膜则各不相同。有些虹膜呈黑色，有些湛蓝，有些灰蓝，有些偏绿；偏绿则性情极好，视觉尤其敏锐。人类是（或几乎是）眼睛具有不同颜色的唯一动物。一般而言，动物的眼睛仅有一种颜色。有些马的眼睛为蓝色。

眼睛有大中小之分，中等最佳。此外，眼睛有突出、内凹，也有既不突出也不内凹型。所有性情敏感的动物都眼睛内凹，但既不突出也不内凹者性情最佳。另外，受到注意时，眼睛有时会眨动，有时会睁开凝视，有时既不眨动也不凝视。最后一种的性情最好，而在另外两种中间，前者代表犹豫不决，后者代表轻率粗鲁。

11 耳、鼻、嘴

头部有一部位，此部位不用于呼吸，只用于聆听，叫作“耳朵”。之所以说“不用于呼吸”，原因在于阿尔克迈翁[1]误以为山羊用耳朵呼吸。耳朵的上半部分没有名称，下半部分称为“耳垂”；耳朵完全由软骨和肌肉组成。耳朵内部构造如海螺壳，最内部的骨骼与耳朵本身同为软骨，声音沿耳道进入底部，一如进入“罐子”的底部。这个容器不与大脑相通，但与腭相通，有一根血管从脑通向耳朵。眼睛与大脑相通，每只眼睛各处于一根细血管的末端。在长有耳朵的动物中，唯有人类无法摆动该器官。在具有听力的所有动物中，有些长有耳朵，有些没有耳朵，只有耳道，比

---

〔1〕阿尔克迈翁（Alcmaeon）生于克罗顿，通常被称为克罗顿的阿尔克迈翁。阿尔克迈翁的生卒年不详，大致生活在公元前4世纪左右，是前苏格拉底时期唯一有医学理论留传下来的医生，著有《论自然》（*On Nature*），可惜该著作没有流传下来。

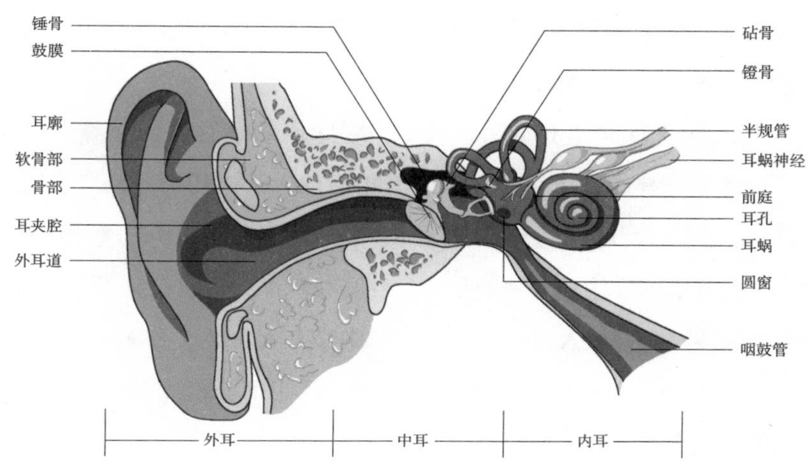

□ **人耳**

除去辨别声音的功能外，我们的耳朵其实还具有帮助保持身体平衡的功能。人类的内耳中有三个半规管，它们互相垂直且位于三个不同的平面上，所以不论头部向任何方向转动，其中至少一个半规管会受淋巴振动的刺激而产生冲动，这种冲动随后由前庭神经传到大脑，就会使人有头部转动的感觉，即平衡觉。

如有羽毛的动物或覆有角质镶嵌花纹的动物。

胎生动物，除了海豹、海豚以及结构类似的鲸类动物，都长有耳朵；顺带一提，鲸类动物也属胎生。海豹有明显的耳道，用于聆听；海豚有听觉，但没有耳朵，也没有明显的耳道。唯有人类无法摇动耳朵，其他所有动物都可以。人类的耳朵与眼睛处于同一个水平面上，而不是像四足动物那样位于眼睛的水平面以上。耳朵有精致、粗糙以及普通纹理之别；最后一种听觉最佳，但肌理不用于判断性格。耳朵有大中小之分，有些外扩，有些紧贴面部，有些介于二者之间，中等大小、位置介于二者之间的性格最好，大耳外扩者容易说话离题万里。眼睛、耳朵和额骨之间的部位叫作“太阳穴”。

五官中有一部位用于呼吸，称为“鼻子”。人类靠此器官呼吸。喷嚏（多股气息瞬间剧烈外放）也经由此器官，是唯一被视作预兆和超自然的呼吸模式。呼吸均从鼻子进入胸腔；呼吸只能通过鼻孔，否则无法实现，原因是呼吸发生在胸腔内的气管里，而非与头部连接的任何部分；有些动物的确可以不依靠鼻子呼吸而存活。

此外，嗅觉通过鼻子实现，嗅觉是对味道的感官辨识。鼻孔容易摇动，不像耳朵那样本质上无法摇动。其中由软骨组成的部分构成横隔或鼻中隔，另一部分为开放的腔道；鼻孔由两个单独的腔道构成。大象的鼻长而结实，起到手的作用；大象通过这一器官将物品拉向自身，卷起食物（无论是流体还是固体）并放入口中，所有动物中唯有大象会这么做。

动物有两颌，颌的前半部分构成下巴，后半部分构成面颊。除江河中的鳄鱼能移动上颌之外，所有动物只会移动下颌。

鼻子下方为两片嘴唇，嘴唇由肌肉构成，易于活动。口腔位于两颌和嘴唇以内，口腔细分成上颌和咽。

对味道敏感的部位叫作舌头。该知觉源于舌尖[1]；尝味时，如果将物品放置在舌头的平坦表面，则味觉稍差。舌头的感知一如肌肉：也就是说，它的任何位置都可以感知坚硬度、冷暖，正如其感知味道。舌头有宽窄中等之分，中等最佳，味觉辨识度最高。另外，舌头有松弛和紧凑的差异，分别表现为说话含糊和口齿不清。

舌头由肌肉组成，柔软而富有弹性，所谓的“会厌软骨”即是该器官的一部分。

口腔内一分为二的部位叫作“扁桃体”；分成多个部分的部位叫作“齿龈”。扁桃体和齿龈都由肌肉组成。在齿龈内的叫作牙齿，牙齿由骨骼构成。

口腔内另有一部位，形似一串“葡萄”，是有血管纹理的柱状物。如果该柱状物松弛或发炎，则称为“小舌病”或“一串葡萄病”，易引起窒息。

---

〔1〕味觉不限于舌尖，属原著者的误解。

12 颈部及乳房

位于面部和躯干之间的部位叫作颈部。颈部前半部分为固有颈部，后半部分为项部。前半部分由软骨组成，用于呼吸和发声，称为“气管”；肌肉部分叫作食管，位于脊椎正前方。颈部后半部分叫作项部，又称“肩点”。

以上就是讨论胸廓之前所要介绍的部位。

躯干有前后之分。颈部之下的前半部分叫作胸腔，有一对乳房。乳房上各有一个乳头，雌性的乳汁由此排出；乳房为海绵状结构。顺带一提，有时雄性也会产乳；但雄性的乳房肌肉相对坚硬，雌性的乳房相对柔软多孔。

13 胸部以下的构造

胸部以下的前半部分称为“腹部”，其底端为“肚脐”。肚脐以下左右对称的部位叫作“胁腹”：肚脐以下未细分的部位叫作“下腹”，下腹最末端为“耻骨”；肚脐以上的部位叫作“季肋部”[1]；靠近季肋部和胁腹的腔叫作肠腔。

胸部以下的后半部分的支撑带叫作骨盆，因外观上左右对称，故而得名（髋关节）；支撑该部位的叫作“臀部”，大腿枢轴之上的部位叫作髋臼。

“子宫”仅为雌性所有；“阴茎”仅为雄性所有。阴茎位于体外，为躯干的最下端；阴茎由两个独立的部分组成：末端为肌肉，尺寸不会变化，称为阴茎头；包覆阴茎头的皮肤没有具体名称[2]，切除后无法再生，这一点与颌及眼睑类似。包皮与阴茎头之间的连接物叫作系带。阴茎的其余部分由软骨构成；易于胀大；阴茎可反向伸缩，一如猫类的该器官。阴

〔1〕季肋部即左右上腹部。

〔2〕此部位现在称为“包皮”。

茎下方是两个“睾丸”，包覆睾丸的皮肤叫作“阴囊”。

睾丸与肌肉不同，也并非截然不同。不过，有关此类部位，我们会进一步深入讨论。

14 生殖器官，以及其他部位

雌性与雄性的阴部特征恰恰相反。换言之，雌性耻骨下方的部位为中空或凹陷，不像雄性的阴茎那样突出体外。此外，子宫外部有一处“尿道”；尿道的作用有二，一为雄性精液通道，二为两性液体排泄物出口。

连接颈部和胸腔的部位叫作“咽喉”，“腋窝”连接肋肋、手臂和肩膀，“鼠蹊”连接大腿和下腹部。大腿和臀部之内的部位叫作“会阴”，大腿和臀部之外的部位叫作“腹股沟”。胸腔后面的部分叫作“背部”。

躯干前半部分的部位现已列举完毕。

15 人体各个部位的构造排列

背部由一对“肩胛骨”、脊骨、靠下且和躯干的腹部处于同一水平面的“耻骨”组成。连接躯干上下部分的是“肋骨”，左右各八根，据传利基阳人左右各有七根肋骨，但缺乏切实证据。

人的部位分上下、前后、左右。左右侧的部位整体十分相似，丝毫不差，但左侧相对脆弱；前后不一，上下有别：但上下部位相似的情况仅限于如果面部丰满或干瘪，则腹部相应地丰满或干瘪；腿对应臂，上臂较短，则大腿也较短，足较小，则手掌也相应较小。

四肢中有一对叫作“臂”。“肩”“上臂”“肘”和“前臂”均属于“臂”。“手掌”和五根“手指”属于手。手指可以弯曲的部位叫作“指关节”，不可弯曲的部位叫作“指骨”。大拇指仅有一个指关节，其他手

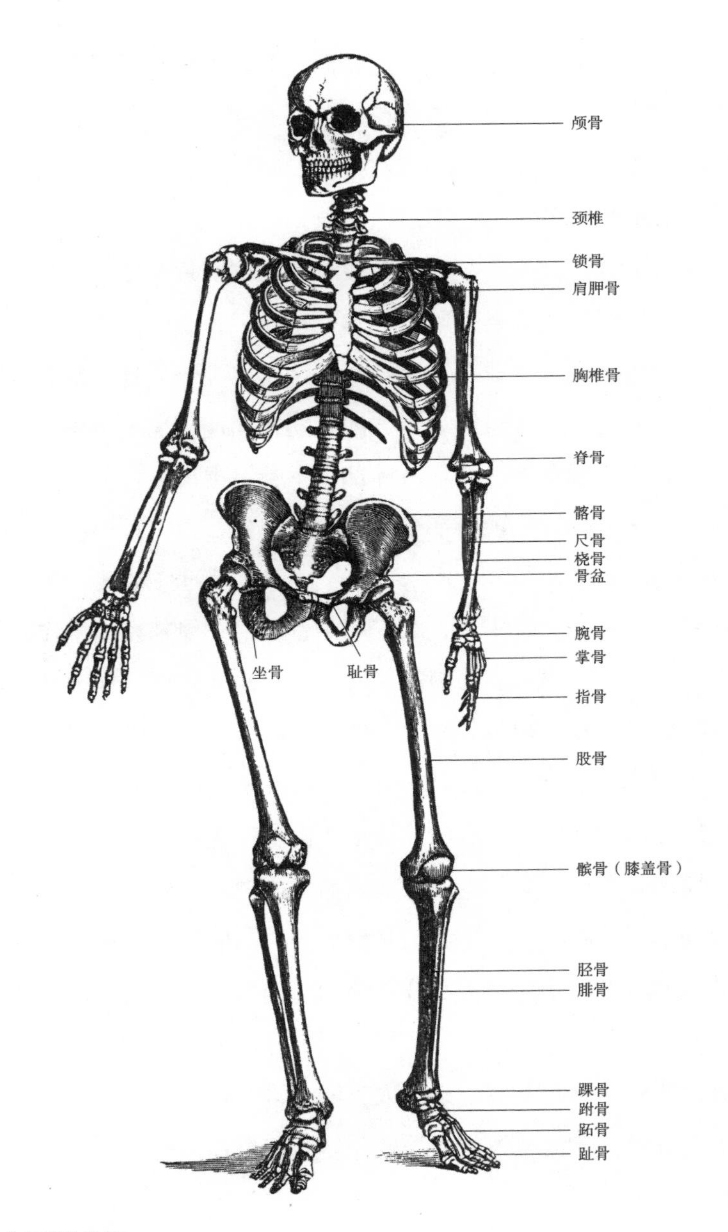

□ **人体的骨骼结构**

骨骼是组成脊椎动物内部支撑架构的坚硬器官，分内骨骼和外骨骼两种：人和高等动物的骨骼在体内，由许多块骨头组成，叫作内骨骼；节肢动物、软体动物体外的硬壳以及某些脊椎动物（如鱼、龟等）体表的鳞、甲等叫作外骨骼。骨骼是动物结构向复杂化发展的基础，但同时也是动物形态进化的限制因素。

指均有两个指关节。胳膊和手指只能由外向内弯曲；臂在肘处弯曲。手的中心部位叫作“手掌”，手掌由肌肉构成，上有纹路或线条：长寿者有一两条掌纹横贯手掌，短命者有两条掌纹，但长度不足。手与臂之间的连接处叫作“腕”。手的外部或背部多肌腱，没有具体名称。

另一对肢体叫作“腿”。腿部有双关节圆突的部位叫作“股骨”，滑移的部位叫作“髌骨”，双骨的部位叫作“小腿”；小腿的前半部分叫作“胫侧”，后半部分叫作“腓侧”，腓侧多结实有力的肌腱，内有静脉，臀部较大者，腓侧上移，接近膝盖后方的凹陷，其他情况则下移。胫侧最下端为“踝”，每条腿各有一处。肢体部位中骨骼类型较多的是“足”。足的后半部分称为“踵”，前半部分为分割的部位，由“趾”构成，共有五趾；足下肌肉部位叫作“足弓”；足的上部或背部多肌腱，无特定名称；趾有两部分，一为“趾甲”，二为“趾骨”，趾甲都在最末端，无一例外；趾全部只有一个关节。足内或足底结构扁平无拱起，即走路时靠整个足底施力，此类人大多阴险狡诈。大腿和腓骨之间的关节叫作“膝”。

以上是男性和女性共有的部位。部位的上下、前后和左右等相对位置，这些外观方面的问题可以有的放矢地交由普通人理解。但基于前文提出的同一个原因，我们也必须论及外观方面的问题；也就是说，为了在说明过程中保证准确可靠的顺序，我们必须提及此类问题，而通过列举这些众所周知的事实，人们才会对人类及其他动物的这些各异的部位给予应有的关注。

相比其他所有动物，上下之别与人类的正常姿势一致；在人类看来，肢体的上下之分遵循宇宙整体的相同规律。同理可知，前后左右等词汇也符合人类的正常理解。但对于其他动物而言，此类区别并不存在，有些即便存在，也比较模糊。例如，所有动物的头部相对于其躯体而言，都是上方、前方；但如前所述，唯有（成熟期的）人类才具有相对于物质界而言的这个最上面的部位。

头部之下是颈部，再往下是前面的胸腔和后面的背部。再往下是腹腔、肚脐、阴部和臀部；再往下是大腿和小腿；最后是足。

腿朝实际的前进方向向前弯曲，足的弯曲部分（最有效的运动部位）也向前弯曲；踵位于后方，踝骨位于两侧，如同耳朵。臂分左右，向内弯曲：人类的臂与腿弯曲时形成的凸弯基本为相向。

用于感知的眼睛、鼻和舌头等器官都位于前方；听觉和作为听觉器官的耳朵位于两侧，与眼睛处于同一水平面。人类眼睛之间的距离，按照与其身材的比例计算，比其他任何动物都小。

从感官方面来说，人类的触感比任何动物都更加精确，其次是味觉；许多动物在其他感官的发育程度方面超越了人类。

16　大脑；气管与肺；食管与胃

外观可见的部位按照以上所述方式排列，一般来说各有其特定名称，并通过用途和惯例而为人们所熟知；但内部器官并不为人们所熟悉。原因在于，人类的内部器官在很大程度上是未知的，我们必须仰赖对其特征以及与人类相似的其他动物的内部器官的观察。

首先，大脑位于头部前端。这一点与所有具有大脑的动物相同；所有有血动物都有大脑，软体动物也不例外。但是，按照动物的身体比例来看，人类的大脑最大，分泌物最多。两层膜包覆在大脑外：最强韧的一层靠近颅骨；内层包覆大脑，较为薄弱。所有的大脑都是对称分布。大脑的正后方为“小脑”，其形状与大脑有别，这一点我们或许都能感觉和看到。

各种动物的头部大小不一，但后半部分都是中空结构。某些动物脑袋较大，脑袋下方的面部按比例计算却相对较小，比如圆脸动物；有些头部较小，但颌骨较长，比如长有鬃毛和尾巴的动物，此处无一例外。

所有动物的大脑均为无血，其中没有血管，正常情况下触感冰凉；大

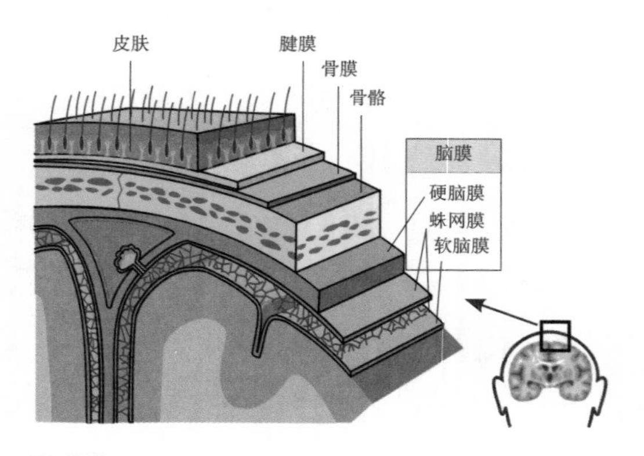

□ 脑膜

脑膜实际上是包裹大脑和脊髓的三层保护薄膜，分为硬脑膜、蛛网膜及软脑膜，其主要作用是保护大脑及中枢神经系统。脑膜的最外层为硬脑膜（硬脑膜又分为骨膜层和脑膜层），是脑膜中主要的保护层；蛛网膜居中，软脑膜则最靠内，与大脑紧密贴合。

部分动物的大脑中间有一个小凹陷。包覆脑的脑膜中有网状血管；这层脑膜正是紧紧包覆大脑的那层皮膜。大脑前方的部分是头骨最薄弱的地方，叫作“额骨”。

眼睛到大脑共有三种导管：最大号和中号的通往小脑，最小号的通向大脑本身；最小号的导管离鼻孔最近。两个较大号的导管并排分布，没有交叉；中号的有交叉——此种情况尤见于鱼类——因为它们比较大号的导管更靠近大脑；最小号的一对相互间距最大，没有交叉。

颈内有食管（其他别名依据食管的长度和窄度而起）和气管。凡具有气管的动物，气管都位于食管的前方，同时还具有肺。气管由软骨构成，少量供血，周遭布满无数细血管；气管位于靠近口腔的位置，处在鼻孔进入口腔形成的孔隙下方——人类吞咽液体时，如果液体进入呼吸道，则可通过该孔隙排出鼻孔。两个开口中间即为所谓的会厌，这个气管可以拉长，盖住气管与口腔连通的通气口；舌根与会厌相连。气管的另一端延伸至两肺之间的孔隙，并在此处分叉，形成肺的两个支气管；凡有肺这个器官的动物，肺一般为两个。然而，胎生动物的这种二重性不如其他物种那么明显，而人类的二重性最不易于辨识。人类的肺不像某些胎生动物那样分成多个部分，表面也不平滑，而是参差不平。

对于鸟类等卵（蛋）生动物和卵（蛋）生四足动物而言，肺的两个部分

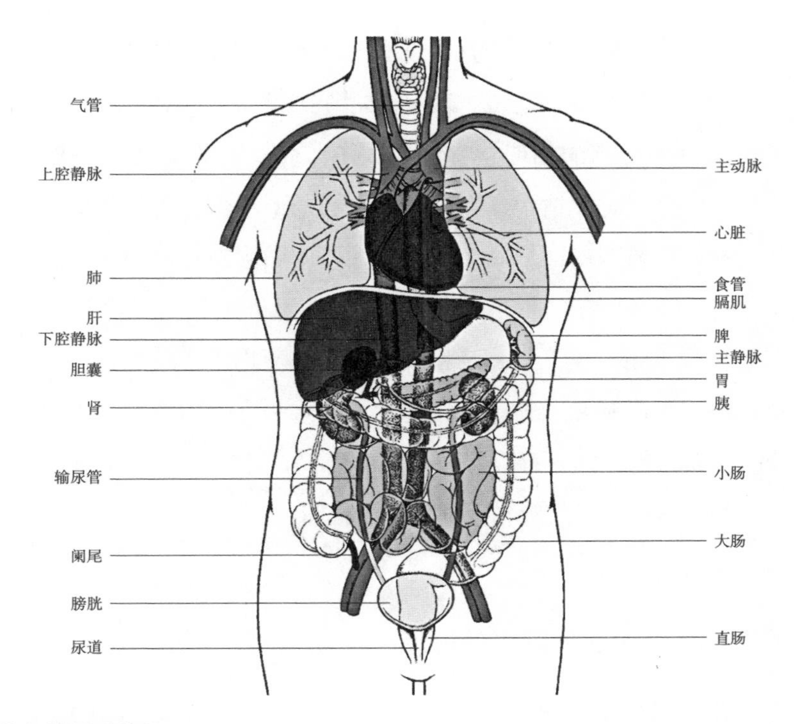

□ **人体内脏器官结构图**

人的内脏按其形态结构，分为管腔性器官和实质性器官两大类。管腔性器官都有管道与外界相通；实质性器官主要是腺体，以导管开口于管腔性器官的壁。

互相隔开一定距离，从表面上来看，这些动物生有一对肺；气管（本身只有一根）分成两支，分别连接两个肺部的其中一个。气管还贴附着主静脉和主动脉。当气管内充入空气时，空气会进入肺部的中空区域。这些中空区域也有分区，由软骨构成，并以锐角相互连接；支气管从分区贯穿整个肺部，并且反复分支。心脏通过脂肪、软骨和肌腱组成的衔接物与气管相连；心脏与气管的连接处有一个凹陷。当气管充入空气时，空气进入心脏的过程在较大型的动物身上可以感知到，但某些动物则不能。以上便是气管的特性，它仅能吸入和排出空气，不能吸入固体或液体，否则会引起疼痛，直至将吸入的东西咳出。

食管顶部与口腔相通，位置靠近气管，通过膜性韧带贴附于脊骨和气管上，穿过横膈膜进入腹腔。食管由肌肉状物质组成，可横向和纵向拉伸。

人类的胃部与狗的相似；胃比肠大不了多少，像是超出一般宽度的肠；肠只有一条，宽度适中，百转千回。肠的下半部分与猪类似；相对较宽，从此处通往臀部的部分既短且厚。大网膜贴附在胃部中间，由脂肪膜组成，与其他所有具有一个胃、两颌均有牙齿的动物类似。

肠系膜位于肠的正上方；肠系膜也属于膜性物质，较宽，可转换成脂肪。它贴附于主静脉和主动脉上，其中有许多静脉交织穿行，直通肠部区域，即从上面开始，到下面结束。

以上便是对食管、气管和胃部特征的说明。

17 心脏、肝、肾等内部器官

心脏位于气管分叉处上方，共有三个腔，一层厚实的脂肪膜将其黏附在主静脉和主动脉上。心尖紧贴主动脉，凡有胸腔的动物，这一部分在胸腔中的位置大致相同。无论是否有胸腔，所有动物心脏的顶部都朝向前方，解剖时如果改变姿势，就可能忽视这一点。心脏的圆锥形端部位于顶部，顶部大部分为肌肉，质地紧密，心脏的各腔内都是肌肉。一般而言，凡有胸腔的动物，心脏都位于胸腔的中央，人类的心脏略微偏左，在胸腔的上半部分从乳房的分界处偏向左胸。

心脏不大，常见形状并非细长；事实上，其形状偏圆形，但要记住，其底部有尖。如前所述，心脏有三个腔，右侧的腔最大，左侧最小，中间的尺寸中等。所有这些腔，包括较小的两个，都有通道跟肺部连接，用一个腔就能举一反三。再往下，最大腔的心肺连接处与主静脉（附近有膈膜）连通；中间的腔与主动脉连通。

输送管从心脏进入肺部，像气管一样分支，与气管的通道平行贯穿肺部。从心脏出来的输送管位于最上方；它们没有共用的通道，但通道因有共用的壁而接收呼入的空气，传送给心脏；其中一个管道将空气送至右腔，另一个管道则送至左腔。

至于主静脉和主动脉，我们会在专门的部分一起逐个讨论。凡具有肺的动物，包括内胎生和外胎生，肺是所有器官中血液最充足的；肺完全是海绵组织，肺内的每一个孔都与主静脉的分支并行。凡认为肺内空空如也的，那是彻底想错了；他们所观察的是从动物身上取下以供解剖的肺部，在动物死亡后，血液就会立刻从这些器官里全部流出。

在其他的内部器官中，唯有心脏含血。肺部的血液不在肺部本身，而在其血管中，但心脏的血液贮存在其本身；心脏的三个腔内均有血液，但最稀的血液存在于中央腔内。[1]

肺下方为横膈膜，其与肋骨、季肋部和脊骨相连，中央有一层薄薄的膜。横膈膜内有血管贯通；以体格比例来看，人类的横膈膜比其他动物略厚。

横膈膜右下方为“肝”，左下方为“脾”，正常情况下，凡具有此类器官的动物，其分布方式大致相同；切记，某些四足动物的这些器官位置颠倒。这些器官经由大网膜与胃连接。

从外观来看，人类的脾窄长，与猪脾相似。大部分动物的肝没有“胆囊”，但某些动物具有胆囊。人类的肝为圆形，与牛肝相似。此外，胆囊的有无有时跟占卜相关。例如，在希腊埃维亚岛[2]卡尔基斯人[3]聚居区的某

---

〔1〕本书论述的心脏有三个空腔，与现代解剖学的心脏结构论述不同。在现代解剖学中，人和脊椎动物的心脏有四个空腔，分别为上部的两个心房，下部的两个心室，心房和心室的收缩舒张，推动血液循环的进行。

〔2〕埃维亚岛（Euboea，现代希腊语作Evvoia），是希腊仅次于克里特岛的第二大岛，位于爱琴海中部，因和大陆只隔一道狭窄的海峡，曾被古希腊地理学者认为是大陆的一部分。

〔3〕卡尔基斯人：分布在古希腊卡尔基斯一带的人，也称优卑亚人。

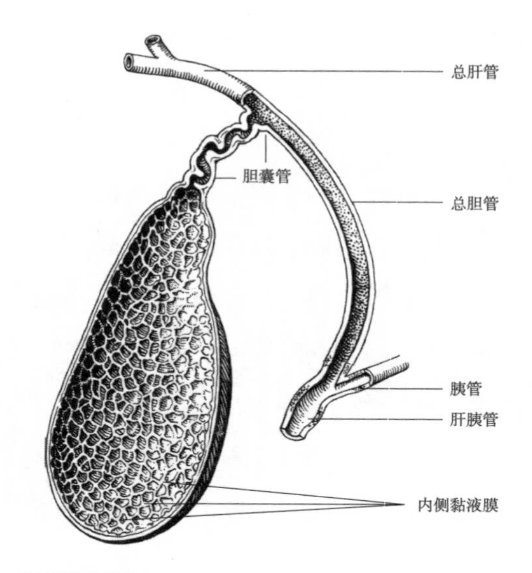

□ **胆囊剖面图**

胆囊是有弹性的梨形囊袋，位于右方肋骨下肝脏后方。它可以浓缩和储存胆汁（其内的单层柱状上皮细胞会分泌出黏液而构成黏膜，保护胆囊内壁免受胆汁腐蚀）。胆汁则是由肝细胞分泌的分泌液，当小肠进行消化作用时，胆囊中的胆汁会被释放以促进脂肪的消化分解和脂溶性维生素的吸收。

些地方，绵羊不长胆囊；在纳克索斯岛[1]，几乎所有四足动物都有大号胆囊，以至于当地人用这些牲畜献祭时，外地人都会充满恐惧，认为这种现象超乎自然，预示献祭者的行为不端。

肝与主静脉相连，与主动脉不相通；从主静脉而出的血管从肝内直穿而过，这个位置便叫作“肝门”。[2]脾也仅与主静脉相通，因为有一条血管从主静脉分支出来，延伸至脾。

接着便要说到“肾”。肾靠近脊骨，其特征与牛肾相似。凡具有该器官的动物，相比左肾，右肾位置稍高，脂肪物质较少，分泌物较少。这种现象见于其他所有的动物。

此外，主静脉和主动脉均有导管进入肾，但不进入腔内。顺带一提，肾的中央有一腔，某些动物的腔较小，某些较大；海豹没有此腔。海豹的

[1] 纳克索斯岛（Naxos）是爱琴海上的一个岛屿，面积400余平方公里，距离希腊半岛东南的城市比雷埃夫斯仅103海里。

[2] 在亚里士多德时代是否有静脉、动脉之说，还需考证。就目前的定论来看，在古希腊时期，人体结构的分析是借解剖动物，按照动物的身体结构推演到人体结构。在商务印书馆版《动物志》中，静脉翻译为大血管，动脉翻译为挂脉。

肾形似牛肾，且比任何已知动物的肾都硬。进入肾的导管融入肾本身；没有证据表明这些导管进一步延伸，因为它们不贮存血液，其中也没有任何凝块。如前所述，肾有一个小腔。两根较大的导管（又称输尿管）从该腔通向膀胱；其他来自主动脉的导管结实且保持连通。两肾中央各连着一根中空的结实血管，血管沿着脊椎穿过狭窄处；这些血管逐渐隐匿在两侧腰部，到肋腹部时再次肉眼可见。血管的这些分支在膀胱终止。膀胱位于最末端，通过肾延伸出来的输尿管固定位置，旁边是延伸至尿道的连接蒂；膀胱周围由细密坚韧的被膜覆盖，该被膜在某种程度上与横膈膜相似。以体格比例来看，人类的膀胱相对较大。

阴部与膀胱连接蒂相连，外孔相互接合；稍靠下一点，其中一个孔与睾丸相通，另一个孔与膀胱相通。阴茎由软骨构成[1]，结构强壮有力。雄性动物的阴茎与睾丸相连，这些器官的特征将会在对该器官的概述中讨论。

上述所有器官可推及雌性；除了子宫之外，雄性和雌性的内部器官没有差异，关于子宫这个器官，请读者参考拙作《解剖学》[2]。子宫上方是膀胱，下方是肠，但我们要在有关雌性动物子宫的那一部分逐一讲解，因为雌性动物的子宫并不完全相同，其局部特征也并不一致。

以上便是人类的内外器官及其性质和局部特征。

---

〔1〕人类男性阴茎主要由2个阴茎海绵体与1个尿道海绵体组成。

〔2〕本书数次提及《解剖学》，许多人认为这本书原文已经佚失，但还保存有阿拉伯文译本。

第二卷

本卷综述各类有血动物的形态差异；描叙狗、马、人、象等动物的牙齿和口腔；简括猿、猴、鳄、变色龙（避役）等动物的特点；记叙解剖鸟、鱼的全过程；勾勒鸫鹀和海豚的性状和特点；对胎生动物分门别类并描摹其内脏；书写兽类和鱼、鸟的消化系统，举证动物器官的再生实例。

斑猫

1 动物器官的同一性、唯一性论述

总的来说，某些部位或器官是所有动物都具有的，这一点前文已论及，有些仅限于特定的属种；不过，部位的异同标准前文已经反复说明。一般而言，凡种属不同的动物，其大多数部位或器官的结构或种类也不尽相同；有些器官仅功能相同，但种类不同，有些则种类相同，但特性不同；许多部位或器官仅某些动物具有，其他动物则不具有。

例如，胎生四足动物[1]全有头部和颈部，也具有头部的所有部位或器官，但这些部位的形状互有差异。狮子的颈部由一块单一的骨骼构成，而非脊椎骨[2]；然而，经解剖发现，狮子的所有内部特征都与狗类似。

□ **胎生**

胎生指受精卵在动物体内的子宫里发育后出生，胚胎直至出生前的发育所需要的营养可以从母体获得。这种繁殖方式可以有效保证子代的生存率。

〔1〕四足动物：动物界最高等的类群，均有脊椎骨，也都具有盆骨且盆骨与脊椎连接，以用来支撑身体重量；同时具有胸廓，用来保护心脏和肺；四足动物通过鼻孔呼吸空气，其四肢的顶端都由一根骨头组成，下面则都有一对骨头作为支撑所用（如手或脚），并均具手指或脚趾。

〔2〕脊椎骨：椎骨的通称。脊椎骨由椎体、椎弓、髓棘、椎体横突、前关节突和后关节突等构成。

胎生四足动物没有臂，只有前肢。所有四足动物均遵循这一规则，但从实际用途来讲，某些具有与手功能相同的趾；总而言之，前肢的功能类似于手。相比人类，这些动物左侧的肢体与右侧的肢体差别不大。

四足动物的前肢基本起到手的作用，但大象除外。大象的趾分界不清，前腿比后腿粗壮；大象的足为五趾，后足踝短小。然而，象鼻的功能和尺寸使得它能够当作手来使用。大象用象鼻帮忙把食物送进口中，也用象鼻将东西举起递给骑在背上的人；大象可以用象鼻将大树连根拔起，过河时用象鼻喷水；象鼻鼻尖能够弯曲或盘绕，但不能像关节那样收缩，因为象鼻由软骨构成。

在所有动物中，唯有人类能够学习双手并用。

所有动物都具有一个与人类胸腔功能相似的部位，但二者差异较大；人类胸腔宽大，其他所有动物的胸腔窄小。此外，唯有人类的乳房位于胸前；大象有两个乳房，但不在胸腔，而是在靠近胸腔的位置。

另外，动物前后肢的屈曲方向不同，这与人类的臂和腿的屈曲方向恰好相反；唯有大象除外。换言之，胎生四足动物的前肢向前弯曲，后肢向后弯曲，因而前后肢的凹陷属于相向状态。

与某些人常见的说法相悖的是，大象不会站着睡觉[1]，而是弯曲四肢睡觉；由于自身重量过大，大象无法两腿同时弯曲，只能弯曲一条腿，摆出侧卧姿势睡觉。大象弯曲后腿一如人类屈膝。

卵（蛋）生动物，如鳄鱼、蜥蜴等，前后肢都向前弯曲，并略微朝一侧偏斜。多足动物同样存在类似的屈曲；只不过最端部之间的腿总是以介于

〔1〕动物的睡觉姿态各异，有的站立着睡觉，比如马。而对大象来说，生活在不同地区的大象，有着不同的睡姿。非洲象站着睡觉，如果躺下休息，则说明身体出了毛病。亚洲象则是伸着腿侧睡，如果它站着睡觉，那就说明它身体的某个部位出了问题。

前腿和后腿的方式移动，因此是侧面弯曲，而非前后弯曲。人类双臂和双腿朝向一点弯曲，因此是反向弯曲：也就是说，双臂向后弯曲，略微朝内，双腿向前弯曲。不存在前后肢同时向后弯曲的动物；但就所有动物来看，肩膀的屈曲跟肘的屈曲相反，也与前腿的连接处相反，臀部的屈曲与后肢膝部的屈曲相反；由于人类的屈曲与其他动物不同，那么凡具有此类部位的动物，其移动方式就与人类不同。

□ **海豹**

海豹是纺锤体形、四肢特化成鳍状的哺乳类动物，是鳍足类中分布最广的一类动物，其足迹遍布于南极、北极，海岸、淡水湖泊等。海豹头圆颈短，前肢短于后肢，在游泳时，它们大都依靠后肢，但由于其后肢不能向前弯曲且已退化，不能行走。

鸟类肢体的屈曲跟四足动物相同；鸟类虽为双足，腿也是向后弯曲，无臂或前腿，只有向前弯曲的翅膀。

海豹是发育不完全或有残疾的四足动物；其前足紧靠肩胛骨，与手相似，如同熊的前爪；前足有五趾，每趾三个屈曲，趾甲尺寸较小。后足同样有五趾；后足的屈曲和趾甲类似前足，形状类似鱼尾。

四足、多足动物以交叉或对角线方式移动，站立时也以交叉方式保持平衡；右手侧的肢体总是最先移动。不过，狮子和两种骆驼（双峰骆驼和单峰骆驼）以骝花蹄[1]的方式行走；该名称的由来是此类动物的右侧肢体从来不会跟左侧交叉，而是永远紧随其后。

〔1〕骝花蹄：溜步行走 。

凡在人类胸前的部位，对于四足动物就是身下，处于腹部内外；凡在人类身后的部位，对于四足动物就是背上。大多数四足动物具有尾巴；连海豹都有类似雄鹿的小尾巴。至于猿类的尾巴，我们要按照不同种逐一阐述其独特性质。

所有胎生四足动物都有被毛，人类除头部之外，仅有少量短毛发，但就头部而言，人类的毛发多于其他的任何动物。此外，就具有被毛的动物而言，背部毛发多于腹部，腹部要么毛发相对较少，要么平坦光滑，毫无毛发。人类与之恰好相反。

人类还有上下睫毛、腋毛和阴毛。其他动物的此类部位不具有被毛，或者没有下睫毛；但某些动物的眼睑下方长有稀疏的毛发。

具有被毛的四足动物中，有的被毛布满全身，比如猪、鹿和狗；有些仅颈部或周围被毛较多，比如长有粗鬃毛的狮子；其他则是从头部到肩胛骨的颈部上表面被毛浓密，也就是颈脊鬃毛，比如马、骡和未驯化[1]的犄角动物野牛。

所谓的东欧马鹿也是肩胛骨上有鬃毛，还有角，被称为“巴尔第雄”的动物也是如此，这两种动物都有从头部到肩胛骨的稀疏鬃毛；例外之处在于，东欧马鹿喉头处有一撮胡子。这两动物都有犄角，分蹄；然而，雌性东欧马鹿没有犄角。雌性东欧马鹿的尺寸与雄鹿相当；在阿拉巧泰[2]地区，还发现了野牛。野牛与家牛的区别正如野猪与家猪。也就是说，野牛为黑色，外表强壮有力，口呈鹰钩状，犄角更靠近背部。东欧马鹿的犄角与瞪羚类似。

顺带一提，大象是所有四足动物中被毛最少的。一般而言，尾巴的被

---

〔1〕驯化是将野生动物和植物的自然繁殖过程演变为人工控制下的过程。

〔2〕阿拉巧泰（Arachotae）在卑路芝斯坦（Beluchistan）境内，参看斯脱累波（Strabo）《地理》（*Geographia*）。

毛厚薄与躯体被毛一致；这是指长度很长的动物尾巴，因为有些动物的尾巴微不足道。

骆驼具有一个区别于其他所有动物的异常器官，这便是其背上的“驼峰”。双峰驼与单峰驼[1]不同；前者有两个驼峰，后者只有一个驼峰，另外，其腹部也有一个类似背上的驼峰，跪姿时承受全身的重量。骆驼与母牛一样有四个乳头，尾巴像驴，雄性的阴部指向后方。骆驼的每条腿有一个膝盖，四肢的屈曲并不像许多人所说的各式各样，不过从其腹部区域的狭窄形状来看，这种说法有些道理。骆驼的距骨[2]与母牛相似，但跟它巨大的体形相比，距骨显得较为窄小。骆驼为分趾蹄，上下颌内没有牙齿；其分趾蹄方式如下：后蹄有一道较浅的裂缝，一直延伸至第二趾关节；前

□ **马鹿**

马鹿是仅次于驼鹿的大型鹿类，因体形似马而得名。它们生活于高山森林或草原地区，喜群居，夏季多在夜间和清晨活动，冬季则多在白天活动，善于奔跑和游泳，以各种草、树叶、嫩枝、树皮和果实为食。此外，马鹿的角很大且只有雄性才有，体重越大的个体角也越大，雌性在相应部位有隆起的嵴突。

〔1〕双峰驼，学名巴羯里驼（Camelus bactrianus），分布在中国及中亚细亚温带荒漠地区。单峰驼，学名跑驼（Camelus dromedarius），又称“阿拉伯驼”，产于非洲北部、亚洲西部，亦有部分是来自非洲之角的埃塞俄比亚和索马里等国家。其体格比双峰驼稍高，野生单峰驼已经绝迹，野生双峰驼在中亚沙漠中仍有遗留。

〔2〕距骨：原著曾说人体没有距骨，但是当代解剖学指明，高等脊椎动物都有距骨。人体距骨在踝关节处，是人体最大的负重关节。

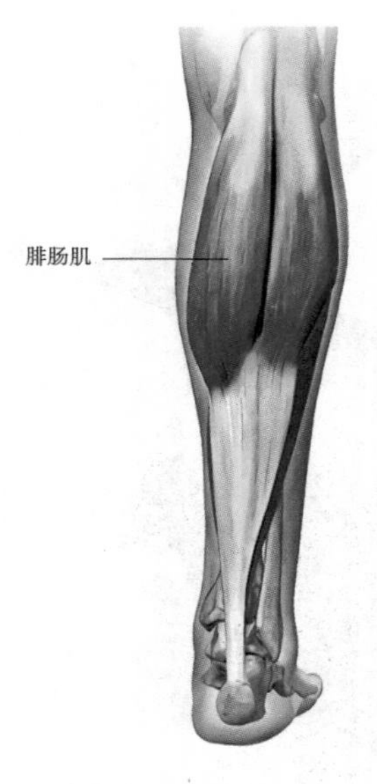

□ 人类小腿腓肠肌

腓肠肌是腿部最大的屈肌，紧位于皮下，其深方为比目鱼肌，又称小腿三头肌。腓肠肌沿着小腿背后，从股骨的远端向下延伸到跟骨，透过跟腱与足跟相连接。当其收缩时，可使足向下弯曲并辅助膝盖弯曲。

腿第一趾关节顶部有较小的蹄；裂口上有蹼，与鹅类似。蹄的下半部分是肌肉，与熊掌类似；在骆驼发怒打架时，需要给它们穿草鞋来给予保护。

所有四足动物的腿都骨骼粗大、肌肉结实、皮肉较少；事实上，凡有足的动物皆如此，唯有人类除外。四足动物没有屁股；这一点从鸟类来看最为显而易见。人类与此相反；因为人类身上再没有任何部位比屁股、大腿和小腿的肉更多了；腿上名为腓肠肌的部位极为丰满。

在有血胎生四足动物中，有些足分成许多部分，比如人类的手和脚（顺带一提，有些动物为多趾，比如狮子、狗和豹）；有些足一分为二，蹄取代了趾甲[1]，比如绵羊、山羊、鹿以及河马；有些足是一体的，比如单蹄[2]类的马和骡。猪既有分趾蹄的，也有单蹄的；在伊利里亚和培奥尼亚[3]及其他地区，就有单蹄的猪。偶蹄动物的脚印有两个裂缝；单蹄动物的这一部分没有间断，未分裂。

---

〔1〕蹄：马、牛和猪等动物生在趾端的保护物。趾甲：人类的脚趾上面由角蛋白构成的保护物。

〔2〕单蹄动物属奇蹄目动物中的一个类别，因趾数为单数而得名，比较常见的有马。

下文中的偶蹄动物是指偶蹄目动物，与单蹄目相对应，因趾为偶数而命名。常见的有牛、猪及羊等大中型食草动物。

〔3〕培奥尼亚为马其顿及伊利里亚以北的多瑙河河间地区，是马其顿帝国时期的名称。

此外，动物存在有无犄角之分。多数有犄角动物为分趾蹄的，比如牛、雄鹿和山羊；双犄角的单蹄动物尚未遇到。但已知少数动物为独角、单蹄，比如印度驴；长角羚羊为独角、分趾蹄。

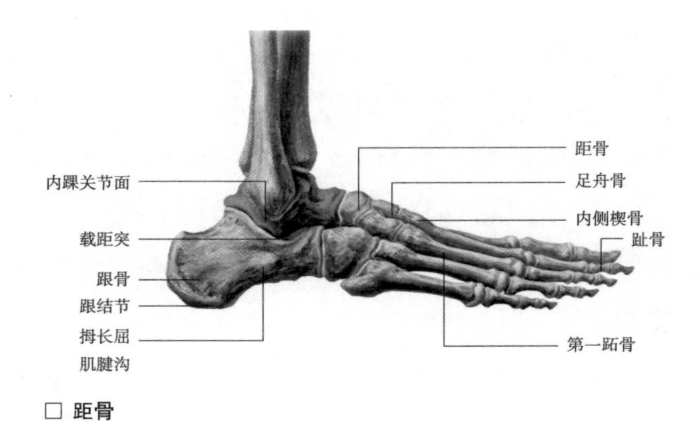

□ **距骨**

距骨位于足根骨之上，也是人体全身骨骼中的唯一没有附着任何肌肉的。

在所有单蹄动物中，唯有印度驴具有距骨；如前所述，猪既有单蹄，也有分趾蹄，因此没有发育完好的距骨。许多分趾蹄动物具有距骨。多指或多趾的动物之中，没有一种具有距骨，人也没有距骨。猞猁猕具有类似单侧距骨的部位，狮子的距骨类似雕刻家笔下的“牛头人身”。凡具有距骨的动物，距骨都位于后腿。它们还有一块在连接处竖直向上的骨骼；该骨骼上半部分在外，下半部分在内；名为“夸亚”的侧面向内而立，名为“契亚”的侧面在外〔1〕，“犄角”在顶部。凡具有距骨的动物，距骨都以这种方式安置。

某些动物同时具有鬃毛和相向弯曲的犄角，例如野牛（或欧洲野牛），见于培奥尼亚和梅迪卡〔2〕。但是，凡有犄角的动物均为四足，以比喻说法或某种修辞手法所指有犄角的动物除外；比如埃及人所描述的发现于底比斯地区的蛇，而事实上，这种动物只不过是头顶有块较大的突起，才得了

〔1〕“夸亚”和“契亚”源于夸恩和契恩，本为爱琴海中两个相邻的岛屿，借以命名距骨的两个部分。

〔2〕梅迪卡位于马其顿北部。

这样的绰号。

所有具有犄角的动物中，唯有鹿角（或称鹿茸）完全为实心，坚硬结实。其他动物的犄角有部分中空，端部才为实心，中空部分衍生自皮肤，包括其中的实心部分——坚硬的部位——衍生自骨骼；这与牛角类似。

鹿是唯一会脱角的动物，两岁之后每年脱角一次，之后会再生。除非偶然损坏，所有其他动物的犄角都是永久的。

动物的乳房、生殖器官互不相同，也与人类不同。例如，某些动物的乳房位于身前，要么处于胸腔内，要么靠近胸腔，此类动物有两个乳房和两个乳头，比如前文所述的人类和大象。大象的乳房位于腋下；雌性大象具有与其庞大体格极不相称的两个尺寸微不足道的乳房，事实上简直小到从侧面都看不见的地步；雄性大象也有乳房，且和雌性一样的极小。母熊有四个乳房。某些动物具有两个乳房，但位置靠近大腿，乳头也是两个，比如绵羊；某些动物具有四个乳头，比如母牛。某些动物的乳房既不在胸腔也不在大腿部，而是在腹部，比如狗和猪；此类动物的乳房（或乳头）较多，但大小不一。母豹的腹部有四个乳房，狮子有两个，其他动物则更多。母骆驼有两个乳房、四个乳头，与牛类似。雄性单蹄动物没有乳房，除了与其母亲相似的雄性，此类现象见于马类。

某些雄性动物的生殖器官位于体外，比如人类、马以及大多数其他动物；某些的生殖器官位于体内，比如海豚；位于体外的，某些处在身前，比如以上提及的各例，其中某些拆分成阴茎和睾丸，比如人类；某些的阴茎和睾丸紧贴腹部，贴附程度略有差异；野猪和马的该器官并无拆分。

大象的阴茎与马的阴茎相似；从尺寸比例来看，大象的阴茎较小；睾丸不显露在外，而是隐藏在体内，离肾较近；因此，其雄性可以迅速终止交配过程。雌性的生殖器官处在乳房的位置，比如绵羊；雌性绵羊发情时，生殖器会向后暴露，借以辅助雄性进行交配；该器官会敞开到相当惊人的程度。

多数动物的生殖器官所在位置如上所述；但某些动物向后排尿，比如猞猁猻、狮子、骆驼和野兔。前文说过，雄性动物的生殖器官各不相同，但所有雌性动物都向后排尿：雌性大象的阴部虽然位于股下，但也和其他动物一样向后排尿。

□ 鼬鼠

鼬鼠是常年生存于亚北极草原上最小的食肉动物，具有夜行性，不冬眠，以鼠、鸟、蛙和昆虫等为食。它们腿短而灵活，身体小而柔软，对其而言，只要脑袋能钻过去的地方，身体就会通行无阻。

雄性动物的生殖器官本身千差万别。某些由肌肉和软骨组成，如人类；此类生殖器官的肌肉部分不会膨胀，但软骨部分可以胀大。某些由纤维组织构成，如骆驼和鹿；某些骨骼较多，比如狐狸、狼、貂和鼬鼠；鼬鼠的生殖器官内有一根骨骼。

人类发育成熟时，生殖器官的上半部分小于下半部分，但其他的有血动物全部与此相反。所谓“上半部分”是指从阴茎头到用于排泄的部位这一段，所谓“下半部分”是指剩余部分。凡有足的动物，在比较尺寸时，后腿应被视作下半部分，而对于无足的动物，尾巴之类应被视作下半部分。

动物发育成熟时，其性征如上所述；但动物的发育过程千差万别。例如，人类未发育成熟时，上半部分大于下半部分，但在发育过程中，这一情况开始颠倒；原因在于——顺带一提，这属于特例——人类成长初期不像成熟期那样行走，婴儿期靠四肢行走；某些动物在成长过程中保持了各部位的相对比例，比如狗。某些动物起初上半部分较小，下半部分较大，在发育过程中，上半部分逐渐增大，比如尾巴蓬松的动物——马；此类动物自出生以来，从蹄到臀的部位便再无任何增长。

此外，动物的牙齿互不相同，也与人类不同。凡胎生四足的有血动物均具有牙齿；但某些动物为双齿（或者说上下颌的牙齿俱全），某些则不是。例如，有犄角的四足动物并非双齿，其上颌没有门牙；某些无犄角动物也并非双齿，比如骆驼。某些动物有獠牙，比如野猪，某些动物则没有。另外，某些动物长有锯齿，比如狮、豹和狗；某些动物的牙齿不会相互咬合，而是齿冠[1]平坦，一一对应，比如马和牛；所谓“锯齿”是指上下颌尖利的牙齿互相咬合。没有一种动物同时具有獠牙和犄角，具有“锯齿”的动物也不会具有獠牙或犄角。门牙通常比较尖利，槽牙相对较钝。海豹全为锯齿，因为该种动物与鱼类有关系；鱼类基本全部具有锯齿。

本属的动物无一具有双排牙齿。然而，如果克泰夏斯[2]的话可信，则有一种动物例外。他认为名叫“马蒂拉拉斯”[3]的印度野兽上下颌各有三排牙齿；这种野兽体格壮大如狮子，同样被毛浓密，足也与狮子相似；面部和耳朵与人类相似；眼睛为蓝色，浑身呈血红色；尾巴形似蝎子；尾尖有螯，能够将尾巴上的棘刺像箭一样发射出去；其声介于排箫和喇叭之间；迅捷如鹿，凶蛮残暴，食人为生。

人类可以换牙，其他动物同样可以，比如马、骡和驴。人类换牙掉的是门牙；没有证据表明任何动物的臼齿会更新换代。猪完全不换牙。

---

〔1〕牙齿露出齿龈的部分。

〔2〕克泰夏斯：公元前4世纪古希腊人，他最早记录了“赛里斯”之说。赛里斯（拉丁文：Sinae、Serica、Seres），意为丝国、丝国人，为古希腊和古罗马地理学家、历史学家对与丝绸相关的国家和民族的称呼，一般认为是指当时的中国或中国附近的地区。

〔3〕“马蒂拉拉斯”在波斯语中为吃人兽，在克泰夏斯的《印度志》中或指称猛虎。

2 狗的牙齿

关于狗的牙齿，人们存在一些争议，有些人认为狗完全不换牙，有些人认为狗的犬齿[1]会更新换代，但仅限于犬齿；事实上，狗跟人类一样换牙，但换牙过程无从观察，因为唯有齿龈内长出同样的牙齿时，旧的牙齿才会脱落。所以假设狗换牙的过程与一般野兽相同，这应该是有道理的；因为野兽就只有犬齿会更新换代。可以根据狗的牙齿判断其年龄；未发育成熟的，牙齿白而尖；发育成熟的，牙齿黑而钝。

3 马的牙齿，牙齿与寿命的关系

马的牙齿与一般动物完全不同：一般而言，动物年龄越大，牙齿越黑，但马的牙齿却会随着年龄增长而变白。

其犬齿位于尖牙和钝牙（或宽牙）之间，具备二者的形态，即底部宽，顶部尖。

人类、绵羊、山羊和猪的牙齿雄性多于雌性；暂无对其他动物进行过观察：但一般而言，牙齿越多，则寿命越长，寿命较短者，相应地牙齿数目较少，比较稀疏。

4 人类的智齿

人类两性在约二十岁时生长出来的是名为“智齿”的臼齿。有案例表明，八十岁行将就木的女性也会长智齿，并于生长过程中产生巨大的痛苦；男性也已知存在同样的案例。此类情况多见于年轻时未长智齿的人。

---

〔1〕犬齿，又称“虎牙”，指哺乳动物位于门齿和前臼齿之间又长又尖的牙齿。

5 大象的牙齿

大象口中每侧各有四颗牙齿用以咀嚼（如同碾磨粗粮一般），除了这些牙齿以外，大象还有两根大牙，或称为獠牙。雄性大象的獠牙个头相对较大，向上弯曲；雌性大象的獠牙个头相对较小，向下弯曲，也即朝向地面弯曲。大象出生时就有牙齿，但此时獠牙尚未显形。

6 大象的舌头

大象的舌头极小，位于口腔深处，因而很难观察到。

7 由嘴部看动物的差异性

此外，动物的差异还表现在嘴部的相对尺寸方面。某些动物的嘴部开度较大，比如狗、狮子以及所有具有锯齿的动物；某些开度较小，比如人类；某些开度中等，比如猪及其同属的动物。

（埃及河马[1]有着与马一样的鬃毛，像牛一样分趾蹄，鼻子短而扁。其距骨形似分趾蹄动物，獠牙隐约可见，尾巴与猪相似，嘶叫声与马相似，尺寸与驴相似。它的表皮厚实，可用来制作标枪。其内部器官与马、驴类似。）

8 猿的生理特点

一些动物同时具备人类和四足动物的特征，比如猿、猴和狒狒。猴是

[1] 埃及河马见于《希罗多德》，“尾似马……体形似最大的牛”，此节所述大体与《希罗多德》大同小异。

有尾巴的猿。狒狒的外形与猿相似，但相比后者体形更大，更加健壮，面部如狗，习性更为野蛮，牙齿与狗更为接近，也更为有力。

猿的背部多毛，符合其四足动物的特征，腹部多毛，符合其人形特征——如上所述，在被毛这个特征上，四足动物与人类恰恰相反——被毛粗糙，所以腹背均有厚厚的被毛覆盖。其面部在诸多方面与人类相似；换言之，鼻孔、耳朵和牙齿（门牙和臼齿）均与人类相似。此外，一般而言，四足动物只有上眼睑或下眼睑，猿却有上下眼睑，只是较为单薄，下眼睑尤甚；事实上，猿的眼睑的确微不足道。谨记，其他的四足动物根本没有下眼睑。

□ 狒狒

除开本书提到的独特形体特征外，狒狒也是猴类中唯一的集大群营地栖生的高等猴类，常栖息于热带雨林、稀树草原、半荒漠草原、高原山地、低山丘陵、平原或峡谷峭壁中。它们还是猴类中社群生活最为严密的一种，具有明显的等级序位和严明的纪律。

猿的乳房发育不完全，共有两个乳头。其臂与人类相似，只是有被毛覆盖，其腿部的弯曲方式如同人类，上下肢的屈曲相向。此外，其足、趾和趾甲均与人类相似，只是外形上更似野兽。猿的足十分特殊。也就是说，猿的足像大号的手，趾像手指，中间的那根最长，足底除了长度之外，都跟手相似，并且像手掌一样外伸；此种手掌后端异常坚硬，笨拙难看，略像脚后跟。猿的足既可当手也可当脚用，可以像人类握拳一样握起。以比例来看，猿的上臂和大腿比前臂和小腿短。猿没有凸起的肚脐，仅在肚脐一般所在的位置有一个硬块。猿的上半身比下半身大出很多，符合四足动物的特征；事实上，上半身与下半身的比例达到五比三。有鉴于此，以及其足与手相似，结构如同手（各方面都相同）和脚（相似处为脚后跟），连趾都有“掌”作为依托，猿以四足行动的状态多于直立行动。猿虽是四足动物，却没有臀部，而作为两足动物，也没有尾巴，但实际上猿的尾巴极为短小，只能说明它有尾巴存在的迹象。雌性猿的生殖器官与人类女性的生殖器官相似；雄性猿的生殖器官与狗的较为相似，而不是与人类的相似。

9 猴类动物的内部器官与人类相同

如上所述，猴具有尾巴。经解剖发现，此类动物的内部器官与人类相似。

以上便是胎生动物的器官特征。

10 卵生四足的有血动物

卵（蛋）生四足的有血动物——顺带说明一下，陆生有血动物，除了四足动物外，只有完全无足的才是卵（蛋）生的——具有头、颈、背、上下半身、前后肢以及和胸腔功能类似的部位，与胎生四足动物相似，同时还具有尾巴（通常较大，较小者属例外情况）。所有卵（蛋）生四足的有血动物都是多趾，并且趾都是分开的。此外，此类动物全部具备常见的感觉器官（包括舌头），唯有埃及鳄鱼除外。

顺带一提，埃及鳄鱼跟某些鱼类有相似之处，因为一般而言，鱼类舌头多刺，行动不灵；不过，某些鱼原属于舌头的部位变成了平坦的表面，需要敞开其口腔才能仔细观察出来。

此外，卵（蛋）生四足的有血动物不具有耳朵，仅具有耳道；此类动物也没有乳房、交配器官，睾丸位于体内；没有毛，全部覆有鳞片。另外，此类动物全部具有锯齿，无一例外。

鳄鱼的眼睛如猪眼，具有大号牙齿和獠牙，尾巴强劲有力，外皮覆有鳞片，坚不可摧。鳄鱼水下视觉较差，水上视觉极为敏锐。一般而言，鳄鱼白天在陆地栖息，夜晚在水中栖息[1]，原因在于夜晚时的水温比露天气温更适宜。

11 变色龙（避役）与蜥蜴

变色龙（避役）的基本身体结构与蜥蜴类似，但其肋骨向下伸展，与腹部相接（如同鱼类），且脊椎如同鱼类一样向上支起。其面部与狒狒相似，尾巴极长，端部尖细，大部分卷曲成盘，犹如皮带。它趴伏时离地高度大于蜥蜴，但二者的四肢屈曲相同程度。变色龙（避役）的每条腿各分成两部分，其大拇指与手的其他部分的比例跟人类相同。各部位在分裂成趾后相隔较短的距离；前足内侧分为三趾，外侧分为两趾，后足内侧分为两趾，外侧分为三趾；前后肢均具有爪，与猛禽类似。变色龙（避役）全身粗糙不平，与鳄鱼相似。其眼睛较大、较圆，位于中空的凹陷内，由一层类似皮肤的表皮包覆；眼睛中央有一小孔，用于视物，表皮包覆物不会遮盖该小孔。变色龙（避役）不断转动眼睛，朝各个方向转换视线，以设法观察其意

---

〔1〕鳄鱼属于两栖动物。两栖动物的皮肤裸露，表面没有鳞片（一些蚓螈除外）、毛发等覆盖，但是可以分泌黏液以保持身体的湿润；幼体在水中生活，用鳃进行呼吸，长大后用肺，兼用皮肤呼吸。它是脊椎动物从水栖到陆栖的过渡类型。两栖动物一生都不能离开水而生存，但因为该物种能在水、陆两处生存，故称其为两栖动物；与动物界中其他种类相比，地球上现存的两栖动物的物种较少，目前被正式确认的种类约有4350种，分为无足目、无尾目和有尾目三种类型。

图观察的任何物体。

变色龙（避役）体内充满空气时会发生颜色变化；有时变成黑色（与鳄鱼颜色相似），有时变成绿色（与蜥蜴相似），但身上有黑色斑点（与豹相似）。它的变色是全身性的，眼睛与尾巴也会同时变色。它行动迟缓，与龟相似，死时变成绿灰色。该颜色在其死后一直保持。它的食管、气管的位置与蜥蜴相似。除它的头部、颌部以及靠近尾巴根部等处长有些微肌肉之外，全身其他部位无肌肉。其血液仅存在于头部和眼部周围、心脏上方区域以及从这些部位延伸出来的所有血管内；即便是在这些部位，血液量也非常少。它的大脑位于眼睛上方，但与眼睛连通。当外表皮从眼睛上回缩时，可发现它的眼睛周围有某种东西像薄薄的铜环一样闪闪发光。膜皮几乎遍布其全身，多不胜数，并且极为坚韧，其数量与相对强度远超其他动物。沿躯干切开后，变色龙（避役）仍能呼吸较长时间；心脏区域轻微运动，收缩运动主要体现在肋骨区域，全身或多或少会出现类似运动。变色龙（避役）无脾脏，与蜥蜴一样有冬眠[1]习性。

12 鸟类的身体构造

鸟类的某些部位与上述动物相似：也就是说，都具有头部、颈部、背部、腹部以及类似胸腔的部位。鸟类具有两足（和人类一样），在动物中较为突出：顺带一提，鸟类的两足像上文所述四足动物的后肢一样向后弯

〔1〕冬眠是一些动物在冬季时，需要与恶劣的自然环境（如食物缺少、寒冷）相适应，使生命活动处于极度降低的状态，从而保证自己的生存。熊、蛇、蝙蝠、刺猬和松鼠等都有冬眠的习惯。这些冬眠的动物在寒冷的冬季，其体温可降低到与环境温度接近（几乎到0℃）的状态，全身呈麻痹状态，当环境温度进一步降低或升高到一定程度，或其他刺激下，其体温可迅速恢复到正常水平。

曲。鸟类没有前爪或前足，只有翅膀——这是不同于其他动物的特殊构造。鸟类的腿臀骨较长，如同大腿，在腹部中间与躯干相连；腿臀骨与大腿过于相似，单拿出来看，几乎能以假乱真，但真正的大腿是位于腿臀骨和腓骨之间的独立构造。在所有鸟类中，凡爪子呈钩状的，其大腿都最大，胸部都最为强劲。所有鸟类具有多种类型的爪，但都具有分成多个部分的趾；也就是说，在较大的部位，趾明显互不相同，即便是具有蹼足[1]的游泳鸟类，其爪子也完全分开，并且各不相同。凡能高飞的鸟类均为四趾，无一例外：具体而言，前方较大的部位有三趾，后方踵的位置有一趾；某些鸟类前后各有两趾，比如鹈鸮。

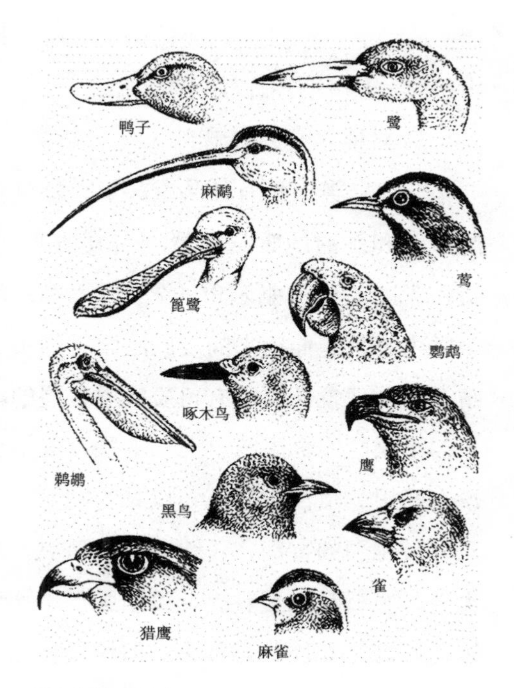

□ 不同鸟类的喙

鸟喙即鸟嘴，是鸟类上下颌包被的硬角质鞘，其功能相当于哺乳动物的吻突、唇和齿，主要用于取食和梳理羽毛。其形状是鸟类随着时间的推移而逐渐适应环境的一个典型例子。每种鸟的捕食习惯都与它们喙的形状和大小有着直接的关系。鸟喙的多样化使得它们适合吃不同的食物，这样多种不同的鸟就可以在同一个地域中生活。

鹈鸮比碛鹨略大，羽毛上生有斑点。其趾分布十分特殊，舌头结构与蛇属似；舌头能伸出四指宽的长度，然后再收回。此外，鹈鸮可以像蛇那

[1] 蹼足：鸟足的一种，其前三趾间具有较完整的蹼相连，如雁、鸭和天鹅等游禽的足。

样向后转头，全身其他部位保持不动。鸫鹨颌部较大，与啄木鸟的颌部较为相似。其鸣叫声比较尖锐。

鸟类具有嘴，且该部位十分特殊，既没有唇，也没有齿，故称之为“喙”。鸟类也没有耳朵或鼻子，仅具有与此类知觉相关的腔道，即喙内的鼻孔和头内的听觉腔道。与其他所有动物一样，鸟类全部具有两只眼睛，无睫毛。体躯笨重的鸟类（又称家禽）靠下眼睑闭合眼睛，所有鸟类全靠内眼角延伸出来的皮肤眨眼；猫头鹰及同属动物还通过上眼睑闭合眼睛。这种现象还见于有角质鳞甲包覆的动物，比如蜥蜴及同属动物；它们全靠下眼睑闭合眼睛，无一例外，但不会像鸟类那样眨眼。此外，鸟类既没有鳞甲，也没有被毛，仅具有羽毛；羽毛均具有羽茎。鸟类没有尾巴，只有带尾羽的臀部，长腿蹼足的鸟类臀部较窄小，其他的较宽大。臀部宽大者，飞行时双足收拢，紧贴腹部；臀部窄小者，飞行时双足全部伸展开来。所有鸟类均具有舌头，但该器官差别较大，某些鸟类的较长，某些的较宽。某些鸟类能够发出音节分明的声音，这一点凌驾于其他所有动物之上，仅次于人类；这一能力主要见于阔舌鸟。卵（胎）生动物的气管上方均不具有会厌，但这些动物能够掌控气管的开合，以防止任何固体物质进入肺部。

某些品种的鸟类还另外长有距，但爪子呈钩状的鸟类均不具有该部位。有爪的鸟类飞行能力较强，长有距的鸟类体形笨重。

此外，某些鸟类具有冠部。一般而言，冠部向上隆起，仅长有羽毛；但家养的鸡，其鸡冠特异，既不能确切地称之为肌肉，又不能称它不是肌肉而是别的什么名称。

13　鱼类的身体构造

在水生动物中，鱼属由除其他动物之外的单个种群构成，包括许多不

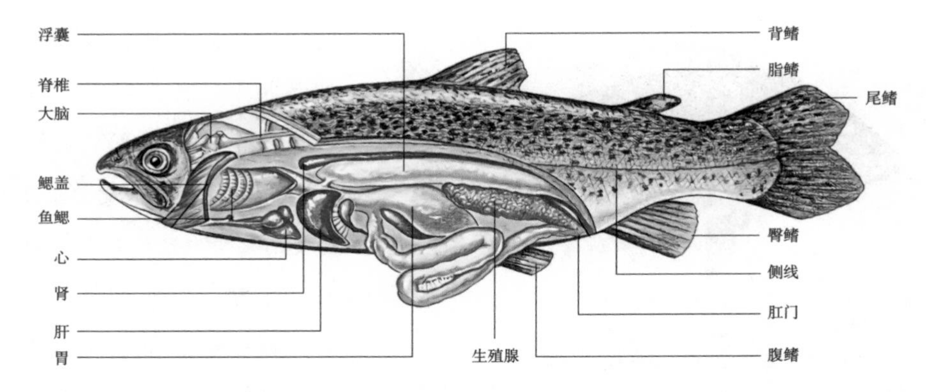

□ **鱼解剖图**

除开各种内脏外，鱼类身体最为重要的，莫过于其附肢，鳍。鳍是鱼类游泳和维持身体平衡的运动器官，由支鳍担骨和鳍条组成。鳍条分为两种类型，一种为角鳍条，不分节，也不分枝，由表皮发生，见于软骨鱼类；另一种是鳞质鳍条或称骨质鳍条，由鳞片衍生而来，有分节、分枝或不分枝，见于硬骨鱼类，鳍条间以薄的鳍条相联。

同的种类。

首先，鱼长有头部、背部和腹部，腹部区域长有胃和内脏；腹部后方是未分化的尾巴，但各不相同。鱼都没有颈部、肢体、乳房和睾丸（无论体内体外）。顺带一提，乳房缺失可能见于所有非胎生动物；事实上，并非所有胎生动物都具有乳房，直接胎生而没有先经过卵（蛋）阶段的动物除外。因此，海豚为直接胎生动物，所以具有两个乳房；乳房位置不高，位于生殖器区域。海豚没有明显的乳头（这一点与四足动物相似），仅两侧腹各有一个出奶孔，乳汁从此处流出；幼年海豚紧跟母海豚吮吸乳汁，这种现象有人亲眼目睹过。

如前所述，鱼类无乳房，也没有外部明显可见的生殖器腔道。但其腮[1]内具有一个特殊器官，鱼类通过鳃部将水摄入口腔，然后排出；较大

〔1〕腮：水生动物的呼吸器官。

□ 笛鲷

笛鲷是鲈形目下的一科，体长而呈纺锤形或长椭圆形，略侧扁，全身色彩鲜艳。它们是夜行性鱼类，大多数具有群游及底栖穴居的习性，白天大都群聚于礁石周围，夜晚则分散在砂地上觅食。笛鲷是一种重要的经济性食用鱼类，其部分种类体色变化较大，可作为观赏鱼。

的鱼类有四个鳍，较瘦长的有两个，比如鳗鱼，并且这两个鳍的位置靠近鳃部。同理，乌鱼（比如在西弗艾的湖中发现的乌鱼）只有两个鳍；细尾带鱼同样只有两个鳍。某些较为瘦长的鱼完全没有鳍，比如鲟属鱼类，也没有像其他鱼类那样灵活的鳃。

在具有鳃的鱼类中，某些鱼的鳃有遮盖物，而所有软骨鱼的鳃都没有遮盖物。凡具有鳃盖的鱼类，其鳃都长在两侧，无一例外；而在软骨鱼中，体躯宽大者的鳃位于腹部，比如电鳐和鳐鱼，体躯瘦长者的鳃位于身体两侧，比如角鲨目的所有鱼类。

鮟鱇的鳃位于身体两侧，其鳃并非由多刺的鳃盖遮盖（除软骨鱼外，其他所有鱼类都由多刺的鳃盖遮盖），而是皮质鳃盖。

此外，凡具有鳃的鱼类，鳃还有单层和双层之分；躯干方向上的最后一个鳃往往是单层的。另外，某些鱼的鳃较少，某些鱼的鳃较多，但两侧的数量全都是一致的。鳃的数量最少的鱼类，一侧各有一个鳃，这种鳃为双层，比如豚鼻鱼；某些鱼类每侧各有两个鳃，一个单层，一个双层，比如康吉鳗和鹦嘴鱼；某些鱼类每侧各有四个单层的鳃，比如海鲢、笛鲷、鲟鱼和鳗鱼；某些鱼类每侧各有四个双层的鳃（最后面的那个除外），比如隆头鱼、河鲈、六须鲇和鲤鱼。角鲨目鱼类的鳃均为双层，每侧各有五个；箭鱼共有八个双层鳃。以上便是关于鱼鳃数目的研究。

除了鱼鳃之外，鱼类与其他动物的差异还有很多。鱼类不像胎生陆栖动物那样覆有被毛，也不像某些卵（蛋）生四足动物那样生有棋盘格形状的鳞甲，也不像鸟类那样长有羽毛；但鱼类大部分都长有鳞片。少数鱼类皮肤粗糙，而皮肤光滑的更是少见。软骨鱼类有的皮肤粗糙，有的皮肤光滑；皮肤光滑的鱼类包括康吉鳗、鳗鱼和金枪鱼。

除鹦嘴鱼外，所有鱼类均长有锯齿；所有鱼类的牙齿都很尖利，多行排列，有些还长到舌头上。它们的舌头坚硬多刺，与躯干连接十分紧密，以至于某些鱼类表面看去不具有该器官。某些鱼类的嘴较为宽大，类似某些胎生四足动物。

除了眼睛之外，鱼类不具有其他感觉器官（如听觉和嗅觉），既没有此类器官，也没有相应的腔道，也就是说，既没有耳朵，也没有耳道；但所有鱼类都具有眼睛，眼睛没有眼睑，但眼珠并不坚硬。

所有鱼类均有血，无一例外。某些鱼类为卵（蛋）生，某些为胎生；有鳞鱼类全为卵（蛋）生，无一例外，但软骨鱼全为胎生，唯有鮟鱇例外。

14　蛇、海蜈蚣[1]、鲫鱼的特点

有血动物中只剩下蛇属尚未谈及。蛇属同时具备两种特征，即该属所包含的大多数为陆栖动物，但有少数栖息在淡水中，比如水生蛇属。另有海蛇这一类，其外形与陆栖的同属蛇属极为相似，差别在于其头部与康吉鳗的头部相似；海蛇分为多种，以颜色进行区分；海蛇不生活在较深的海域。蛇属跟鱼类一样，都没有足。

另有海蜈蚣这一类，其外形与陆栖的同属蜈蚣极为相似，但尺寸较小。海蜈蚣多见于岩石附近；相比陆栖的同属蜈蚣，其颜色较为深红，具多

〔1〕海蜈蚣：学名沙蚕，俗称海虫、海蛆、海蜈蚣及海蚂蝗等，我国黄海和渤海沿岸多产，是钓海鱼的主要饵料。

足，腿部构造更为精细。与海蛇相同的是，海蜈蚣也不在较深的海域中。

在所有栖息于岩石附近的鱼类中，有一类体形较小，有人称之为鲫鱼（又称“船锚”），有人则把它当作能在法律事务、爱情中带来好运的护身符。鲫鱼不可食用。有人认为鲫鱼有足，但此说法不足为信：鲫鱼看似有足，其实是鳍看起来像足。

以上便是有血动物的外部器官，器官的数目、特性及其相对差异。

15 胎、卵生动物的内部器官在结构上的同异性；胆囊

关于内部器官[1]的特性，首先要从有血动物谈起，因为这个主要种类与其他动物有别，差异在于前者有血，后者无血；前者包括人类、胎生和卵（蛋）生四足动物、鸟类、鱼类和鲸类动物，以及由于构不成属，而没有总体名称，但从其名字就能看出种类的其他所有动物，比如“蛇”和“鳄鱼”。

所有胎生四足动物都具有食管和气管，其位置与人类相同；卵（蛋）生四足动物和鸟类同理，但鸟类的这些器官存在形状差异。一般而言，凡吸入呼出空气的动物，都具有肺部、气管和食管；气管、食管的位置不存在差异，但具有特性上的区别，而肺部则既存在位置差异，也存在特性差异。进一步而言，凡有血动物，都具有心脏和横膈膜[2]；但在体形较小的动物中，横膈膜太过微小，几不可见。

关于心脏这个部位，牛类存在一个特殊现象。换言之，有一种牛的心脏内长有一块骨骼（并非全都长有）。顺带一提，马的心脏内也长有骨骼。

---

〔1〕内部器官：指动物身体内部的各个器官。

〔2〕横膈膜是胸腔和腹腔之间的分隔层，位于心脏和双侧肺脏的下面，肝脏、脾脏和胃部的上方，会随着呼吸而上下运动。

上述属种并非全部具有肺部：例如，鱼类没有肺部，凡具有鳃的动物也都没有肺部。凡有血动物，都具有肝脏。一般而言，有血动物具有脾脏；但对于大多数非胎生动物以及所有卵（蛋）生动物来说，脾脏过小，几不可见；此现象见于几乎所有鸟类，比如鸽子、鸢、隼和猫头鹰。事实上，“山羊头”（角鸮）[1]的脾脏已完全退化。卵生四脚动物与卵生两脚动物情况相同，其脾脏都很微小，比如龟、淡水龟、蟾蜍、石龙子、鳄鱼和蛙等。

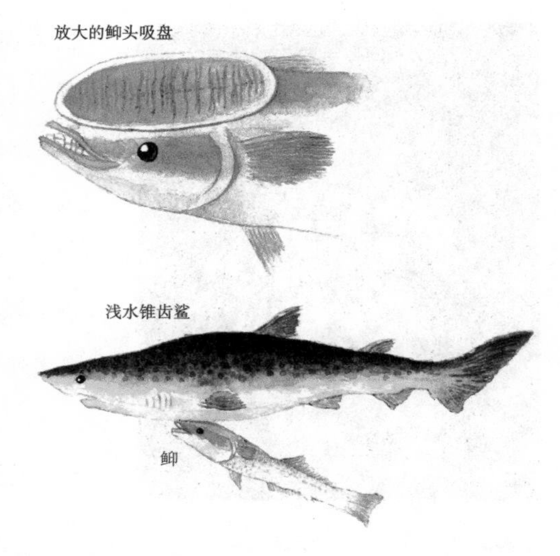

□ **䲟吸附大鱼的形态**

䲟是䲟科、䲟属鱼类，大洋性鱼种，通常单独活动于近海之浅水处。其形体极长，头部扁平，向后渐成圆柱状，顶端有由第一背鳍变形而成的吸盘。䲟吸附在大鱼或海龟等宿主身上，随着宿主四处游荡。

某些动物的脾脏附近具有胆囊，某些则不具有。在胎生四足动物中，鹿、獐、马、骡、驴、海豹以及某些猪科动物不具有脾脏。鹿科动物中有一类称作麋鹿，其胆囊似乎处在尾部，该部位的颜色的确与胆囊相似，且该器官的内部构造也跟胆囊相似，只不过其中液体的流动性不强。

雌鹿脑内都有蛆虫寄生，无一例外。蛆虫寄生在舌根下方的中空内，靠近头部相连的脊椎骨。蛆虫跟最大的蛴螬一样大小，成群生长，通常约为二十只。

如前所述，鹿不具有胆囊；鹿的肠子极苦，若非其肉极为肥美，连

〔1〕目前尚不能明确“山羊头”是何种鸟名。角鸮（Otus Scops）为头上有角状羽束的鸮类。

□ 猫头鹰

猫头鹰为鸟纲鸮形目鸟类的通称，其大部分为夜行性。猫头鹰头宽大，嘴短而粗壮且前端成钩状，相对于头部，硕大的双目是猫头鹰共有且区别于其他鸟类的特征，其头部正面的羽毛排列成面盘，部分种类具有耳状羽毛。猫头鹰大多栖息于树上，部分种类栖息于岩石间、仙人掌内和草地上，食谱宽广，包括昆虫、蚯蚓、蛙、蜥蜴、蛇、小型鸟类和哺乳动物等。

猎犬都不愿吃。大象的肝脏也没有胆囊，但如果在其他动物长有胆囊的位置切开大象的这个部位，则会慢慢渗出类似胆汁的液体，量有多有少。在摄入海水且具有肺部的动物中，海豚不具有胆囊。鸟类、鱼类以及所有卵（蛋）生四足动物都具有该器官，尺寸有大有小。某些鱼类的胆囊比较靠近肝脏，比如角鲨目、六须鲇、刺蝶鱼、鳐鱼和电鳐，以及瘦长的鱼类，如鳗鱼、海龙和双髻鲨。鰤[1]的胆囊也比较靠近肝脏，且比其他所有鱼类的相对尺寸都要大。其他鱼类的胆囊靠近肠子，由部分特别精细的导管与肝脏相连。鲣鱼的胆囊沿肠子延展分布，与肠子的长度相等，并且通常对折。其他动物的胆囊位于肠子区域，某些距离较远，某些距离较近：比如鮟鱇、海鲢、笛鲷、鯙鱼和箭鱼。一般来说，同一种动物的胆囊存在位置差异：例如，某些同属动物的胆囊与肝脏紧密连接；某些则与肝脏分离，处于其下方。鸟类也是一样的道理：就是说，某些鸟类的肝脏靠近胃部，某些靠近肠子，比如鸽子、乌鸦、鹌鹑、燕子和麻雀；某些同时紧挨肝脏和胃部，比如角鸮；某些同时紧挨肝脏和肠子，比如隼和鸢。

〔1〕鰤：一种体小、细长、口小、吻尖、无鳞，头部扁平的鱼，生活于热带和温带的近海，种类较多。

16 肾和膀胱

再次申明，所有胎生四足动物都具有肾和膀胱。在非四足卵（蛋）生动物中，无论是鱼类还是鸟类，已知没有一种具有此类器官。在卵（蛋）生四足动物中，唯独龟的此类器官与其自身其他器官大小相称。龟肾与牛肾相似；也就是说，看似是由多个小肾组成的单个器官。（野牛的所有内部器官也与牛相似。）

17 心、肝、脾；各类动物的消化器官

凡具有此类器官的所有动物，此类器官的位置大致相同，心脏位于中央，但人类除外；如前所述，人类心脏的位置略偏向左侧。所有动物的心尖均指向前方；乍看之下，鱼类的心尖似乎并未指向胸腔，而是指向头部和嘴部。而且，（鱼类的）心顶在左右鳃相交处与一根软管相连。心脏蔓生的其他导管与每一个鳃相连，体形较大者，导管较大，体形较小者，导管较小；但对于体形较大者，心尖处的导管为软管，呈白色，极厚。

少数鱼类具有食管，比如康吉鳗和鳝鱼；这些鱼类的食管较细小。

凡具有单一肝脏的鱼类，则肝脏完全位于右侧；若肝脏从底部分开，则较大的部分位于右侧：因为某些鱼类的肝脏两相分离，底部没有任何接合，比如狗鲨。波尔比湖附近的菲戈区以及其他地方有种野兔，由于连接导管较长，跟鸟类的肺部构造相似，可能会被误以为具有两个肝脏。

正常来说，脾脏都位于左侧，并且凡具有肾的动物，肾也处在同一位置。经解剖发现，某些四足动物的脾脏位于右侧，肝脏位于左侧；但这些都被视作超自然现象。

所有动物的气管都延伸至肺部，至于以何种方式，则留待以后讨论；凡具有食管的动物，食管都穿过横膈膜，直达胃部。顺带一提，如上所述，大多数鱼类没有食管，但胃部与口腔直接相通，所以某些体形较大的

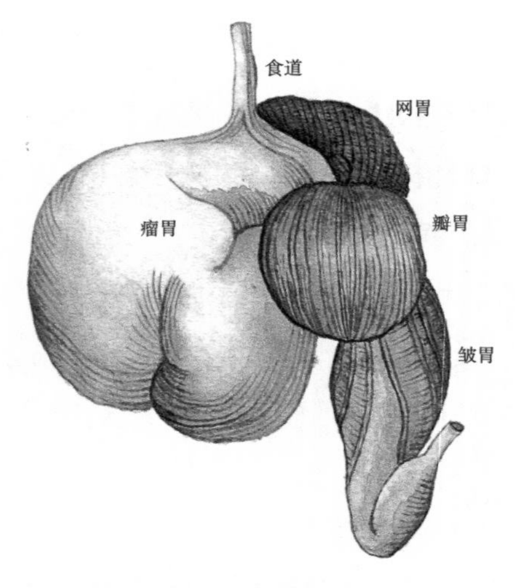

□ 反刍类的四胃（以牛胃制图）

反刍动物采食一般比较匆忙，大部分食物未经充分咀嚼就吞咽进入瘤胃，经过瘤胃浸泡和软化一段时间后，食物经逆呕重新回到口腔，经过再咀嚼，再次混入唾液并再吞咽进入瘤胃。这一反刍和咀嚼过程可以再次重复进行，直至食物彻底嚼碎。之后，食物再从瘤胃经网胃而入瓣胃。食糜在瓣胃的叶片间受到压挤，变得更细碎（瓣胃同时会吸收一部分水和低级脂肪酸），最后被皱胃消化。

鱼类追猎体形较小的鱼类时，其胃部会向前翻动，进入口腔。

上述所有动物均具有胃部，并且位置大致相同，也就是说，都位于横膈膜正下方；胃部有肠子与之相通，残余物出口以及“直肠”处封闭。不过，动物的胃部构造存在差异。首先，胎生四足动物中，比如双颌牙齿不均的有犄角动物的胃分成四个室。顺带一提，这些就是据说能反刍的动物〔1〕。这些动物的食管从口腔向下沿肺延伸，从横膈膜延伸至瘤胃（又称大胃）：瘤胃内部粗糙，为半分割状态。食管入口附近与之相连的部位，根据其外观命名为“网胃”（又称蜂巢胃）：网胃外部与瘤胃相似，但内部则与网帽相似；网胃比瘤胃小很多。与网胃相连的叫作“瓣胃”，内部粗糙，由重重叶瓣组成，大小与网胃相当。再之后的叫作“皱胃”，比瓣胃大，也比瓣胃长，内部具有多重褶皱，显得又大又光滑。再接下来便是肠子。

〔1〕一些偶蹄类动物的胃可以分为四个部分：瘤胃、网胃、瓣胃和皱胃，食物咽下后先进入瘤胃，然后进入网胃，再回到口中细细咀嚼，之后再进入瓣胃，最后进入皱胃，如牛、羊、鹿；有些则分为三个部分，即瓣胃和皱胃合而为一，如骆驼。

以上便是有犄角、牙齿不对称的四足动物的胃部：这些动物各部位的形状、尺寸各不相同，某些动物的食管与胃的正中央相连，某些则与侧面相连。上下颌牙齿对称的动物只有一个胃：比如人类、猪、狗、熊、狮和狼。（顺带一提，金豺[1]的所有内部器官都跟狼相似。）

只有一个胃的动物，其胃之后便是肠子；某些动物的胃较大，比如猪和熊，而且猪的胃里有少量光滑的褶皱；某些动物的胃较小，比肠子大不了多少，比如狮、狗和人类。上述动物之外的其他动物，其胃部形状存在方向上的差异；也就是说，某些动物的胃与猪相似；某些的胃则与狗相似，无论体形大小。在这些动物中，胃的差别表现在尺寸、形状、厚度以及食管相连的位置等方面。

上述两类动物（上下颌牙齿对称和不对称）的肠子构造也存在差异，表现在尺寸、厚度和褶皱等方面。

凡上下颌牙齿不对称的动物，其肠子都比较大，因为这些动物本身体形就比其他种类的大；此类动物鲜有体形较小的，并且有犄角动物的体形都很大，无一例外。某些的肠子具有附器（又称盲肠），但上下颌均无门牙的动物都不具有直肠。

大象具有压缩成腔的肠子，这种构造形式使得大象看似具有四个胃；其中存有食物，但没有明显独立的贮藏位置。大象的内脏与猪相似，区别在于其肝脏大小为牛肝的四倍，其他的脏器比例与此相同，但脾脏相对较小。

卵（蛋）生四足动物的胃和肠的特征大致可以同样推断出来，比如陆龟、蜥蜴和鳄鱼，事实上，所有类似的动物都可以推断出来；也就是说，

---

〔1〕金豺（Canis aureus）共有12个亚种，其体形中等，四肢修长，善于快速及长距离奔跑，喜群居，常追逐猎食；属肉食性动物，以食草动物及啮齿动物等为食，生活在干燥空旷的地区，居于洞穴，主要分布于欧亚大陆和印度半岛。

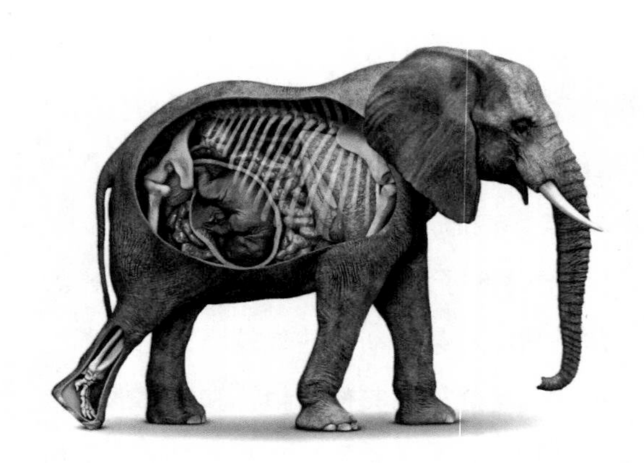

□ 大象

单就人们常见的亚洲象而言，象的身高可达3米，体重可达5吨。谈到内脏，除开其相当于牛肝四倍大小的肝脏外，大象的心脏平均就有12公斤之重。大象的肠子更是长达40米，可使其在18小时内吃掉360千克食物，在一天内饮水90千克。不过，尽管身躯庞大、体重惊人，大象在行走时对土地的压力却是极小的——每平方厘米地面只会承受到约600克的重量。

这些动物都只有一个胃，构造简单，某些与猪的胃相似，某些与狗的胃相似。

在陆栖动物中，蛇属与蜥蜴类爬行动物相似，假如蜥蜴类爬行动物体长增加并且足已经退化的话，那么蛇属动物几乎所有器官也都与之类似。也就是说，蛇覆有棋盘格状的鳞甲，其背部、腹部跟蜥蜴类爬行动物相似；顺带一提，蛇没有睾丸，但和鱼类一样有两条输精管合二为一，卵巢长而多叉；其余的内部器官跟蜥蜴类爬行动物完全相似，区别在于蛇的体形细长，内脏也相应地细长，因而易于忽略二者形状上的相似性。蛇的气管极长，食管更长，气管的起始位置十分靠近口腔，使得舌头看似处在气管下方；气管似乎向上突出，位于舌头之上，原因在于舌头可以收入一个鞘内，不像其他动物那样保持原位。另外，蛇的舌头较长，很薄，呈黑色，能够伸出较远的距离。蛇和蜥蜴类爬行动物的舌头都具有一个超乎寻常的特征，那就是外端分叉，而蛇属的这一特征更为明显，因为其舌尖细如发丝。顺带一提，海豹的舌头也分叉。

蛇属的胃更像是空间宽广的肠子，与狗的胃相似；紧接着的肠子又长又窄，一根贯通到底；心脏紧邻咽头，个头较小，形似肾脏；正因为这一点，在某些时候，这一器官的尖端看似未朝向胸腔；再接下来是肺部，肺只有一个，与一个膜状腔道相连，较长，与心脏相隔较远；肝脏长而简单；脾脏短而圆：这两个方面都跟蜥蜴类爬行动物相似。蛇的胆囊跟鱼类相似；水蛇的胆囊位于肝脏旁边，其他蛇属的胆囊通常位于肠子旁边。蛇属全部为锯齿，肋骨像一个月的天数那样多，换句话说，蛇有三十根肋骨。

□ **颜色各异的海蛞蝓**

海蛞蝓（Ovula ovum），为一种无壳螺类生物，其头上有两对触角突出如兔耳，颇为可爱，所以也被称为“海兔”。其形体柔软，外表五彩斑斓，常生活于浅海，可以变成周边环境的颜色以躲避掠食者。海蛞蝓是一种雌雄同体的动物，拥有两性生殖器官，但它们很少会自行受精。此外，海蛞蝓还是科学家发现的第一种可生成叶绿素的动物。

有人说，同样的现象还见于燕子的雏鸟，换句话说，如果抠出蛇的眼睛，它还会再长出来。此外，蜥蜴类爬行动物和蛇属的尾巴断掉之后还会再长出来。

鱼类的肠和胃的特征大致相同；也就是说，鱼类只有一个胃，构造简单，因品种不同而形状各异。某些鱼类的胃形似肠子，比如鹦嘴鱼，顺带一提，鹦嘴鱼似乎是唯一能够反刍的鱼类。其肠子从头到尾构造单一，如果发生重叠或蜷结，还能放松变成简单的形态。

鱼类和大多数鸟类的一个特征是具有肠附器（又称盲肠）。鸟类的盲肠位置较低，数目较少。鱼类的盲肠位于胃部之上，有时数目较多，比如刺鳍鱼、鲨鱼、河鲈、鲉鱼、棘鲆、红乌鱼和鲷属鱼类；石首鱼或灰乌鱼的一侧有多个盲肠，另一侧则只有一个。某些鱼类具有盲肠，但盲肠数量较少，比如拟刺尾鲷和海蛞蝓；顺带一提，鳅类的盲肠也极少。同一个种内的鱼也各不相同，以鳅类为例，某些鳅的盲肠较多，某些则较少。某些鱼类完全不具有该器官，比如多数软骨鱼。至于其他鱼类，某些盲肠较少，

□ 鸨

鸨属鹤形目鸨科，是一种杂食性陆栖鸟类。鸨的身体粗壮，向后渐细，头平扁，颈长，其最大者站立高度能超过1米。它们能适应干燥的环境，喜欢栖息于温暖干燥开阔的草原、农田、灌木丛中。

某些较多。凡具有附器的鱼类，该器官都靠近腹部，无一例外。

鸟类的内部器官不同于其他动物，相互之间也各不相同。例如，某些鸟类的胃部前端具有嗉囊[1]，比如谷仓门公鸡、斑鸠、鸽子和鹧鸪；嗉囊由一块很大的中空皮肤构成，食物首先进入其中进行营养吸收。嗉囊与食管分隔的位置较窄，然后逐渐变宽，但在与胃部相接的位置再次变窄。大多数鸟的胃（又称砂囊）都为肌肉，坚硬无比，内有一层从肌肉衍生出来的结实囊壁。某些鸟类不具有嗉囊，因为食管较宽，空间很大，要么全部通入胃部，要么部分通入胃部，比如寒鸦、乌鸦和小嘴乌鸦。鹌鹑的食管也在最下端扩张，而角鸮和猫头鹰的食管则是上窄下宽。鸭、鹅、海鸥和体形巨大的鸨，其食管从头到尾都很宽阔，其他的许多鸟类都符合这一特征。某些鸟类的胃里有类似嗉囊的部分，比如茶隼。某些体形较小的鸟类，比如燕子和麻雀，食管和嗉囊都不宽阔，但胃较长。某些鸟类既不具有嗉囊，

〔1〕嗉囊：鸟类食管的后段，是用来暂时贮存食物的膨大部分。食物在嗉囊里经过润湿和软化，便于消化，再被送入前胃和砂囊。嗉囊有单个的，如鸡；或成对而横位扩张的，如鸠。麝雉的嗉囊壁为肌肉质，对其中存贮的粗糙树叶，能起到一定的机械磨碎作用。鸭和鹅虽无嗉囊，但食管在该处略呈纺锤状膨大。鸽的嗉囊在育雏期间能分泌乳汁，称“鸽乳”，用以哺育雏鸽。

也不具有宽阔的食管，但食管极长，比如长颈鸟类，如紫水鸡；顺带一提，所有这些鸟类粪便的含水量都很高。相比其他鸟类，鹌鹑在这些器官方面是个特例；换句话说，鹌鹑既具有嗉囊，胃部前端的食管又很宽阔，而在这个区域，嗉囊与食管拉开一段距离（相对于其自身尺寸而言）。

此外，大多数鸟类的肠子都很薄，展开后构造简单。如前所述，鸟类的肠附器数目较少，不像鱼类那样较为靠上，而是近于肠子末端。鸟类具有盲肠——并非所有鸟类，而是大部分鸟类，比如谷仓门公鸡、鹧鸪、鸭、夜鸦、（洛伽罗鹑）、雕鸮、鹅、体形巨大的鸨和猫头鹰。某些体形较小的鸟类也具有此附器；但这些鸟类的盲肠小得几不可见，比如麻雀。

第三卷

本卷书写鱼、鸟、蛇及胎生动物的生殖器官；记述对血管的历史记载和当前的实况研究；陈述有血动物的肌腱、纤维和血凝，骨和软骨，角、指（趾）甲、爪和蹄，毛发和皮肤，季节和水土对鸟羽、兽毛之颜色的影响，骨膜、脑膜、网膜，膀胱和肌肉，软脂和硬脂，眼瞳、血液、髓、乳、精液。

猫头鹰

1 鱼、鸟、蛇的生殖器官

普通器官的构造、特征以及相对差异已经阐述完毕，接下来要论及生殖器官。雌性的生殖器官全部位于体内；雄性的生殖器官千差万别。

在有血动物中，某些雄性的睾丸彻底退化，某些具有该器官，但位于体内；睾丸位于体内的雄性，某些接近腰部，处在肾的范围内，某些则接近腹部。某些雄性的睾丸位于体外。睾丸位于体外的，某些的阴茎与腹部相连，某些则松松垮垮地悬空，与睾丸的情况类似；阴茎与腹部相连的，依据该动物属于前尿向还是后尿向，连接方式各有不同。

鱼类都不具有睾丸，其他动物也不具有鳃，蛇属既不具有睾丸，也没有鳃：简言之，除了本身就是胎生的之外，凡是无足的动物也无睾丸。鸟类具有睾丸，但位于体内，靠近腰部。卵（蛋）生四足动物同理，比如蜥蜴、海龟和鳄鱼；胎生动物中唯有刺猬属于此例。睾丸位于体内的其他动物，则睾丸靠近腹部，比如无足动物中的海豚、胎生四足动物中的大象。其他动物的睾丸位于体外，清晰可见。

上面已经提到，这些器官与腹部和相邻区域的连接方式存在差异；换言之，我们所说的是某些动物的睾丸与身体紧密贴合，比如猪及其同类动物，某些动物的睾丸则自由悬空，比如人类。

如上所述，鱼类和蛇属不具有睾丸。不过，鱼类和蛇属有两根输精管与横膈膜相接，沿脊椎骨的两侧分布，然后在残余物出口处上方接合成一条，所谓出口处“上方”是指接近脊柱的区域。在交配季节，这两根输精管会充满精液，一经挤压，白色精液便会流出。关于各种鱼类雄性的差异，读者应参阅拙作《解剖学》，我们之后再描述各种鱼类的具体特征，详细讨论这个主题。

卵（蛋）生动物的雄性，无论两足、四足，全都具有睾丸，睾丸靠近横膈膜下方的腰部。某些动物的睾丸偏白色，某些的偏黄色；睾丸由微小的血管完全包覆。两个睾丸各延伸出一根输精管（比如，鱼类就是如此），两根输精管会在残余物出口处上方合二为一，这就构成了阴茎。体形较小的卵（蛋）生动物的阴茎不显眼；但体形较大的卵（蛋）生动物的阴茎在勃起后清晰可见，比如鹅之类的。

鱼类、两足卵（蛋）生动物和四足卵（蛋）生动物的输精管在胃部和肠子下方跟腰部相连，处在胃部、肠子和大动脉之间，两根导管或血管从大动脉伸出，各通向一个睾丸。鱼类雄性的精液见于输精管，输精管在交配季节清晰可见，某些鱼类的输精管在交配季节结束后会隐匿不见，鸟类的睾丸同理；交配季节到来之前，某些鸟类的睾丸较小，某些的几不可见，但在交配季节里，所有鸟类的睾丸都会膨大。这种现象最多见于斑鸠和鹧鸪，以至于人们以为这些鸟类在冬天没有睾丸。

睾丸朝前的雄性动物中，某些位于体内，靠近腹部，比如海豚；某些位于体外，一眼可见，靠近下腹部。到目前为止，这些动物在睾丸这个器官上相似；但它们的区别在于，某些动物的睾丸相互分离，而那些位于体外的，则有阴囊包覆。

再次申明，凡有足的胎生动物，其睾丸都具有以下特征。类似血管的导管从大动脉延伸至各睾丸的顶部，另有两根来自肾；来自肾的这两根导管里有血，而从大动脉过来的两根里没有血。另有一根导管始于睾丸顶部，沿睾丸本身分布，比上面提到的那几条更厚实、更有活力，这根导管在睾丸底端弯曲，重新折回顶部；这两根导管从各个睾丸的顶部一直延伸，直至在阴茎前端合二为一。这根导管再次折回，与睾丸接触的部位就包裹在同一层膜内，所以只有拉开这层膜的时候，它们才会显现出单一的无差别导管形态。此外，与睾丸接触的导管内的分泌物由血液改变浓度，但相比上面跟大动脉相连的导管而言，浓度变化较小；向阴茎软管折回的导管里的液体为白色。还有一条导管来自膀胱，其开口处接入导管上部，周围呈鞘状的便称作“阴茎”。

上述所有特征可以配合图示进行理解：图中A表示导管从大动脉向外延伸的起始位置；K表示睾丸顶部以及导管接入的位置；Ω表示从沿着睾丸分布的导管分支出来的导管；B表示折回且含有白色液体的导管；Δ表示阴茎（男性生殖器）；E表示膀胱；Ψ表示睾丸；sp.v为精囊静脉；sp.a为精囊动脉；ur.为输尿管。

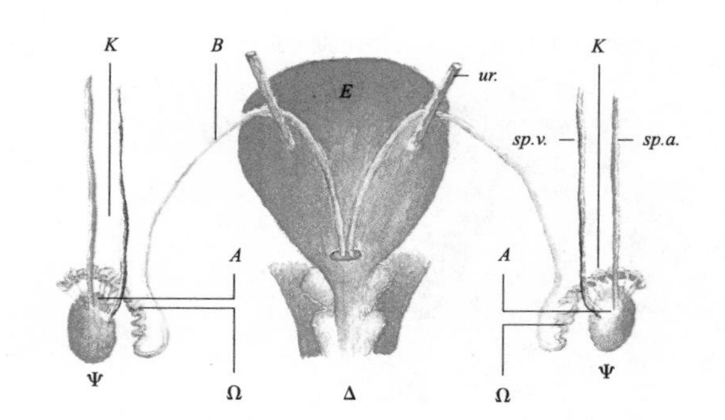

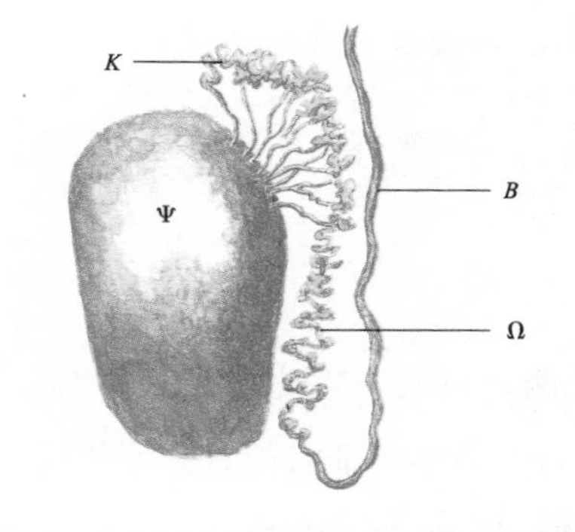

□ 雄性动物（胎生有脚动物，即兽类）生殖器官

睾丸是雄性动物生殖器官及生殖腺的一部分，是女性卵巢的同源器官，其主要作用是分泌雄性激素（主要是睾酮）和产生精子。

（顺带一提，切除睾丸时，导管会向上收缩。此外，雄性动物幼年时，其所有者有时会通过摩擦来破坏这一器官；有时会在较靠后的时期被阉割[1]。此处要插一句，据说一头公牛被阉割后立刻与母牛交配，母牛竟然怀孕了。）

以上便是雄性动物睾丸的特征。

凡具有子宫的雌性动物，子宫的构造、特征各不相同，胎生和卵（蛋）生存在巨大区别。凡子宫靠近外生殖器的动物，其子宫都有两个犄角（子宫角），左右分列；不过，子宫开端只有一个，子宫口也只有一个，是由大量

〔1〕阉割，也称“去势”，指因非医疗目的的除去人或动物生殖器官中的睾丸或者卵巢，使其丧失生殖功能。

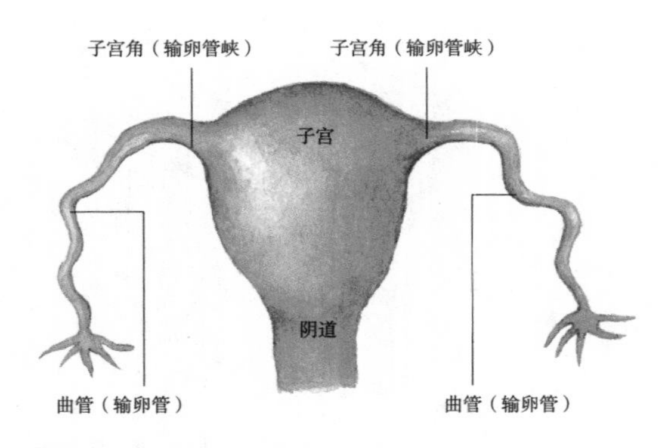

□ **雌性动物（兽类）生殖器官——子宫**

从鱼类到哺乳动物的单孔目动物都具有卵生或卵胎生性子宫，哺乳类有袋目以上，才有胎生性子宫；胎生性子宫是胎儿生长发育的场所，由左、右输卵管末端膨大或愈合膨大而成。

肌肉和软骨构成的管道，这一点在数量最多、体形最大的动物之间都很相似。在这些部位中，有一个被称作宫体，且由此衍生出“男性”一词，另外一个（导管或孔口）叫作子宫口。所有胎生两足或四足动物的子宫都位于横膈膜下方，比如人类、狗、猪、马和牛；有犄角动物同理。在子宫根部称为角[1]的两处，大多数动物有一个弯曲或盘旋。[2]

下蛋的卵生动物的子宫位置并不相同。鸟类的子宫靠近横膈膜，鱼类的子宫较为靠下，类似于两足和四足胎生动物，唯一的区别在于鱼类的子宫构造精细，呈膜状，较长；以至于在体形特别小的鱼类中，一分为二的两个部位各自就像一颗蛋，“蛋”易碎的那些鱼类体内仿佛有一对“蛋”，而实际其体内两侧各不止一颗“蛋”，而是有很多，说明它们会分裂成如此之多的颗粒。

鸟类子宫下部的管状物肌肉较多，十分结实，靠近横膈膜的那部分则为膜状物，薄而精细：以至于卵看起来仿佛处在子宫之外。对于体形较大的鸟类，这层膜较为明显，通过管状物充气后，会抬升肿胀；对于体形较小的鸟类，所有这些部位都比较不明显。

卵生四足动物的子宫特征大致相同，比如海龟、蜥蜴和青蛙等；下方

〔1〕根部称为角的两处：指输卵管与子宫根部两角的峡口。

〔2〕这里指输卵管。

的管状物只有一个，多肌肉，带有卵子的裂口区位于顶部，紧邻横膈膜。无足的胎生和卵生动物，比如狗鲨以及所谓的软骨鱼（指无足、具有鳃的胎生动物），其子宫一分为二，一直延伸至横膈膜，鸟类就属于此例。子宫角还有一狭窄处，直通横膈膜，卵子在此处以及横膈膜起点上方产生，然后进入子宫较为宽阔的区域，从卵子变成幼体。不过，相比同一品种或广义上的鱼类，通过解剖不同形态的样本才能更好地研究这些鱼类的差异。

□ **狗鲨**

狗鲨（Chiloscyllium plagiosum）又名点纹斑竹鲨，其形体呈圆柱形或稍平扁，长细而狭。它们主要栖息于沿海有海藻丛生的珊瑚礁区，常栖息于潮间带，活动缓慢，蛰伏于礁区附近海床，在离水后可存活约12小时，以底栖动物为食。

蛇属动物与上述动物存在差异，种群之内也存在差异。一般而言，蛇是卵（蛋）生，唯有蝮蛇属于胎生。蝮蛇在体内产卵，在体外分娩；由于这种特殊性，蝮蛇的子宫特征与软骨鱼的相似。蛇属的子宫较长，与躯干相称，起源于底部，一根导管沿脊椎两侧不间断分布（给人以脊椎两侧各有一根导管的印象），直至横膈膜，卵在此处成排产生；卵并不是逐个产出的，而是串联在一起。（体内胎生、体外胎生的所有动物，其子宫都处在胃部上方[1]，所有卵生动物的子宫都处在胃部下方，靠近腰部。体内产卵、体外分娩的动物，其子宫位置介于上述二者之间：子宫底端——卵所在位置——处于腰部附近，但子宫口处于肠子上方。）

此外，互相对比来看，子宫之间还存在以下差异：也就是说有角雌性

〔1〕体内胎生、体外胎生的所有动物，其子宫都处在胃部上方，这与实际情况不符。现代解剖学证实，子宫位于盆腔中部，膀胱与直肠之间。

动物的子宫内有胎盘，动物怀孕后，子宫内会形成绒毛叶，而在所有的双齿、胎生、有足动物中，比如野兔、鼠和蝙蝠，其子宫较为平滑，胚胎与子宫本身相连，而不是和子宫内的绒毛叶相连。

本身性质相异、结构相同的器官，包括内部器官和外部器官，都具有以上所述特征。

2 有血动物的血液与血管

在有血动物中，最普遍的同质或结构相同的部位是血液以及其所在的血管；接下来是与之相似的淋巴和纤维，以及构成动物身躯的肌肉和跟肌肉相似的部位；之后是骨骼，以及类似骨骼的部位，比如鱼骨和软骨；之后是皮肤、膜、肌腱、毛发、指（趾）甲以及等同于此类的部位；再接下来是脂肪、板油和分泌物；分泌物包括粪便、痰、黄色胆汁和黑色胆汁。

人们对血液和血管的特征了解很少，我们必须首先讨论它们，更何况以前作者的阐述不尽如人意。这方面所知甚少的原因是其观察难度极高。如果以动物尸体作为对象，主要血管的特征无法观察，因为血液抽离后，主要血管便会萎陷；血液在血管内像溪水一样流动，像液体一样从容器内流出，因为除了心脏里储存的少量血液外，所有血液都积聚在血管内，并无别处可去。如果以活体动物作为对象，则无法观察这些器官，因为它们都位于体内，肉眼不可见。因此，这就是在解剖室内对尸体进行研究的解剖人员找不到血管的主要根源，而那些仅仅观察行将就木的活人的人员，只能根据外部观察所得来判断血管的根源。在这些调查人员中间，塞浦路斯的医师叙恩涅喜斯[1]写道：

---

〔1〕叙恩涅喜斯是古代塞浦路斯的一名医生，希波克拉底文集《自然论》收录了他对血管的论述。希波克拉底（公元前460—公元前370年）为古希腊伯里克利时代的医师，被西方尊为“医学之父”，西方医学奠基人。

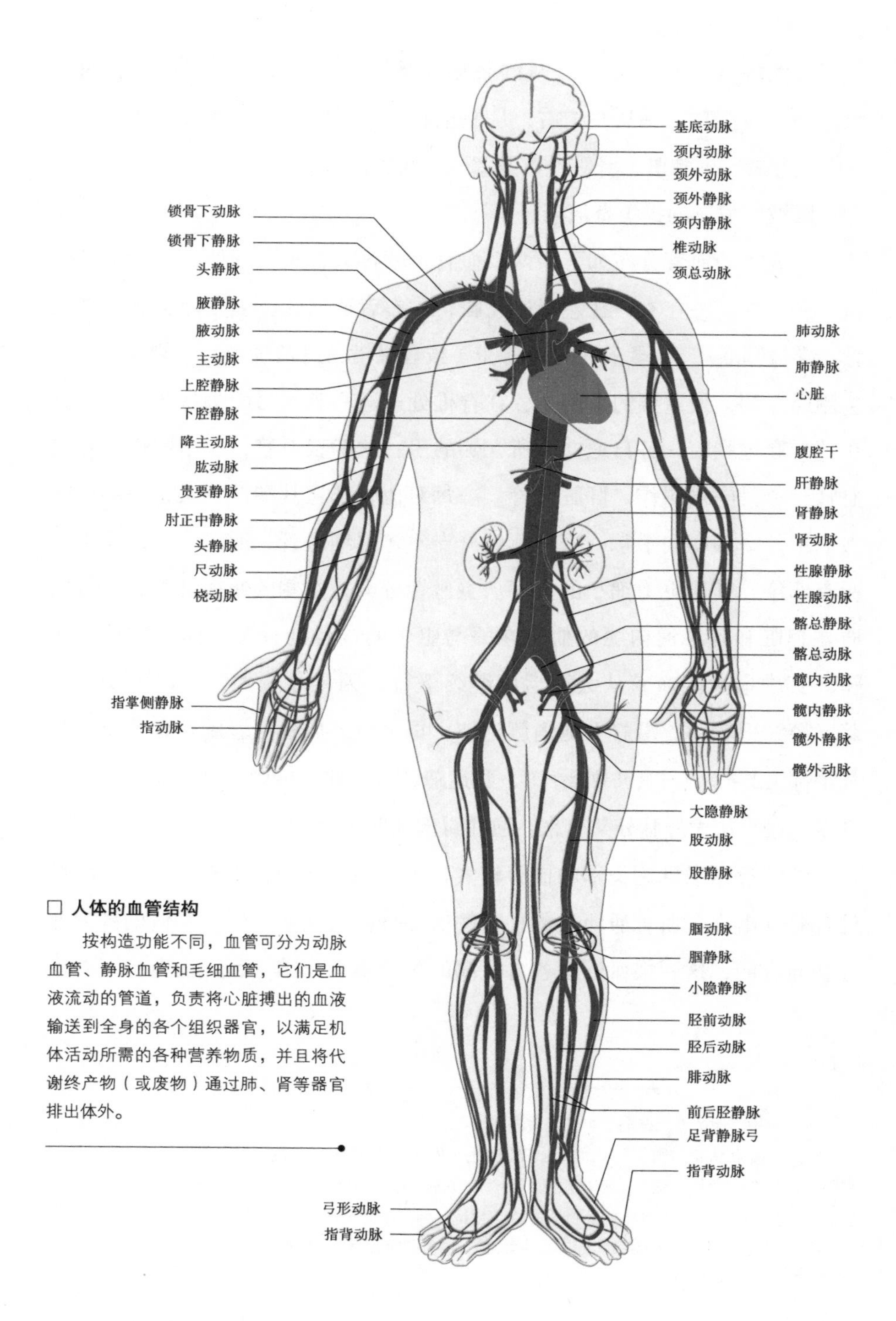

□ **人体的血管结构**

按构造功能不同，血管可分为动脉血管、静脉血管和毛细血管，它们是血液流动的管道，负责将心脏搏出的血液输送到全身的各个组织器官，以满足机体活动所需的各种营养物质，并且将代谢终产物（或废物）通过肺、肾等器官排出体外。

“大静脉的走向为[1]：从肚脐穿过腹部[2]，沿背部，过肺部，通胸腔；一从右至左，一从左至右；从左至右者，过肝脏，至肾脏，及睾丸，从右至左者，到脾脏、肾脏，以及睾丸，再到阴茎。”

阿波罗尼亚的提奥奇尼斯[3]写道：

“人类的血管分布如下：两根血管尺寸极大，从腹部伸出，沿脊椎分布，一在左，一在右；在左者通左腿，在右者通右腿，上则通头部，越锁骨，穿过咽喉。（锁骨下的静脉和动脉）枝蔓纵横，遍及全身，右侧通右侧，左侧通左侧；最重要的有两条，在脊椎处连通心脏；另两根从较高的位置在腋下穿过胸腔，各自通向其所在侧的手：这两根血管，一根叫作‘脾脏血管’，另一根叫作‘肝脏血管’。每对血管都在其端部分叉；一端朝向大拇指，一端朝向手掌；再从此处分支出多根细血管，通向手指以及手的所有部位。其他更为细小的血管从主血管分叉；右侧的通往肝脏，左侧的通往脾脏和肾。通向腿的血管在腿与躯干的接合处分叉，向下延伸至大腿。其中最大的血管从大腿后面继续下行，因尺寸较大，可以辨识和追踪；第二根较小，沿着大腿内侧延伸。再之后，血管沿着膝盖延伸至胫骨和足部（上身的血管则延伸至手），到达踵，再从此处继续延伸到趾。此外，许多细血管从大静脉分叉出来，通往胃部和肋骨。

“穿过咽喉到达头部的血管较大，可从颈部看到；两根血管在其终结处各分支出许多血管通向头部；右侧的部分血管朝向左侧，左侧的部分血管朝向右侧；这两根血管在各自一侧的耳朵附近终结。颈部内有另一对血

---

〔1〕参考《伪撰希氏医书》中，“骨的性质”。

〔2〕“从肚脐穿过腹部”，意为肚脐是血脉的根源，但这一观点在历史上颇有争议，还有一说是血脉从头部的眼膛开始（参阅库恩、里得勒编《希氏医学全书》）。但从胚胎学立场来看，肚脐为血脉的起点，与实际情况相符。

〔3〕阿波罗尼亚：古代马其顿的一个城市，名字取自希腊太阳神阿波罗。提奥奇尼斯为公元前五世纪的自然哲学家。

管沿着两侧的大静脉分布，尺寸比刚才提到的那一对小，头部的大多数血管都跟这两根血管相连。这一对血管从咽喉内部穿过；每根在肩胛骨下分支出朝向手部的血管；沿脾脏血管和肝脏血管分布的是另一对血管，尺寸较小。身体表面有痛感时，医师会用手术刀切开这两根血管；如果是体内有痛感，并且靠近胃部，那么就用手术刀切开脾脏血管和肝脏血管。这些血管分支出其他血管，沿胸腔以下分布。

“两侧还各有一根血管穿过脊髓，直达睾丸，这两根血管较为细微。此外，有一对在表皮之下通过肌肉通向肾，男性的这些血管在睾丸处终结，女性的在子宫处终结。从胃部伸出的血管在起始处相对较宽，但逐渐变细，直至从左到右、从右到左变换方向。

“血液浸入肌肉部位时最为浓稠；输送至上述器官后会变稀、变温及充满泡沫。”

3　动脉与静脉血管生理分析（一）

以上便是叙恩涅喜斯和提奥奇尼斯的说法。波吕波斯[1]写道：

“血管共有四对。第一对血管起于头部后方，穿过后颈，从脊椎骨两侧下行，直至腰部，再到双腿，然后通过胫骨延伸至脚踝外侧，最后到达足部。因此，如果背部和腰部疼痛，外科医生便会在大腿后部和脚踝外侧放血。第二对血管起于头部，越过耳朵，穿过颈部；这一对血管叫作颈静脉。它们顺着脊椎内部继续延伸，越过腰部的肌肉，连通睾丸，再通向大腿，穿过大腿内侧、胫骨，直至脚踝内侧和足部；因此，如果腰部肌肉和睾丸疼痛，外科医生便会在大腿后部和脚踝内侧放血。第三对血管起于

〔1〕波吕波斯是希波克拉底的女婿。波吕波斯认为头部才是血液流动的源头，与叙恩涅喜斯、提奥奇尼斯的说法不一致。

太阳穴，穿过颈部，钻过肩胛骨，进入肺部；从右至左的血管钻过胸腔，直通脾脏和肾；从左至右的血管从胸腔里的肺部通向肝脏和肾；这两根血管都在肛门处终结。第四对血管起于头部前方，途经眼睛、颈部与锁骨、上臂、肘部、前臂、手腕和手指关节，同时还从上臂的下半部分到腋窝等处，一直位于肋骨上方，直至其中一根到达脾脏，另一根到达肝脏；在此之后，两根血管都越过胃部，在阴茎处终结。”

以上引述很好地总结了上述作者的观点。另外，某些自然史作者没有用严谨的术语为血管制定法则，但全都同意一点：头部和大脑是血管的起点。这种观点是错误的。[1]

如前所述，探究此类主题必然充满重重困难；但是，如果真对这方面感兴趣，最好让实验动物饿得瘦骨嶙峋，然后突然扼杀，再进行探究。

接下来详细描述血管的特征和功能。胸廓内脊椎骨旁有两根血管，位于脊椎骨内侧；在这两根血管中，较大的那根位于前侧，较小的位于后侧；较大的偏向右侧，较小的偏向左侧；有人称这根血管为挂脉（大动脉）[2]，原因在于，即便在尸体上也能看到这根血管的部分位置充满空气。这些血管的源头在心脏，因为它们横穿其他脏器，方向十分随意，但作为血管的特征并没有消失，而心脏仿佛是其中的一部分（就前侧较大那根而言更是如此），原因是这两根血管上下分布，心脏正好位于中间。

所有动物的心脏内都有腔室。对于体形较小的动物而言，即便最大的

---

〔1〕叙恩涅喜斯以肚脐、提奥奇尼斯以腹为血脉源头，与本节所述不同。柏拉图与亚里士多德认为心脏才是血脉的源头。

〔2〕这里指血管，在古希腊时代，本无动脉、静脉之分，血管包含了动脉与静脉，有时又专指静脉，如“大血管”又意为“大静脉”。所谓“挂脉”实指今天所说的动脉。另外，动脉中有气体流动之说，在古希腊流传了四百年之久。至加仑（131—201年）才证明动脉中流动的全是血液，没有气体存在，到威廉·哈维（1578—1657年）才区分出血液循环系统中的动脉与静脉，阐明血液循环的真实状态。至于血液供氧的情况，到了氧气能被分离后，才被人类所认知。

腔室也几不可见；对于体形中等的动物而言，第二大的腔室也几不可见；但对于体形较大的动物而言，三个腔室全都十分明显。在心脏（心尖朝向前方）的三个腔室中，最大的在右上侧；最小的在左侧；中等的位于两者之间；最大的比另外两个大很多。不过，三个腔室都跟通往肺部的腔道相连，但所有流通因过于细微而不明显，唯有一项除外。

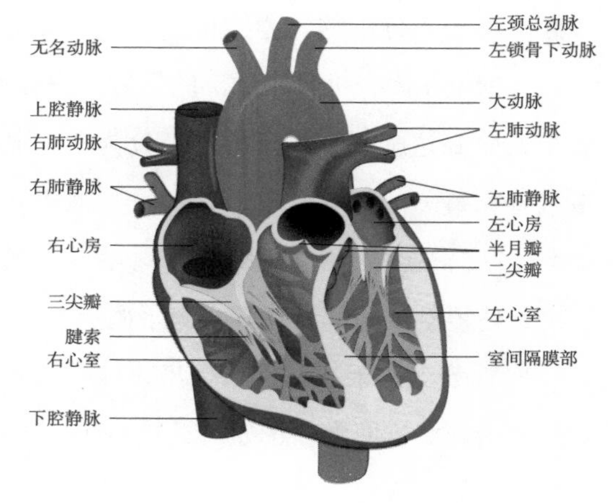

□ **心腔**

现代医学已探明，心腔即心脏中的四个腔室，分为左心房、左心室、右心房、右心室。左右心房之间和左右心室之间均由隔膜隔开，左右互不相通；心房与心室之间则有瓣膜，使血液只能由心房流入心室，而不能倒流。

大静脉跟右上侧最大的腔室相连，穿过该腔室后，仍保持血管的形态；心脏腔室是血管的一部分，血液的通道在此处骤然变宽，恰如河水流入湖泊。大动脉与中间的腔室相连；顺带一提，大动脉与该腔室相连的部分十分细小。[1]

接着，大静脉穿过心脏（从心脏进入大动脉）。大静脉看似由膜或皮肤构成，而大动脉相对较窄，强劲而有活力；随着向头部和下肢蔓延，它变得越来越窄，越来越强劲。

首先，大静脉的一部分从心脏向上伸向肺部和大动脉的连接处，连

〔1〕亚里士多德在其《解剖学》中，对血管系统的阐述比较详细，其间或有疏漏和含糊之处，被后世学者所诟病。不过，从许多精确之处可以看到，古希腊医生的解剖、观察与记录，应是十分勤勉的。其中的疏漏之处，可能是记录上的问题，有些错误也可能是传统生理学上的许多迷信所致。比如“心有三窍”，就可能出自对柏拉图“肉体机能分三部”的附会。

接处由一根未分割的大静脉构成。但大静脉在此处一分为二；一根朝向肺部，另一根朝向脊椎骨和颈部的最后一块椎骨。

血管到达肺部，由于肺部一分为二，血管也一分为二；然后沿着每一根气管和每一个气孔分布（气管和气孔较大的，血管也大；气管和气孔较小的，血管也小），连绵不断，没有一处不存在气孔和血管；血管末端微小得无法辨别，使得整个肺部看似都充满了血液。

血管分支位于从气管衍生出来的支气管上方。从颈椎和脊椎衍生出来的血管沿着脊椎回溯；正如荷马[1]所说：

（安提洛克斯[2]，在托翁把身体扳回来的时候），

朝他的背部刺了一个大窟窿；

飞驰的标枪，

在沿着脊椎伸向颈部的血管上，划开一道口子。

这根血管在每根肋骨和每块脊骨处都蔓生了小血管；并且在肾上方的脊椎处分叉。以上便是大静脉连通各器官的方式。

但在这些器官之上，也就是与心脏连接的位置起，整根血管分成两个方向。其分支延伸到身躯两侧和锁骨，然后继续延展，对于人类而言，是从腋下延伸向双臂，对于四足动物而言，是延伸向前腿，对于鸟类来说，是延伸向两翼，而对于鱼类来说，是延伸向上鳍或胸鳍。这些血管的主干，也就是其最开始分叉的地方，叫作“颈静脉”[3]；在分叉伸向颈部的位

---

〔1〕荷马：大约生活在公元前9世纪至公元前8世纪，古希腊诗人，著有古希腊长篇叙事史诗《伊利亚特》和《奥德赛》。其著作根据公元前12世纪或公元前11世纪的特洛伊战争，以及奥德修斯在战争后于海上冒险的故事，并大量收集民间流传的短歌编写而成。荷马史诗在很长时间里影响了西方的文化。

〔2〕安提洛克斯：荷马史诗中的人物，奈斯托耳之子，死于特洛伊战争。

〔3〕颈静脉是人体头部血液回流心脏的管线，位于颈内侧。

置，大静脉与气管并行；如果从外部按压这些血管，人类虽不会窒息，却会失去知觉，双眼一闭，跌倒在地。这些血管以上述方式延伸并使气管位于其中间，直至到达下颌与头骨接合的耳朵处。因此，大静脉分叉为四根血管，折回并穿过颈部和肩部，在肘部与之前的分叉相遇，其他的部分则在手部和手指处终结。（见本页图）

还有一对血管的每一根都从耳朵区域向大脑延伸，并且分出来多条细微血管，进入所谓的脑膜，即包覆大脑的膜。所有动物的大脑都没有血液，也没有大小血管。但前文最后提到的那条血管的其他分支有一部分包覆大脑，另一部分特别细微，在感知器官和牙龈处终结。

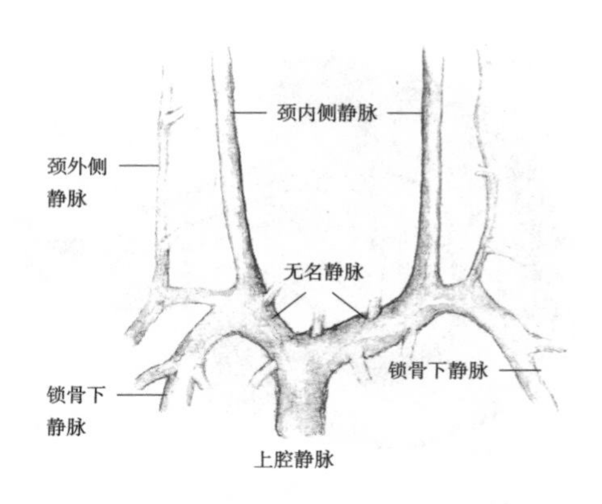

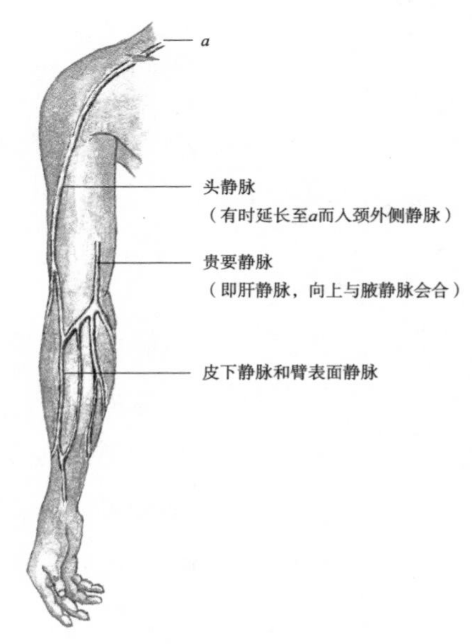

□ **上腔静脉与其分支**

上腔静脉是一条粗短的静脉干，由左右头臂静脉，在右侧第1肋软骨与胸骨结合处的后方汇合而成，向下至第3胸骨关节的下缘处注入右心房，主要负责收集头颈部、上肢和胸壁的静脉血。

4　动脉与静脉血管生理分析（二）

同理，两根主血管中较小的那根（即大动脉）也有分叉，与大静脉的分支并行；唯一的区别在于，大动脉的通道尺寸较小，其分支也比大静脉少很多。以上便是心脏上方区域中的静脉。

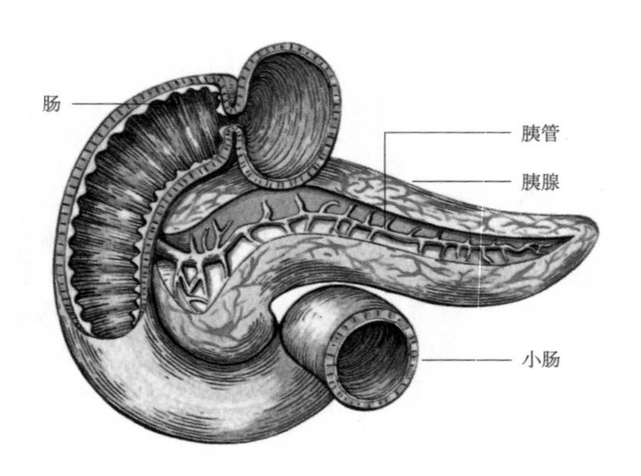

□ 胰腺

胰腺也称胰脏，是一种具有内、外分泌功能的腺体。其外分泌功能由腺泡、连通肠腔的导管来达成，内分泌功能由胰岛来达成。胰岛分泌胰岛素、胰高血糖素、胰多肽和生长抑素等激素。腺泡分泌多种消化酶，导管上皮细胞则分泌碳酸氢盐，钠、钾、氯等离子和水，两者合称胰液。

心脏下方的那段大静脉（自由悬浮）继续延伸，穿过横膈膜，通过松弛的膜状物与大动脉和脊椎相连。一根短而宽的静脉从大静脉分支出来，经过肝脏，然后再次分叉形成多条细微血管，消失在肝脏内部。经过肝脏的那根血管分成两支，其中一支在横膈膜内终结，另一支继续延伸，穿过腋窝，进入右臂，与肘内侧的另一条静脉连通；由于这种局部接合，当外科医生在前臂切开这根血管时，病患肝脏痛感就能得到一定程度的缓解；其左侧另有一根短粗的静脉通向脾脏，从这根静脉上分支出来的小血管进入脾脏，消失不见。另一部分从大静脉左侧分叉下行至左臂，其走向与刚提到的那根相似；区别在于，下行的血管一方面穿过肝脏，另一方面与进入脾脏的那根截然不同。此外，大静脉还有其他分支；一支通向网膜，另一支通向胰腺，然后再次分出多根血管，穿过肠系膜。所有这些血管接合成一根大静脉，沿整个肠道、胃部伸向食管；这些器官的周边存在大量血管分支。

两根未分叉的大血管，即大动脉和大静脉延伸至肾，在此处与脊椎的维系更加紧密，并且开始分叉，形成“∧”形，且大静脉位于大动脉后方。但大动脉和脊椎的主要接合处在心脏区域，通过细小但强壮有力的脉管接合。大动脉刚从心脏向外延伸时，体积较大，但随着不断延伸，它变得越来越窄，也越来越强壮。大动脉从心脏分支到肠系膜，正如大静脉从心脏分支出静脉，区别在于大动脉的分支尺寸相对很小；这些分支的确较窄，呈纤维状，以中空的纤维状小血管形式终结。

大动脉没有延伸向肝脏或脾脏的分支。

两根大血管各有分支延伸至身体两侧，而这些分支都固定在骨骼上。大静脉和大动脉各有血管延伸至肾；但它们并未进入肾腔，而是有些分叉穿入肾组织本身。大动脉有两根结实并且持续不断的输送管延伸至膀胱；另有其他从肾腔分出的输送管，但没有跟大静脉相交。两肾的中心各生发出一根中空的细血管，沿脊椎径直穿过腰部；这两根静脉首先消失在各自的一侧，随后再次出现，朝侧腹的方向延伸。这些血管的末端连着膀胱，雄性的还连着阴茎，雌性的还连着子宫。大静脉没有分支连接子宫，但大动脉通过大量紧密分布的细血管与子宫连接。

此外，大动脉和大静脉的交叉点处还生发出其他细血管。其中一些细血管为中空的大血管，它们延伸到腹股沟，然后下行穿过腿部，在足部和趾部终结。而另一组以交叉方式穿过腹股沟和大腿，即左边向右走，右边向左走，然后在大腿后部与其他细血管汇合。

以上便是血管起点及其走向的描述。

凡有血动物，其主要血管的起点和走向均符合上述说法，但与整个血管体系并不一定符合。事实上，并非所有动物都具有完全相同的器官；此外，有些动物所具有的器官在其他动物身上已经退化。与此同时，上述说法虽然站得住脚，但要证明所有动物都符合，却是难度不一，而最简单的证明则是体形较大且具有大量血液的动物。对于体形较小、血液较少的动物（无论是因为自然和先天原因，还是因为躯体脂肪较多），探究的准确性无法统一保证；因为对于后者而言，血管通道被阻塞，就像淤泥堵塞水渠一样；另有动物以毛细纤维取代了血管。但对于所有动物来说，大静脉都清晰可见，即便是体形较小的动物也不例外。

5 肌腱[1]与血管

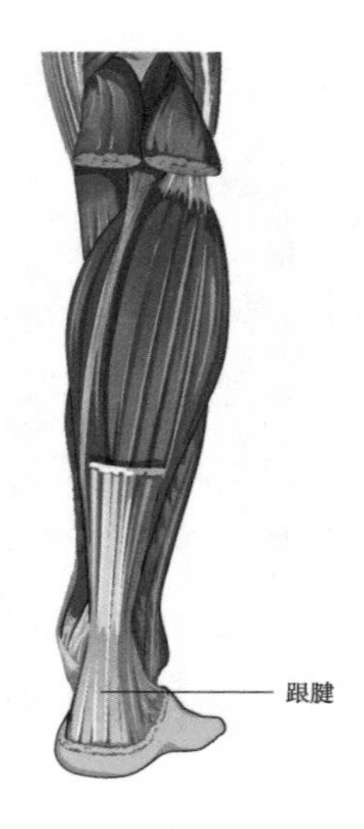

□ **人体最大的肌腱——跟腱**

肌腱是一种坚韧的结缔组织带，能将肌肉连接到骨骼上，类似于韧带和筋膜（不过韧带是连接骨骼，筋膜则是连接肌肉），肌腱也由胶原蛋白组成，可以承受张力但没有收缩能力。肌腱与肌肉一起作用，进而产生动作。图中标出的跟腱便是人体最大的肌腱，附于跟骨之上，由小腿肚的比目鱼肌和腓肠肌的肌腱共同形成。

动物的肌腱具有以下特征。肌腱的起点同样是在心脏；在心脏的三个腔内，最大的那个里面也有肌肉，而大动脉就是类似肌腱的血管；事实上，大动脉的末端本身就是肌腱，因为末端不再中空，并且在跟骨骼的接合处像肌腱一样延展。不过，需要谨记的是，肌腱不会像血管那样从起点开始持续不断，而是会有中断。

血管按照整个躯体的形状分布，就如同人体素描图。如此一来，在人体结构中，脂肪较多的地方，该空间由肌肉占据，而较瘦削的地方，该空间布满小血管——肌腱分布在关节处和骨骼的屈曲处。如果肌腱从共同的起点不间断地延展，那么在渐狭的人体结构中能够观察到这种不间断性。

在大腿后侧，或者实现跳跃动作的身体部位，存在着一个极为重要的肌腱体系；而另一条肌腱（成双）称为“腱”，还有在需要大量体能时发挥作用的其他肌腱；也就是后支持带和肩部肌腱。其他肌腱没有具体名称，都分布在骨骼的屈曲处；凡相互接合的骨骼都由肌腱缔结，而所有骨骼周边都存在大量肌腱。唯一例外的是，颅骨里没有肌腱，但颅骨是通过骨缝连接在一起的。

[1] 肌腱：连接肌肉与骨骼的极富韧性的白色结缔组织。动物每一块骨骼肌都分成肌腹和肌腱两部分，肌腹由肌纤维构成，色红质软，有收缩能力；肌腱由致密结缔组织构成，色白较硬，没有收缩能力。

肌腱纵长易断裂，横长不易断裂，但会造成严重的拉伸。肌腱接合处存在白色黏液，事实上，肌腱由这种黏液维持，似乎实质上由这种粘液构成。血管可能经受得住灼烧，肌腱遭到灼烧时则会完全皱缩；如果将肌腱砍断，则被砍断的部分不会再形成整体。唯有肌腱分布的部位才会产生麻木感。

足、手、肋骨、肩胛骨、颈部和胳臂各自存在大量的肌腱体系。凡有血动物，都具有肌腱；但肢体没有屈曲，但事实上足或手退化的动物，肌腱都比较纤细，不太显眼；正如人们所料，鱼鳍位置的肌腱几不可见。

6 结缔组织，凝血纤维

纤维状结缔组织是介于肌腱和血管之间的东西。某些结缔组织内存在液体，如淋巴液[1]；结缔组织从肌腱延展至血管，又从血管延展至肌腱。还有一种发现于血液中的纤维，但并非所有动物的血液中都有这种纤维。如果血液中含有这种纤维，它就能够凝固；如果移除或抽离，则血液无法凝固。不过，这种纤维物质虽然见于大多数动物的血液，却并不是所有动物都具有的。例如，鹿、獐、羚羊和其他动物的血液中就不含这种纤维物质；由于缺乏这种纤维物质，上述动物的血液凝固程度不如其他动物。鹿的血液凝固程度相当于野兔，即两者的血液都会凝固，但不会像常见动物那样形成坚硬物质或果冻似的物质，而是像没有经过凝乳的牛奶那样浓度很低、结合松散的物质。与其他血液凝固程度不高的那类动物相比，羚羊的血液凝固程度相对较高——这一点与绵羊相似，或者略占下风。以上便

〔1〕淋巴液或称淋巴，是指在淋巴管内流动的透明无色液体。组织液进入淋巴毛细管即称为淋巴液。一般来讲，来自某一组织的淋巴液成分与该组织的组织液相近。

是血管、肌腱和纤维的特征。

7 骨骼

与血管一样，所有动物的骨骼都与另一根骨骼相连，并且互相连接，未出现中断；不存在独立的骨骼。凡具有骨骼的动物，脊椎都是整个骨骼体系的起点。脊椎由脊椎骨构成，从头部一直延展到耻骨区。脊椎全部具有孔洞，从上端来看，头部的骨骼与最上边的脊椎骨相连，称为颅骨。颅骨上的锯齿状线条称为“骨缝”。

所有动物的颅骨构造各不相同。某些动物的颅骨由一块未分化的骨骼构成，比如狗；某些则为复合结构，比如人类；人类女性的骨缝为圆形，男性的由三条独立的骨缝以三角形式组成[1]；有案例证明某些人的颅骨完全没有骨缝。颅骨的构成骨骼不是四块，而是六块；其中两块位于耳朵区域，相比另外四块，尺寸较小。颅骨向外延展成为颌，也由骨骼组成。（一般而言，动物的下颌能够运动；鳄鱼是唯一能够运动上颌的动物。）颌内为牙齿；牙齿由骨骼组成，其孔洞占有二分之一的体积；所有骨骼中，唯有牙齿无法用工具进行雕刻。

脊椎骨的上部延伸部分为锁骨和肋骨。胸腔以肋骨为支撑；肋骨相互连接，其他骨骼则不会；任何动物的腹部都没有骨骼。接下来便是肩胛骨以及与之相连接的胳臂骨，还有与胳臂骨相连的手骨。凡具有前腿的动物，其前腿的骨骼体系都与人类的胳臂相似。

脊椎骨以下，略过髋骨，就能看到髋臼；再接下来就是腿骨，分为大

---

〔1〕实际上，女人与男人的头颅“合缝”是一样的，并无二致。亚里士多德不可能遇上特殊的女人头颅。这样的认识，属古人臆想的头发分披与合缝相关联所致。

腿骨骼和小腿骨骼，称为“肢骨”，其中有一部分为踝，有踝的动物中同样的部位叫作“拨子”；与此类骨骼相连的就是足骨。

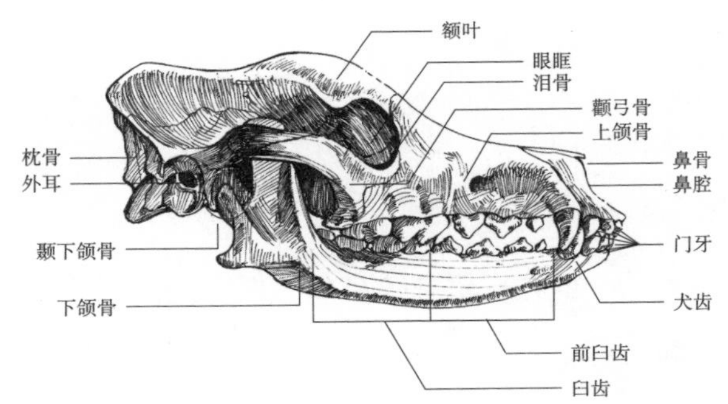

□ **狗的头骨构造**

狗的头骨形状一般分为三种：长头型，此种狗具有长鼻，如粗毛牧羊犬、阿富汗猎犬、杜宾狗和猎狐梗；短头型，此种狗鼻子短而扁平，如哈巴狗、斗牛犬和北京狗；中头型，此种狗为介于上述两者之间的狗种。

凡具有血液、长有足并且是胎生的动物，其骨骼相互差异不大，唯有软硬度或尺寸方面的差别。另外一个区别在于，同一只动物的某些骨

则没有。乍看之下，某些动物的骨骼内似乎完全不具 其骨髓量很少且稀薄，仅存在于少数骨骼内，比如大腿骨和胳臂骨。狮子的骨骼硬度极高；如果相互碰撞，会像燧石那样迸出火花。海豚长有骨骼，而不是鱼骨。

其他的有血动物略有差异，比如鸟类；某些动物具有功能类似的体系，比如鱼类；某些胎生鱼类，比如软骨鱼类，其脊椎都是软骨，而某些卵（蛋）生鱼类的脊椎与四足动物的相似。某些鱼类还具有一个特性：纤细的脊椎四散分布在肌肉中。蛇的构造跟鱼类相似；换言之，其脊椎是刺状的。对于卵（胎）生四足动物而言，如果体形较大，其骨骼基本为骨质；如果体形较小，其骨骼基本为刺状。但凡有血动物都具有其中一种类型的脊椎：要么是骨质，要么是刺状。

至于其他的骨骼部分，某些动物具有，某些动物则不具有，但如果具有该骨骼，则也具有与之对应的脊椎，如果不具有该骨骼，则不具有与之对应的脊椎。四肢退化的动物则没有肢骨：具有同样部位的动物符合此规律，但其部位的构造不同；比如相应的骨骼存在“增减”差异，或者异体

同功。以上便是动物的骨骼体系。

8 软骨

软骨的性质跟骨骼相同，但存在“增减”差异。与骨骼一样，软骨被切断之后不会再次生长。陆栖胎生有血动物的软骨没有孔洞，并且和骨骼不同，其没有骨髓；然而，软骨鱼——如前所述，其脊椎为软骨——脊椎区域的扁平空间里有一块功能与骨骼类似的软骨物质，该软骨物质内含有骨髓。对于胎生的有足动物，软骨构造见于耳朵、鼻孔和某些骨骼的末端等区域。

9 指（趾）甲、蹄、爪和犄角

另外，还有一些其他种类的部位，这些部位跟上述部位不完全相同：比如指（趾）甲、蹄、爪和犄角；此外还有鸟类的喙——全都表现在若干种动物身上。所有这些部位全都灵活而易裂；骨骼既不灵活，也不容易裂，但易碎。

指（趾）甲、蹄、爪和犄角的颜色与皮肤和毛发的颜色相称。如果动物的皮肤为黑色、白色或中性色彩，那么犄角、爪或蹄具有相对应的色彩。指（趾）甲同理。不过，牙齿的颜色随骨骼的颜色而变。因此，黑人（比如埃塞俄比亚人）的牙齿和骨骼为白色，但指（趾）甲为黑色，跟全身皮肤一致。

一般而言，犄角在与从大脑内拱出的骨骼接合的地方为中空，但尖端为实心，构造简单，是一个整体。所有动物中，唯有雄鹿的犄角（或称为茸）为整体实心，并且会分叉。此外，唯有鹿会每年脱角，除非遭到阉割；关于动物阉割的影响，后文将会详细阐述。犄角所连接的是皮肤，而不是骨骼；弗里吉亚等地发现有犄角能像耳朵一样摆动的牛。

凡具有指（趾）甲的动物——顺带一提，凡具有指（趾）甲的都具有指（趾），因而也就有足，唯大象除外；大象的趾未分开，略微能活动，但没有任何类型的趾甲——有些指（趾）甲是直的，比如人类；有些是弯的，比如走兽中的狮子和飞禽中的鹰。

□ **作为软骨鱼之一的鲸鲨**

软骨鱼是一类古老的鱼类，演化自棘鱼。它们是现存有颌鱼中最基干的类群，除了牙齿为硬骨外，骨骼全部由软骨组成，体被盾鳞或无鳞。现存的软骨鱼主要分为板鳃亚纲和全头亚纲（银鲛）两个亚纲，其中的板鳃亚纲包括了鲨鱼、鳐、锯鳐等。

10　毛发与皮

以下为毛发（以及功能类似于毛发的部位）、皮肤或皮的特征。凡具有足的胎生动物都有毛发；凡具有足的卵（蛋）生动物都有镶嵌花纹状的角质层；鱼类（且仅限于鱼类）具有鳞片——此处是指需破蛋（卵）而出的卵（蛋）生鱼类。在瘦长鱼类中，康吉鳗、海鳝没有这样的蛋，而鳗鱼完全没有蛋。

毛发的差异在于粗细、光洁度和长度，这取决于其所在位置以及所生长皮肤或皮的质量。一般而言，皮越厚，毛发越粗硬；在躯体凹陷、潮湿的部位，如果适于生长，毛发一般会大量集中生长。无论是覆有鳞片或镶嵌花纹状角质层的动物，上述情况同样适用。对于软毛类动物，吃得好，毛发会变硬，硬毛类动物的毛发则会变软、减少。毛发的质量还取决于相对其所在地点的热量和温度：处在温暖地区的人类，其毛发较硬，处于寒冷地区的人类，其毛发较软。此外，直的毛发一般较软，弯曲的毛发一般较硬。

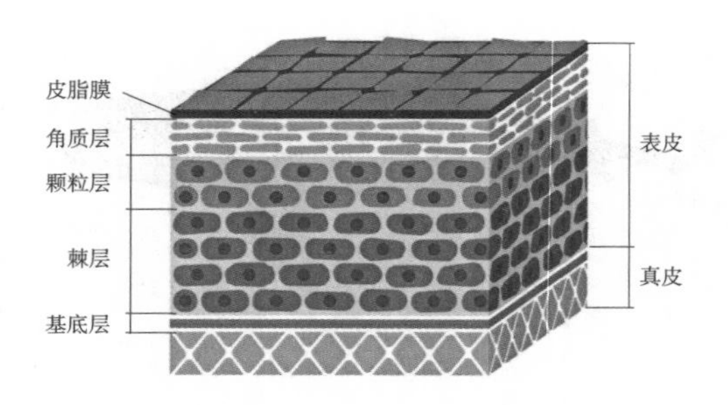

□ 皮下结构中的角质层

角质层是表皮最外层的部分，主要由15至20层没有细胞核的死细胞组成。当这些细胞脱落时，下面位于基底层的细胞会被推上来，进而形成新的角质层。角质层细胞含有角蛋白，有助减少水分流失，能吸收水分，使皮肤保持湿润。由于角蛋白的吸水作用，不少动物（包括人类）的皮肤在浸泡于水中一段时间后会出现起皱的现象。

11 毛发的特点，皮肤

毛发天生容易折断，不同动物在这方面各不相同。某些动物的毛发会逐渐变硬，形成刚毛，此时不再与毛发相似，而是变成了棘刺，比如刺猬。指（趾）甲符合同样的规律；某些动物的指（趾）甲坚硬程度堪比骨骼。

在所有动物中，唯有人类的皮肤最敏感脆弱，其中考虑了相对尺寸这一因素。所有动物的皮肤或皮里面都存在一种黏液，某些动物的较少，某些较多（比如牛皮，可以用来熬制胶水）。（顺带一提，有时候胶水也可以用鱼皮来熬制。）皮肤受切割时本身没有知觉；头部的皮肤尤其如此，因为头皮与颅骨之间没有肌肉。凡皮肤单独分离的地方，如果切破，则无法再形成整体，比如颌部、包皮以及眼睑等较薄的部位。所有动物的皮肤都是单一而无中断的，只在输送管排出内容物的地方以及嘴部、指（趾）甲等处自然终止。

凡有血动物都具有皮肤；但有血动物不一定具有毛发，上述的人、刺猬等情况除外。随着动物年龄增长，毛发颜色会发生变化，比如人类的毛发会变成白色或灰色。一般而言，动物的毛发颜色都会发生变化，但变化过程不太明显，或者说不像马的毛发颜色变化那样明显。毛发先从梢部变灰，再向根部延伸。但在大多数情况下，灰色的毛发最初是白色的，这证明毛发的灰度并不代表衰退或衰老（有些人持这种看法），因为在衰退或衰老条件下的事物是无法获得“存在”的。

患了白化病后，所有毛发均变成灰色；有案例证明，患者患上该疾病时，毛发变成灰色，在恢复过程中灰色毛发脱落，黑色毛发取而代之。（相比暴露在外部空气中，毛发在长时间覆盖的条件下更容易变成灰色。）人类太阳穴处的毛发最先变成灰色，前面的比后面的先变成灰色；阴部的毛发最后变色。

□ **刺猬**

刺猬是一种杂食性的夜行动物，广泛分布于欧洲、亚洲北部，浑身有短而密的刺。与豪猪不同，刺猬的刺不可脱落。此外，刺猬还是异温动物，它们不能稳定自己的体温，使其保持在同一水平，所以会冬眠。

有些毛发与生俱来，有些则在动物发育成熟后长出；但这种情况仅限于人类。与生俱来的毛发为头发、睫毛和眉毛；在发育成熟后才长出的毛发中，阴部的毛发最先长出，其次为腋窝，最后为下巴；奇怪的是，毛发先天生长与后天生长的区域数量相等。相比其他区域的毛发，头部的毛发最先变得稀疏并大量脱落。但这一点仅限于头顶前面的毛发，因为没有人从头顶后开始秃顶。头顶没有头发称为“秃”，没有眉毛则另有别称，即“秃眉”；人类只有在性冲动的影响下才会出现这两种情况。阉割后的男性、女性都不会变秃。事实上，如果男性在青春期之前被阉割，原本应在后天生长的毛发完全不会再生长；如果是在青春期之后被阉割，则唯有后天生长的毛发会脱落；或者只有阴部的毛发保留。

女性下巴不长毛发；某些女性绝经后会长出稀疏的胡须；同样的现象偶尔见于卡里亚的女祭司，但这些多被视为凶兆。其他的后天生长毛发也见于女性，但较为稀疏。有时男性、女性天生不会出现后天生长的毛发；连阴部毛发都不生长的人天生身体较弱。

一般而言，毛发的长度随着其所有者的年纪增长而增加；主要是指头部、颌部的毛发，纤细的毛发长得最长。某些人年纪变大时，眉毛会变得

□ 鹤

鹤是一类美丽而优雅的大型涉禽。其脚与颈部细长，羽毛因栖息地不同而有黄、白、黑等色，此外，大部分鹤的气管都很长，因而其叫声洪亮，可传到数公里外。鹤常栖息于沼泽、浅滩、芦苇塘等湿地，具日行性，喜群居，主食小鱼虾、昆虫、蛙、软体动物等。

浓密，达到需要修剪的地步；眉毛过度生长源于它们处在骨骼接合处，随着年纪增长，这些骨骼会互相分离，所分泌的湿气逐渐增加。睫毛的量不会增加，但会在所有者出现性冲动之后开始脱落，并且随着性冲动变强，脱落的速度加快；睫毛是最后变灰的毛发。

发育成熟之前拔除的毛发会再次生长，但发育成熟之后拔除的不会再次生长。毛发根部都具有黏液，拔除后用带有黏液的这一端能提起较轻的物品。

毛发不同的动物，皮肤和舌头表皮也不相同。

某些人的上唇和下巴毛发十分浓密，某些人则是上唇和下巴光洁无毛，脸颊毛发浓密；顺带一提，相比络腮胡的人，下巴无毛发的人秃头的概率较小。

受某些疾病（尤其是结核病）影响、年纪增长以及在所有者死后，毛发会大量生长；在这些情况下，毛发一边生长，一边变硬，同样的现象还见于指（趾）甲。

性冲动较为强烈的人类，阴部毛发较早脱落，后天生长的毛发较早出现。患静脉曲张的人，秃头的可能性较小；如果患上静脉曲张时已经秃头，则头发可能会再次长出。

毛发被剪断后不会再从切面处生长，而是从根部向上生长。鱼类的鳞片随着年龄增长而变硬、变厚，当鱼变得消瘦时，鳞片也会变硬。四足动物随着年龄增长，某些毛发（兽毛）会变长，但数量减少，蹄或爪的尺寸会同时增大；鸟类的喙是同样的道理。爪的尺寸增大，指（趾）甲的尺寸也会增大。

12 羽毛，毛（羽）色

凡有翼动物，比如鸟类，除了鹤之外，毛发均不会随着年龄增长而变色。鹤的两翼最先为灰色，随着年龄增长会变成黑色。此外，若受到特定的气候影响，比如异常寒冷，羽毛颜色一致的鸟类会出现变色；因此，灰黑色、纯黑色的羽毛会变成白色或灰色，比如乌鸦、麻雀和燕子；但没有已知从白色变成黑色的情况。（另外，大多数鸟类的羽毛颜色会在不同的季节发生变化，所以不了解其习性的人可能会混淆其种。）

某些动物会因饮水不同而发生毛发颜色变化，例如在某些国家，同一种动物在一个区域为白色，在另外一个区域则为黑色。某些地方的水具有特别的性质，会影响两性交配，公羊喝完这种水之后跟母羊交配，则会生出黑色羊羔，比如色雷斯海岸卡尔西狄克半岛阿西雷迪斯的赛克鲁斯河（因水特别冷而得名）的河水；安坦德里亚有两条河，喝一条河的水能生出白色羊羔，喝另一条河的水能生出黑色羊羔。斯卡曼德河以生出黄色羊羔而著称，据说正因为这样，荷马才给它起名“黄河”。一般而言，动物的内表面没有毛发，手或足是上部有毛发，下部无毛发。

兔子是唯一已知嘴内、足下有毛发的动物。此外，所谓的鼠鲸[1]嘴内没有牙齿，而是具有类似于猪的刚毛一样的毛发。

毛发被剪断后不会从顶部生长，而是从根部生长；羽毛被剪断后既不

---

〔1〕鼠鲸是为讹传，并无此物种存在。古代传说，鲸视觉不好，故与海鼠结为盟友，以海鼠为先导，便于在海中行动，以避免搁浅。

会从顶部生长，也不会从根部生长，只会脱落。此外，蜜蜂的翅膀被拔除后不会再长出来，凡翅膀未分叉的任何动物，翅膀被拔除后都不会再长出来。蜜蜂的螯刺拔除后无法再次生长，蜜蜂会因此而死亡。

13 骨膜、脑膜、心外膜

凡有血动物均具有一层膈膜[1]。膈膜类似一层薄薄的致密组织的皮肤，但具有与皮肤完全不同的特征，因为膈膜既不能分裂，也不能延展。无论动物的体形大小，膈膜都包裹着每一根骨骼和每一个内脏；不过，体形较小的动物，其膈膜太过细微，几不可见。包覆大脑的两层脑膈膜面积最大，其中作为颅骨衬里的那一层比包覆大脑的那一层更加厚实；其次是包覆心脏的膈心外膜。膈膜被移除和切断后不会再次长到一起，少了膈膜保护的骨骼会因此坏死。

14 网膜

顺带一提，网膜也是膈膜。凡有血动物均具有网膜；某些动物的网膜带有脂肪，其他动物的网膜则没有脂肪。双齿胎生动物的网膜起点以及接合点都位于胃部中央，这里有一道接缝；非双齿胎生动物的网膜起点以及接合点都位于反刍胃的主要部分。

15 膀胱

膀胱实质上也属于膈膜，但性质较为特殊，因为它可以延展。并非所

〔1〕膈膜：人或哺乳动物胸腔和腹腔之间的膜状组织，也称横隔膜。

有动物都具有膀胱，但所有胎生动物都具有膀胱，而龟是唯一具有膀胱的卵（蛋）生动物。与普通膈膜一样，膀胱被切开后不会再次生长到一起，除非切口正好位于尿道的发端：已知有愈合的案例，但此类状况的确十分罕见。所有者死亡后，膀胱不再排泄液体残留物；但在所有者活着时，膀胱不但排泄正常的液体残留物，偶尔还会排泄干燥的残留物，这些会形成结石，带来巨大的痛苦。已知有膀胱结石尖利如海扇壳的案例。

以上便是血管、肌肉、皮肤、纤维、膈膜、毛发、指（趾）甲、爪子、蹄子、犄角、牙齿、喙、软骨和骨骼以及跟以上类似的器官的特征。

16 肌腱

有血动物的肌腱（以及性质与之相同的部位）都分布在皮肤与骨骼（或者与骨骼功能相同的物质）之间；棘刺等同于骨骼，所以具有棘刺体系的动物身上类似肌腱的物质等同于具有脊椎的动物身上的肌腱。

肌腱可以按任意方向分割，这与肌肉和血管仅能纵向分割不同。动物食物不足时，肌腱消失，动物只剩下血管和纤维；动物的食物过量时，脂肪会取代肌腱。动物身上肌腱丰富的部位，血管都相对细小，血液颜色异常红艳；内脏和胃部都比较小；而血管粗大、血液为黑色的动物，内脏和胃部都比较大，肌腱也很稀少。胃部较小的动物容易长出肌腱。

17 脂肪与板油

另外，脂肪与板油不是同一种物质。板油受到极度寒冷的影响容易粉碎硬结，脂肪能够熔化，但不会凝固硬结。由动物肉熬制、带有脂肪的汤不会凝固硬结，比如马肉和猪肉熬制的汤。但由动物肉熬制、带有板油的汤会凝固，比如绵羊肉和山羊肉熬制的汤。此外，脂肪跟板油的差别还

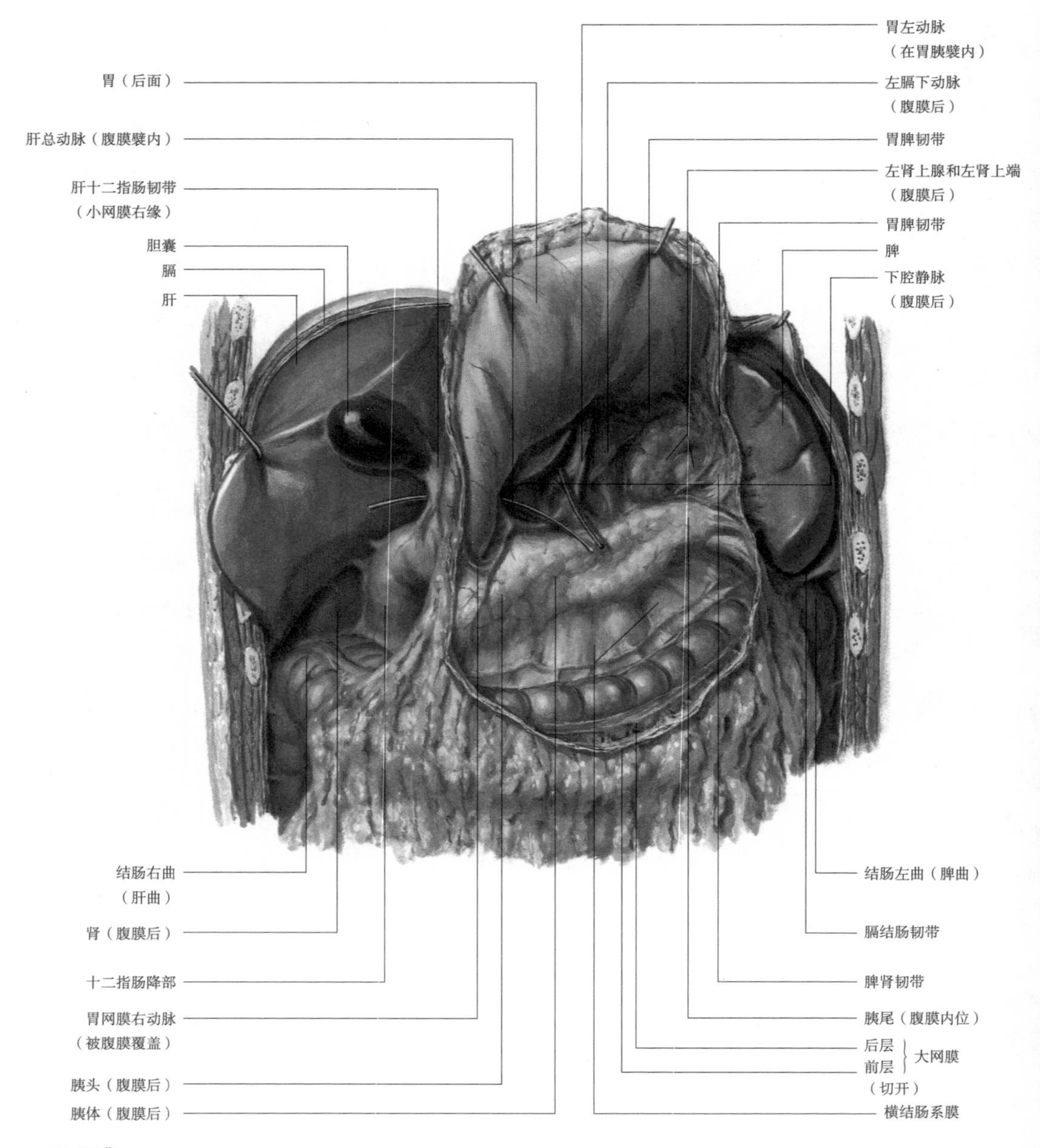

□ 网膜

网膜是与胃相连系的腹膜褶，分为小网膜和大网膜。小网膜参与形成网膜囊的前庭，入口为网膜孔。大网膜则参与形成空而瘪的网膜囊，沿血管、淋巴管分布，呈网状，能贮积大量脂肪，还能起到保护和吸收冲击的作用，是腹腔内的重要屏障。

在于其分布位置：脂肪位于皮肤和肌腱之间，板油仅分布在肌腱部位的端部。另外，具有脂肪的动物，网膜会带有脂肪，而具有板油的动物，网膜会带有板油。再者，双齿动物具有脂肪，非双齿动物具有板油。

□ **具有棘刺体的动物（刺鲀）**

除了人们熟知的豪猪、刺猬、蜜蜂外，还有很多其他动物也具有棘刺，比如毛毛虫、蝎子、穿山甲、刺鲀、海胆、海葵、水螅、水母、球刺鱼等。图中即为刺鲀，属硬骨鱼纲鲀形目刺鲀科，体短呈圆形，稍扁平，尾柄短小，与河豚类似但也有所不同，其体长一般可达60cm。

内脏方面，某些动物的肝脏会积累许多脂肪，比如鱼类中的鲨类，熔化它们的肝脏就能生产鱼油。这些软骨鱼本身的肌腱接合处或胃部没有自由脂肪。鱼类的板油十分油腻，不会固结。所有动物都具有脂肪，脂肪要么与肌腱混合，要么相互分离。胃部和内脏没有自由脂肪或分离脂肪的鱼类，则脂肪总量少于其他动物，比如鳗鱼；鳗鱼仅在内脏周围具有少量板油。大多数动物的脂肪分布在腹部，特别是运动量较少的动物。

具有脂肪的动物，其大脑十分油腻，比如猪；具有板油的动物，其大脑十分干燥。但在所有内脏器官中，肾周围最容易出现脂肪，右肾的脂肪往往少于左肾，而且即便两肾的脂肪都很多，中间总有不存在脂肪的空间。具有板油的动物，板油主要集中在肾的周围，绵羊最为明显；这种动物很容易因为肾被板油完全包裹而死亡。过度喂养，则肾周围的脂肪和板油会增加，这种情况见于西西里岛的莱昂提尼[1]：因此，这个地区的牧羊人会把放牧时间推迟到半晌，通过减少放牧时间来限制羊的进食量。

〔1〕莱昂提尼为西西里岛叙拉古邻近的城市。

18 眼瞳，脂肪与繁殖的关系

所有动物眼睛瞳孔周围的部位都很油腻，对于具有该部位，非硬眼球的动物，这一部分跟板油相似。

脂肪较多的动物，无论雌雄，都不太适合繁殖。动物年老时脂肪增多的概率大于年幼时，特别是在横向和纵向全部发育完成，开始朝深向发育的时候。

19 血液的生理分析

以下开始讨论血液。血液是有血动物身上最为普遍、最不可或缺的部分；这一部分不是习得或外来的，而是没有腐烂或垂死的所有动物与生俱来的。所有血液都贮存在血管系统里，也就是血管之中，并且除了心脏之外，血液只存在于血管中。任何动物的血液都没有触感，这跟胃里面的残留物相同；大脑和脊髓也是同理。如果动物还活着，肌腱撕裂时，血液会流出，但肌腱腐烂时除外。健康状况下的血液有股甜味，呈红色，因自然衰老或疾病而变质的血液呈黑色。在自然衰老或发生疾病之前，血液既不浓稠也不淡薄。活体动物的血液往往呈液体状，有温感，但从身体内流出后，血液会凝固，鹿、獐以及同类动物除外；一般而言，除非纤维质被移除，血液都会凝固。牝牛的血液凝固速度最快。

内胎生和外胎生动物的血液多于有血的卵（蛋）生动物。身体状况良好（无论出于自然原因，还是因为注重健康）的动物，其血液既不多——刚饮完水的动物，体内血液较多——也不少（比如过度肥胖的动物）。处于这种状况的动物，血液十分纯净，但量比较少；动物越肥胖，其血液就越少；因为凡脂肪较多的地方，血液就少。

油脂性物质不易腐烂，但血液以及贮存血液的部位会迅速腐烂，这种特性尤其表现在与骨骼相连接的所有部位。在所有胎生动物中，人类的血液最精纯，公牛、驴的血液颜色最黑，最浓稠。躯体上下部的血液比中部的血液更浓稠，颜色更深。

□ 獐

獐又名河麂、牙獐，属偶蹄目鹿科，四肢细而发达，蹄宽尾短，具有獠牙而无鹿角，被认为是最原始的鹿科动物。獐常栖息于河岸、湖边、海滩芦苇或茅草丛生的环境，常单独或成对行动，主食杂草嫩叶，嫩而多汁的植物树根、树叶等。

所有动物全身的血液都会在血管内跳动或悸动，而且血液是唯一充满活体动物全身的液体，无一例外。血液在躯体整体分化之前在心脏里首先形成。如果血液被移除，或者大量损失，动物会晕厥；如果血液被移除，或者过量损失，动物会死亡。如果血液过度液化，动物会生病；此时的血液转变成为灵液[1]，或者过稀，会像汗水一样从毛孔溢出。某些情况下，血液从血管流出后完全不会凝固，或者仅仅部分凝固。动物睡眠时，外表面的血液量减少，因此，如果用钉扎睡着的动物，血液不会像动物苏醒时那样大量流出。血液通过沸腾从灵液中生成，脂肪以同样的方式从血液中生成。如果血液变质，会出现鼻息肉或痔疮，或者出现静脉曲张。如果血液在体内变质，则会变成脓液，进而转变成为固体残留物。

雌性的血液跟雄性不同。以年龄和总体健康程度作为标准，雌性的血液较雄性更加浓稠，黑色更深；雌性内部血液量相对较大。在所有雌性动物中，人类女性的血液最为丰富，月经量也最大。如果发生病变，月经会异常流出。除了月经之外，人类的女性患血液病的概率比男性小。雌性很

〔1〕在古希腊时期，灵液被认为是神和永生者的血液。

少患静脉曲张、痔疮或流鼻血，如果出现这些症状，则说明月经不正常。

年龄段不同，血液的量和外观也不同；幼年动物的血液与灵液相似，量比较大，年长动物的血液较浓稠，量比较小，中年动物的血液特征介于二者之间。年长动物的血液凝固速度较快，连体表的血液也是如此；但幼年动物并不如此。事实上，灵液只不过是未调和的血液：要么是未经调和的血液，要么是再度液化的血液。

20 骨髓、乳液

接下来讨论骨髓的特征；骨髓是存在于某些有血动物体内的众多液体之一。所有自然体液都存在于脉管内：血液存在于血管中，骨髓存在于骨骼中，其他的分泌物则存在于皮肤的膜状结构中。

年轻动物的骨髓含有大量血液，但随着动物年纪增长，具有脂肪的动物的骨髓会变成脂肪，具有板油的动物的骨髓会变成板油。然而，并非所有骨骼都含有骨髓，仅中空的含有，而且中空的也不是全都含有骨髓。狮子的某些骨骼完全没有骨髓，某些则含有少量骨髓；因此，如前所述，某些作者认为狮子没有骨髓。猪骨中含有少量骨髓；猪的某些种类的骨骼内完全没有骨髓。

这些液体几乎全是与生俱来的，但乳液和精液生成的时间较晚。在乳液和精液这两种液体中，无论二者何时出现，乳液的分泌全都是现成的；而精液并不是全都分泌，仅限于一部分，比如鱼类的索里[1]。

凡具有乳液的动物，其乳液都贮存在乳房内。凡内胎生和外胎生的动

〔1〕索里为雄鱼的精液，因生理特点，雄鱼的精液是预先储存在体内，需要时才从体内排出。

物都有乳房，一如所有具有毛发的动物，比如人类和马；鲸类动物，比如海豚和鲸鱼——这些动物都具有乳房和乳液。凡卵生或内卵生而后外胎生的动物，都无乳房也无乳液，比如鱼类和鸟类。

□ **卵生动物中的特例——鸭嘴兽**

鸭嘴兽会产卵，却又能哺乳，是极少数用毒液自卫的哺乳动物之一，严格来说属于卵生哺乳动物，这在人们看来显得有些不伦不类。鸭嘴兽历经亿万年，既未灭绝，也无多少进化，始终在“过渡阶段”徘徊，这使它们充满了神秘感。

所有乳液都由名为乳清的水状清液和名为凝乳的调和物质组成；乳液越浓稠，凝乳的量越大。非双齿动物的乳液会凝结，所以人们会驯养此类动物，用其乳液制作乳酪；双齿动物的乳液不会凝结，脂肪也不会凝结，并且乳液稀薄甘甜。骆驼的乳液最稀薄，人类次之，驴再次，牛的乳液最浓稠。乳液不会在低温影响下凝结，而是变成乳清；但在高温影响下，乳液会凝结，变得浓稠。一般而言，动物只在怀胎后才会产出乳液。动物怀胎后，乳液出现，但前期不可食用，经过一段时间的食用后，再次变得不可食用。对于未怀胎的雌性动物而言，特殊食物可以催生少量的乳液，有案例证明女性产乳的时间可以提前好几年，而且产出的乳液足以喂养婴儿。

俄塔山[1]上及其附近的居民挑不受孕的母山羊，用荨麻使劲揉搓母山羊的乳房，以疼痛作为刺激；然后进行挤奶，刚开始是类似血液的液体，

〔1〕俄塔山（Mount Oeta）在特撒里与马其顿之间，现今的古马伊太山。

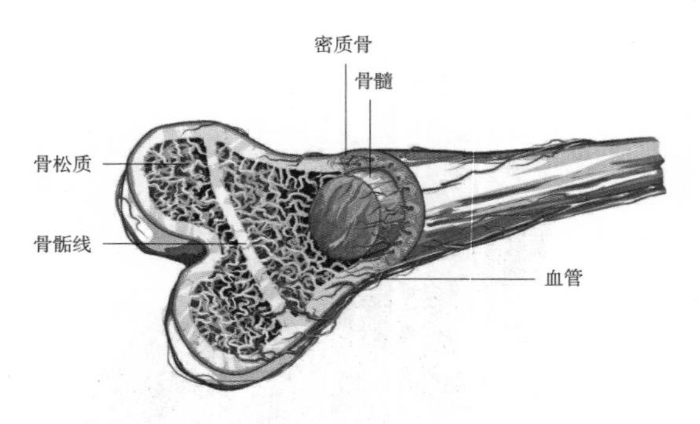

□ **骨头中的骨髓**

骨髓存在于骨松质腔隙和长骨骨髓腔内，由多种类型的细胞和网状结缔组织构成，柔软而富有血液。因含有造血干细胞以及多种其他的干细胞，骨髓是重要的造血及免疫器官。根据其结构不同，骨髓可分为红骨髓和黄骨髓。红骨髓造血功能活跃，黄骨髓则只保留造血的潜力。黄骨髓会随年龄增长而逐渐增多，在成人时期，红黄骨髓约各占一半。

接着是混合脓液的液体，最后产出乳液，产量如同与雄性交配之后。

一般而言，人类的男人或其他动物的雄性不会产乳，但雄性产乳的情况偶有出现；例如，在利姆诺斯岛，曾有人通过公山羊的乳房挤奶（此处公山羊在靠近阴茎的部位长有两个乳房），并制作成乳酪，同样的现象还见于其后代中的雄性。然而，此种情况被视作超自然现象和来世的预兆，事实上，当那位利姆诺斯岛牧羊人询问先知时，神告诉他，这种情况预示着财运亨通。某些男性发育成熟后，挤压乳房可以产乳；有案例表明，经过长期的挤奶过程，他们会产出相当量的乳液。

乳液中含有脂肪类物质，该物质在凝结的乳液中跟油脂类似。在西西里，以及绵羊乳液较为丰富的地方，人们会将山羊的乳液跟绵羊的混合起来。某些乳液所含的乳酪不仅丰富，而且最为干燥，这种乳液最适于凝结成块。

某些动物产出的乳液不仅足够用于哺育后代，还能用于其他用途，比如制作乳酪和用于储藏。绵羊和山羊最为明显，母牛次之。顺带一提，弗里吉亚奶酪中混合了母马和母驴的乳液。母牛乳液中的乳酪含量大于山羊；牧羊人说，九加仑的山羊乳液能够制作十九块乳酪，每块价值一奥贝尔，而同等量的母牛乳液能制作三十块。某些动物产出的乳液仅能够用于哺育后代，没有剩余，并且不适合制作乳酪，比如乳房数量多于两个的所有动物；此类动物的产乳量都很少，也没有用于制作乳酪。

无花果汁、凝乳酵素常用来使乳液凝固。先将无花果汁挤到羊毛里，再冲洗羊毛，把冲洗水放进少量乳液里，带有冲洗水的乳液跟其他乳液混合，就会发生凝固。凝乳酵素是一种乳液，因为它见于尚在哺乳状态的动物的胃里。

21 乳液（续），动物产乳量

在乳液凝固过程中，凝乳酵素由乳液经动物的体温加热形成。所有反刍动物以及双齿动物中的野兔都能产出凝乳酵素。驻留时间越长，凝乳酵素的质量越高；母牛、野兔的凝乳酵素经过长时间放置后，可用于治疗腹泻，最好的凝乳酵素来自幼鹿。

产乳动物的产乳量跟动物的体形大小、牧草的种类有关。例如，希斯河[1]的小牛都能产出大量的乳液，伊庇鲁斯[2]的大牛每天能产出四十升的乳液，而且每对乳房产出一半，挤奶工必须站得笔直，身体略向前倾，如果坐着的话，就会够不到乳头。但是，伊庇鲁斯的四足动物体形都很大（驴除外），相对而言，牛和狗的体形最大。体形较大的动物需要大量牧草，这个地方恰好能提供这样的牧草，而且牧场种类多样，适于不同季节放牧。牛的体形较大，所谓的皮勒斯品种绵羊（为纪念皮勒斯国王得名）同理。

某些牧草会抑制产乳，比如紫苜蓿，对于反刍动物尤其如此；某些牧草

〔1〕希斯河（Phasis）发源于高加索山脉，流入欧克辛海（即今黑海）。

〔2〕伊庇鲁斯（Epirus）位于希腊西北部，北边与阿尔巴尼亚接壤，东部和南部分别与西马其顿和色萨利两个大区比邻，西部临伊奥尼亚海，区域总面积约9200平方公里。

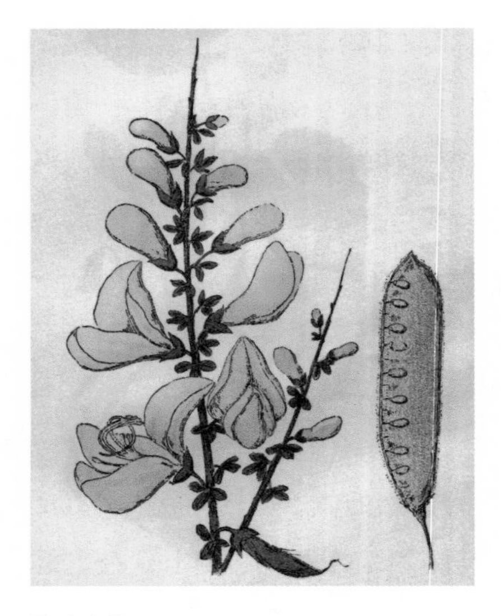

□ 金雀花

金雀花也叫紫雀花，属蔷薇目豆科，高约10~20厘米，被稀疏柔毛，根茎为丝状，节上生根而有根瘤，瓣端稍尖，旁分两瓣，势如飞雀，色金黄，故名金雀花，常生于山坡向阳处。

有助于产乳，比如金雀花和巢豆[1]；顺带一提，金雀花性热，不建议喂食，巢豆不利于分娩，对怀胎的母牛不利。不过，丰裕牧草对动物怀胎有利，也有助于大量产乳。某些豆科植物有助于大量产乳，可给母绵羊、母山羊、母牛以及小母山羊大量喂食豆类。顺带一提，分娩之前，乳房指向地面，表明乳液丰沛。

防止雌性跟雄性交配，适量喂养，则雌性能够长时间产乳，四足动物中的母羊尤其如此；母羊的产乳时间可长达八个月。一般而言，反刍动物产乳量很大，适于制作奶酪。在托洛涅地区，母牛在产犊之前的几天内不会产乳，之后会一直产乳。女性的铅灰色乳液比白色乳液更适于哺育后代；皮肤黝黑的女性产出的乳液比皮肤白皙的女性更健康。富含乳酪的乳液，营养最丰富，但含有少量乳酪的乳液更有利于婴儿身心健康。

22 动物的精液

凡有血动物均能射精。至于射出何种精液、如何射精，这跟繁殖相关，会在另一篇论述中进行讨论。将体形大小这一因素考虑在内，人类射

〔1〕指豌豆。

出的精液多于其他任何动物。有毛发的动物，其精液黏稠，其他动物的恰恰相反。所有动物的精液均为白色，希罗多德[1]误以为埃塞俄比亚人射出的精液为黑色。

体内的健康精液呈白色，浓稠度高，离开身体后变得稀薄，颜色加深。精液不会在低温条件下凝结，但颜色会变淡，黏稠度降低；在高温条件下，精液会凝固，黏稠度提高。如果在子宫内停留较长时间，精液流出时的浓稠度会超出平常；有时会变得干燥紧致。有受孕能力的精液会在水中下沉；无受孕能力的精液会在水中溶解。克泰夏斯有关大象精液的论述完全错误。

---

〔1〕希罗多德，公元前5世纪（约公元前480—公元前425年）的古希腊作家、历史学家。其创作于公元前443年的《历史》一书详尽描述了公元前492—公元前429年发生的希腊波斯战争以及环地中海区域的风土人情。

第四卷

本卷着重记述了软体、软甲、介壳等门类的无血动物之共通构造和特殊构造、简单构造和复合构造，虾、蟹等软甲动物的内部器官，海胆、海鞘、海蔴、海葵，节肢动物和海中的几种奇异生物之性状和特点；论证视、听、嗅、味、触等感觉之于动物的重要性；辨析动物的声音、声响和言语，鱼类的睡眠、人类的梦境，两性生殖和单性生殖。

野兔

1　无血动物的分类，软体动物的内、外部器官总论

有血动物共有，属种特有，简单与复合及内部和外部的器官均已探讨完毕，接下来讨论无血动物。无血动物分为若干种类。

第一类由所谓的“软体动物”组成。所谓软体动物，就是指不具有血液，外部为类似肌肉的物质，以及内部可能具有的坚硬结构——这一点跟有血动物、恒温动物相似，比如乌贼属。

第二类为软甲类。软甲动物具有坚硬的外部结构，内部为柔软或类似肌肉的物质，其外部坚硬结构只能压烂，而无法压碎；蝲蛄[1]和螃蟹就属于此类。

第三类为甲胄类，也称介壳类。此类动物具有坚硬的外部结构，内部为类似肌肉的物质，其外部坚硬结构只能被压碎而无法压烂；蜗牛和牡蛎就属于此类。

第四类为昆虫。该属动物多种多样，各不相同。从名字

□ **蜗牛**

蜗牛是陆生软体动物，无脊椎，具杂食性，主要以植物茎叶、花果及根为食。蜗牛喜欢在阴暗潮湿、疏松多腐殖质的环境（如森林、灌木、农田、平地、丘陵等）中生活，昼伏夜出。蜗牛是世界上牙齿最多的动物，拥有数万颗牙齿（长在舌头之上，又称齿舌），不过它们的牙齿并不是“立体牙”，因而无法咀嚼食物。

〔1〕蝲蛄属节肢动物门软甲纲正螯虾科，一般生活在河中，尾巴长，头尾比例相当，头前部有一对大钳。雄性蝲蛄的螯足粗壮，非常威武，雌性稍小。

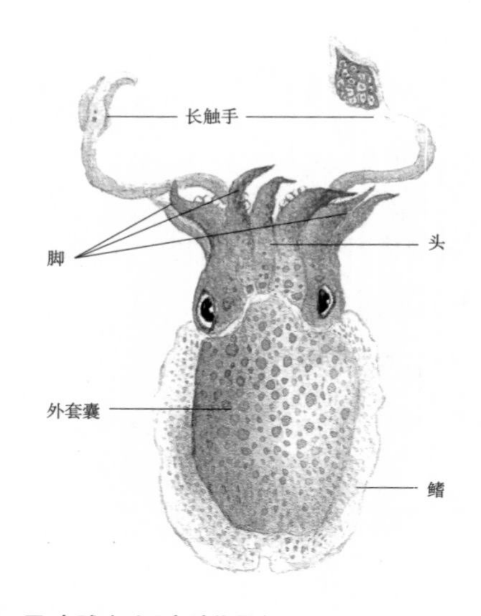

□ 乌贼（以正乌贼作图）

乌贼，又称墨斗鱼、墨鱼，属动物门头足纲乌贼目。遇到强敌时它会以“喷墨”隐蔽自己并伺机离开。乌贼与鱿鱼、章鱼虽名为“鱼”，但均不属于鱼类，实为软体动物。

来看，昆虫是指腹部或背部或者腹背同时具有缺口，不存在明显骨质部位和肌肉部位，整体介于骨质和肌肉之间的生物；也就是说，躯干整体坚硬，无论内外。某些昆虫不具有翅膀，比如马陆和蜈蚣；某些具有翅膀，比如蜜蜂、金龟子和黄蜂；某些种类既存在具有翅膀的，也存在不具有翅膀的，比如蚂蚁和萤火虫。

软体动物的外部器官如下：首先是所谓的足；其次是与之相连的头部；再次是套膜囊〔1〕，内里存在内部器官，被某些作者误以为是头部；最后是囊周围的鳍。（见本页图）某些软体动物的头部位于足和腹部之间。所有软体动物都具有八足，每只足各自具有双排吸盘，唯有章鱼的一个属种除外。乌贼、小枪乌贼和大枪乌贼的一对长臂或触手上具有一个特殊的器官，因两排吸盘的存在，使得肢端的某个部分显得高低不平；它们用这些手臂或触手获取食物并放入口中，遇到暴风雨天气时，则吸附在岩石上，在波涛汹涌的水中像抛锚的船一样摇摆不定。它们凭借囊附近的鳍辅助游动。所有软体动物都具有吸盘，无一例外。

顺带一提，章鱼的触角可以用作足或手；它用嘴部上方的两个触角获

〔1〕套膜囊：实指软体动物的外套膜。外套膜是软体动物、腕足动物以及尾索动物覆盖体外的膜状组织。其中软体动物的外套膜背缘与内脏团背面的上皮组织相连，由内外两侧表皮和中央的结缔组织以及少数的肌纤维构成。

取食物；交配过程中则使用最后的触角；最后一根触角十分锋利，因颜色发白而异乎寻常，端部分叉——也就是说，其分脊上有样特殊的东西，而所谓分脊，是指吸盘远端光滑的触手表面或边缘。

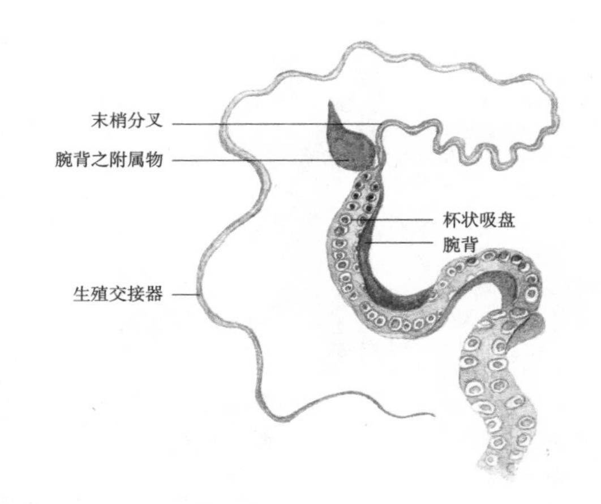

□ **快蛸的交接腕（化茎腕）**

快蛸是快蛸科快蛸属的唯一一种，主要栖居于大洋上层或表层，以浮游生物为食。其胴部卵圆形或近袋形，胴背光滑，胴腹具一些结节，由隆脊连成网状结构，网眼稀疏；腕部吸盘有两行。

囊的前方、触角上方具有中空的脉管。通过这个脉管，章鱼可以把用嘴进食时吸入囊的海水排出。脉管可以左右移位，章鱼从此处喷出该动物所特有的黑色液体。

章鱼伸展触须，略微倾斜身体，朝所谓的头部方向游动。通过这种游动方式，章鱼能够看到前方，因为它们的眼睛处在顶部，以这种姿态来看，它们的嘴位于后方。章鱼活着时，头部坚硬，看似充满气体。章鱼用足的下表面获取物品，足之间的蹼完全张开；落到沙地上时，章鱼就完全失去了依托。

章鱼和上述其他软体动物存在一个差别：章鱼的躯干较小，足很长，而其他软体动物的躯干较大，足很短，短到无法以之行走的地步。相比而言 “泰希斯”或枪乌贼体形狭长，乌贼体形扁平；枪乌贼属中，“特乌瓦”[1]的体形比 “泰希斯”大得多；有的 “泰希斯”长度可达五米多。某些乌贼长达二米多，足有时跟其躯干相等，甚或更长。“特乌瓦”的数

〔1〕“特乌瓦”（Teuthus）和“泰希斯”（Teuthis）是两种相近的鱿鱼。

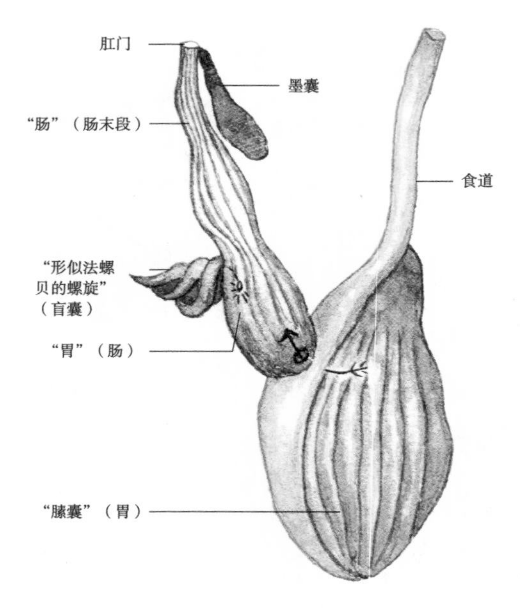

□ 多苏鱿的消化器官

亚里士多德在本书本节中所称的“膝囊”也即现代解剖学中的头足纲动物的胃，“胃”则为现在所称的肠的前部。此外，盲囊如今也称盲管，是动物体内附生在各种器官上的一端闭塞的囊状或管状物，能分泌消化液帮助胃进行消化。

量较少，从形状上与“泰希斯”有别——也就是说，“特乌瓦”的尖端比“泰希斯”宽阔，环形鳍环绕整个躯干，而“泰希斯”的部分地方缺失。另外，这两种都是深海动物。

该类全都是足在前，头在后，足中间的称作触手或触须。嘴也位于其足中间，嘴中有两颗牙齿；再往上是两只大眼睛，眼睛中间有一小块软骨包裹着小型大脑；嘴内有一个肌肉状微小器官，作为舌头使用，因为并无其他舌头存在。其外部形似一个囊，构成囊的肌肉呈环状薄片，而非长直的条带。所有软体动物的肌肉周围都有外皮保护。它们的嘴的后侧是一条长而窄的食管，紧挨着的是环形大膝囊，与鸟类相似；再跟着是胃，跟反刍动物的第四胃相似，形状很像海螺的螺旋状回旋；从胃再折回嘴部的是细小的肠，肠比食管粗。

软体动物没有内脏，但具有所谓的“米的思”[1]（又称“罂粟汁”），上面是一个存放黑色浓稠液体的容器：乌贼的这个容器尺寸最大，液体量

[1] 头足类动物无肝脏，却有与之相似的脏器“米的思”（Mytis）。在此类动物的体内背面，有一个形状为膜囊的结构，作用与有血动物的心脏类似，其中储存的液汁与有血动物的血液相似。甲壳动物也有类似的器官。

也最大。受到惊吓时，所有软体动物都会喷出这种液体，乌贼喷出的量最大。“米的思”位于嘴的下方，食管穿过“米的思”；再往下，在肠子延展到的地方，是黑色液体的囊，同一张膜将囊和肠子包覆其中，也是通过这同一张膜喷出黑色液体，排出残余物。软体动物身上还有毛发状或毛皮状的附着物。

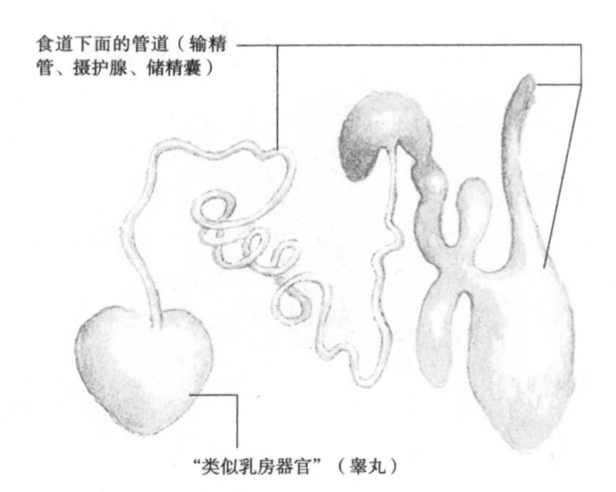

□ **雄乌贼生殖器官（以正乌贼解剖作图）**

雄性乌贼有一个精巢，位于体后端生殖腔中，由许多小管集成，精子成熟后会由小管进入生殖腔中。雄乌贼的输精管长而曲折成一团，管上有贮精囊和前列腺，端部膨大成精荚囊（精荚囊内有极多的精荚，精子到达精荚囊内会包被一层弹性鞘，进而形成精荚），末端为阴茎，雄性生殖孔开口于外套腔。

乌贼、“泰希斯”和“特乌瓦”的硬质器官位于体内，偏向躯体后部；这些器官一称乌贼骨，一称“海螵蛸”。二者互不相同，乌贼、“特乌瓦”的乌贼骨硬而扁平，是一种介于骨骼和鱼骨之间的物质，多孔易碎，而“泰希斯”的这个部位较薄，略似软骨。二者的形状存在差异，正如二者的躯干存在差异一样。乌贼的内部不存在这样的硬质器官，但头部周围有一个软骨似的物质，随着乌贼年龄增长，这个物质会变硬。

雌性与雄性乌贼个体存在差异。雄性食管内部靠下有一导管，从囊腔延展至囊的下部，某个形似乳房的器官与之相连；雌性共有两个形似乳房的器官，所处位置较高；雄性和雌性的这些器官下方存在红色的构造。章鱼成熟的卵为单个，表面凹凸不平，尺寸较大，能够填满比章鱼头部还大的容器；卵内的流体物质只有白色，光滑。乌贼有两个囊，囊里面有许多个卵，外观与白色冰雹相似。关于这些器官的布局，请参考下页雌乌贼内脏解剖图。

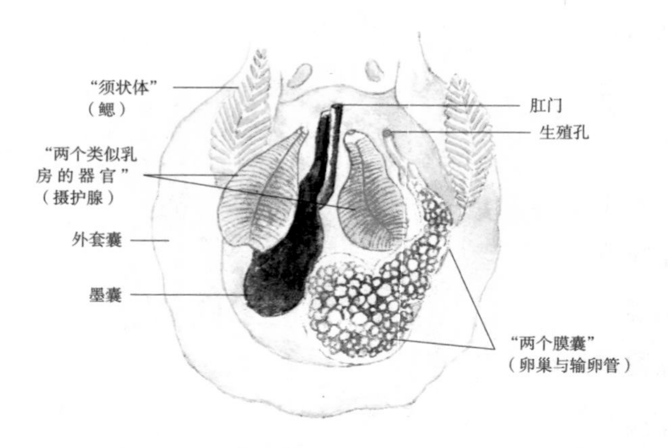

□ **雌乌贼内脏(以正乌贼解剖作图)**

乌贼的鳃为羽状，共一对，位于外套腔前端两侧。其鳃有一鳃轴，两侧生有鳃叶，鳃叶由许多鳃丝组成，鳃上密布微血管，水流经鳃即可完成气体交换。此外，乌贼直肠的末端近肛门处有一导管，连接一梨形小囊，此即墨囊。墨囊位内脏团后端，实为一极发达的直肠盲囊。囊内腺体可分泌墨汁，经导管由肛门排出可使周围海水呈墨色，借以隐藏避敌。

软体动物的雄性不同于雌性，乌贼的两性差异最为显著；雄性的躯干背部（比腹部颜色深）比雌性更为粗糙，且雄性的背部有斑纹，尾部更尖。

章鱼分为若干种类。第一类靠近水面，体形最大，近岸的体形大于深水的体形；另有其他的体形较小，颜色斑驳交错，不可食用。还有另外两种，一种名为爱尔斗蛸属亚科[1]，与其同类的区别在于腿部较长和一排吸盘——其他软体动物都有两排；另一种的名称多种多样，"海葱""巫族里斯"，或者"放屁虫"。

还有两种具有类似软甲动物的壳的软体动物。其中一种被有些人称作鹦鹉螺[2]，还有人称之为"水螅虫的腿"：这种生物的壳像较深的扇贝壳独立的一个腔。该生物通常栖居在近岸，容易被抛到沙滩上：此时，它会脱

[1] 爱尔斗蛸属亚科（Eledoninae）是章鱼科的一个亚科。

[2] 鹦鹉螺（Nautiloidea）是海洋软体动物，共有2属、6种，外壳卷曲且薄而轻，壳的表面呈白色或者乳白色，生长纹从壳的脐部辐射而出，平滑细密，多为红褐色，有许多腔室，各腔室之间由膈膜隔开。由于其螺旋形外壳光滑如圆盘状，形似鹦鹉嘴，故此得名"鹦鹉螺"。

壳而出，在干燥的沙地上逐渐死去。这些多足类动物体形较小，躯干形状类似波尔比地亚章鱼。另一种多足动物像蜗牛一样，蜷居在壳内：它从来不会出壳，而是像蜗牛一样生活在壳内，时不时地伸出触角。

软体动物讲述完毕。

2 软甲动物的生理特性

在软甲亚纲或软甲动物中，一种是蝲蛄，第二种与第一种相似，叫作龙虾：龙虾有爪，蝲蛄无爪，二者还存在其他方面的差别。第三种叫作斑节虾，第四种叫作蟹。虾和蟹都有许多种类。

虾类中有所谓的“弓腰虾”、“克朗根”（又称虾蛄）和体形较小的虾（又称褐虾）组成。这些体形较小的虾不会成长为体形较大的虾。

蟹的种类无穷无尽，不计其数。最大的蟹为大螃蟹，次大的为寄居蟹和大力蟹，第三种为淡水蟹；其他品种体形较小，没有具体名称。在腓尼基地区，沙滩上有种蟹叫作“骑手”，因为它们跑动速度很快，难以捕捉；打开之后，这些蟹里面往往是空的，这可能是营养不良的结果。（还有一个品种，其体形小如螃蟹，但外形跟龙虾相似。）

如前文所述，这些动物全都具有坚硬的外壳（其他动物为皮肤），里面为肌肉；腹部基本都长有薄板，或者尺寸很小的翼，雌性把卵存放在此处。

蝲蛄两侧各有五足，包括端部的螯；同理，蟹也总共有十足，包括端部的螯。斑节虾中，弓腰虾头胸处两侧各有五足，头附近的足尖十分锋利；另外五对足位于腹部两侧，端部平整；其腹部不具有蝲蛄那样的腹部薄板，但背部跟蝲蛄相似。褐虾（又称虾蛄）则截然不同；两侧各有四个前足，后面两侧各自紧挨着三条较细的足，剩余的部分躯体没有足（见本书第119页图）。这些动物的足都斜着弯曲，跟昆虫相似；弓腰虾具有尾巴和四个鳍；褐虾尾巴两侧也有鳍。弓腰虾跟褐虾尾巴的中间部分都有

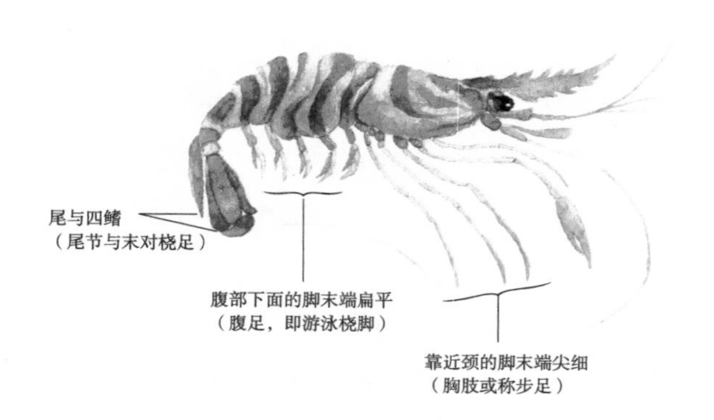

□ **弓腰虾**

弓腰虾属抱卵亚目长额虾科，头部大，体节和步足有暗色条纹，外壳坚硬。较其他虾类而言，这种虾的身体更为拱弯。

刺：区别在于，褐虾的这部分是平整的，弓腰虾的这部分是尖刺状。该属的所有动物中，唯有螃蟹没有臀部；弓腰虾和蝲蛄的躯干细长，蟹的躯干则是短粗。

蝲蛄的雄性和雌性存在差异：雌性的第一对足有分叉，雄性没有；雌性腹鳍较大，搭盖在颈部，雄性的腹鳍较小，没有搭盖到颈部；此外，雄性的最后一对足是马刺一样的凸起，大而尖利，雌性的凸起小而平滑。雌性和雄性的眼睛前方都有一对大而坚硬的触须，另有一根小而平滑的触须位于眼睛下方。这些生物的眼睛坚硬而明亮，可以移动到内侧或外侧。大多数蟹的眼睛都移动灵活，或者说，螃蟹的眼睛进化程度很高。

龙虾全身呈灰色，点缀着黑色。螯之外的后足共有八个；端部的螯比蝲蛄同一位置的器官更大、更平整。其螯的结构十分特殊：左螯的平滑表面窄而细长，右螯的平滑表面宽而粗圆。此外，螯从端部像颌一样分裂，各有一组上下齿：右螯的齿全都较小，呈锯齿状；左螯前端的齿呈锯齿状，靠里的呈臼齿状，后者位于裂开的螯的下部，共有四颗，距离紧密，上部有三颗，距离松散。龙虾左右螯的上端都可以移动，能够跟下端接触，并且全部都像罗圈腿一样弯曲，适于抓取和收紧；嘴部稍微偏下；大螯上边还有两个钳，上面长满刚毛；在这之下，嘴部区域的鳃状结构刚毛丛生。这些部位不停地运动；两个长满刚毛的足朝嘴的方向弯曲。嘴部附近的足也长有大号附肢。龙虾和蝲蛄一样，都长有两个牙齿，或者叫上颌，在这些牙齿上方，就是四条形状类似的触须，但这些触须比其他位置的触须更加细小；触须上方就是眼睛，眼睛小而短，不像螯虾那么大。眼睛再往上就是类似前额的尖刺状粗糙凸起，比螯虾的同一部位稍大；事实上，龙虾的前半部分比螯虾更尖，胸廓更宽，躯干一般而言更光滑，肉质更多。它的八足中，有四足在端部分叉，另外四足未分叉。所谓的颈部区域表面分成五个部分，第六部分为端部的平展区域，这个区域共有五个翼，或称为尾鳍；内部或下部器官（也就是雌性产卵的地方）共有四个，长满刚毛，上述各器官都有一根向外凸出、短且直的棘刺。一般而言，龙虾的躯干（尤其是胸廓区域）较为平滑，不像螯虾那样粗糙；但大螯的外部区域长有较大的棘刺。雄性和雌性之间没有明显的区别，因为它们的螯都是一大一小，没有发现雄性或雌性的两螯大小相同的情况。

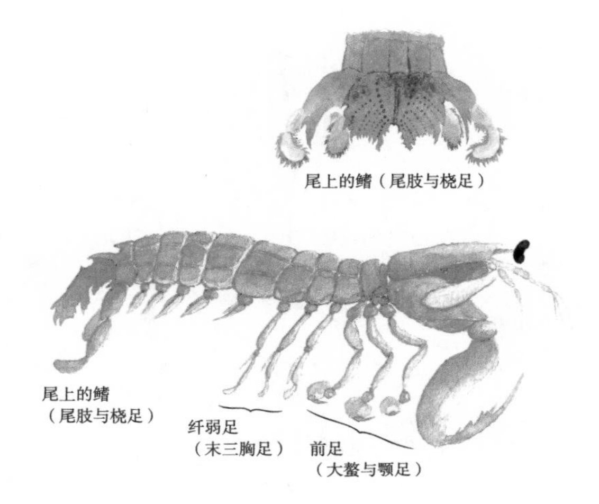

□ **虾蛄**

虾蛄亦称螳螂蛄，属软甲纲口足目，是性情凶猛的食肉动物。其头胸部有一对螯足，为镰刀状或拳头状，撞击力甚大，攻击时施展臂力最大可高达体重的2500倍，足以打穿甲壳动物的外壳。

所有软甲动物都靠嘴部摄取水分。蟹会闭上嘴排出水分，在此过程中，留下一小部分，螯虾则通过鳃排水；顺带一提，螯虾的这种鳃状器官数量很多。

以下特征是所有软甲动物都具有的：两个齿或者上颌（螯虾的前齿为两个），口腔内有一个尺寸很小的肉质结构，起到舌头的作用；胃靠近嘴，区别在于螯虾的小食管处在胃的前方，有一根直肠与之相连。在螯虾及其同

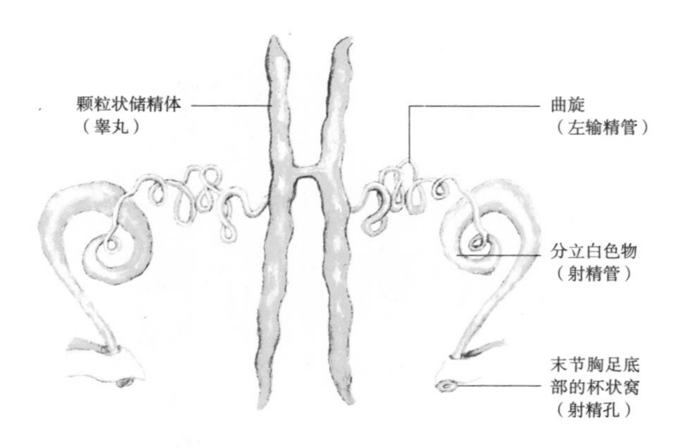

□ **螯虾的雄性器官（以普通龙虾作图）**

螯虾是对十足目中淡水种类的通称。其体形较大呈圆筒状，甲壳坚厚，头胸甲稍侧扁。螯虾喜栖息在溶解氧含量高、透明度高的流动水体中，主要捕食螺类、昆虫幼虫、蠕虫、蝌蚪等。

属动物、斑节虾中，肠子以直线形式通到尾巴，将残余物排出并终结在雌性产卵的地方；蟹的肠子在尾的位置终结，并且是在尾的正中央。（顺带一提，这些动物的卵都产在外面。）另外，雌性沿肠子储卵。再者，这些动物基本都具有一个名叫“米的思”的器官。

以下阐释它们之间的若干差异。

如前所述，蝲蛄有两个大而中空的齿，其中含有类似“米的思”的汁液，两齿之间是肌肉物质，形似舌头。往里是短食管，再接着是连接食管的网胃，胃的孔口处有三齿，两个相对而立，第三个在下方独立。在其胃下方弯曲延展的是肠，肠整体比较简单，粗细不变，直通肛门。

以上是蝲蛄、弓腰虾和蟹的共同特征；谨记，蟹有两齿。

此外，蝲蛄有一个导管从胸腔直接连通肛门：这根导管与雌性的卵巢相连，与雄性的精索相连。这个导管与肌肉凹陷表面相连，使得肌肉处在导管和肠子中间；肠子与凸面相连，这根导管与凹面相连，跟四足动物的情况类似。雄性和雌性的这根导管完全相同：也就是说，都很细小，呈白色，充满灰黄色液状物，与胸腔相连。

以下为蝲蛄、弓腰虾的卵和包卷的特征。

雄性在肌体构成方面与雌性存在差异，紧贴着胸部有两个独立且不同的白色物质，其颜色和构造类似于墨鱼的触腕，它们曲旋方式类似海螺的“罂粟体”或拟肝。这些器官开端于“子叶”或乳突处，位于最后节的触足上方；其肌体呈血红色，但触摸起来很光滑，感觉不像是肌肉。在胸部的曲旋器官旁有另一个与普通细绳般粗细的圈状物；其下有两个与肠道并排的颗粒状储精体。这些即为关于雄性器官的介绍。雌性的卵为红色，这些卵紧贴着胃和肠道的每一侧肉质部分，被包裹于薄膜中。

这些即为弓腰虾的内外部构造。

3 软甲动物与有血动物的异同

有血动物的内脏均有专业的名称：这些有血动物，不分种类都有内脏，但对于无血动物而言，情况并非如此，它们与有血动物一样的结构仅为胃、食道和肠道。

关于螃蟹，前文对它的螯和脚及其位置进行了阐明，此外，在大多数情况下，它们的右螯比左螯更大更壮实。上文提及，一般来说，螃蟹的眼睛是向侧身方向看的。此外，螃蟹身体的整个躯干是整体合一且不可分开的，包括其头部和其他部分。有些螃蟹的眼睛位于壳背前方稍下部两侧，紧挨着背部，并且相隔较远；有些螃蟹的眼睛位于前部中间并且紧靠在一起，就像赫拉克利特的螃蟹和所谓的“外婆蟹”一样。螃蟹口位于眼睛下方，里面有两颗牙齿，就像蝲蛄的情况一样，只是螃蟹的牙齿非圆形而呈长条状；其牙齿上有两个盖子，除牙齿之外的其他构造与蝲蛄相似。螃蟹在口附近取水，利用两个盖子控制进水量，通过口上方的两个通道排水，以关闭盖子的方式停止取水；这两条通道均位于眼睛下边。当它吸入水时，通过两个盖子关闭其口，并以上述方式排水。其牙齿后面紧跟着食道，食道非常短，短到胃和口腔看起来似乎是直接相连的。食道后面紧跟着胃部，胃呈双角状，在其中心处附着一个构造简单而纤细的肠道；如前所述，肠道在鳃盖处向外终止。（螃蟹牙齿附近盖子之间的各个构造类似于蝲蛄的相同部位。）在它的躯干里面是一种淡黄色的油状液体和一些小的物质，这些物质为长条状，有的呈白色，有的有红斑。雄性螃蟹在体形和体宽方面与雌性不同，并且腹侧盖（脐盖）也不同（雌蟹圆脐，雄蟹尖脐）；雌性螃蟹腹侧盖（脐盖）比雄性更大，并且更为凸出于躯干，且多毛（雌性蝲蛄情况也是如此）。

以上即为软甲动物器官的一些介绍。

4 介壳动物的生理特性

关于介壳动物，如陆蜗和海螺，以及所谓的“牡蛎”和海胆属，它们中凡具有肉质部分者，其肌肉部分与软甲动物在体内位置分布相似；换句话说，它们均有外壳，肌体位于壳内，壳体覆于外侧，壳内没有硬状物质。相比之下，介壳动物种间在其外壳和内部的肉质方面存在许多差异。它们中的一些没有肉质，就像海胆一样；其他有肉质，但这些肉质除了头部外完全隐藏在壳内，如陆螺和所谓的郭济洛螺，及深海动物中的法螺、紫骨螺、海螺和一般螺形介壳动物。其他的介壳动物，有些双壳，有些单壳：“双壳类”是指两个壳能开合自如，“单壳类”是指身体位于一个壳内；最后一种，肉质部分暴露于外，如帽贝。在双壳类中，有些可以打开，如扇贝和贻贝；因为所有这些壳体相连处两侧同时生长，远端一侧则相互分离，以便于开合自如。有些其他双壳类动物外壳两侧都是封闭的，如竹蛏[1]。有些介壳动物完全被包裹在壳中，并且没有任何肉质部暴露在

〔1〕竹蛏：一种海产双壳软体动物，体呈延长形，两壳合抱后呈竹筒状，故得竹蛏之名。

外面，如海鞘[1]类。

同样，相比之下，介壳动物彼此间在外壳方面存在许多差异。它们的外壳有些是光滑的，如竹蛏、贻贝和一些蛤蜊，也就是那些被称为“奶壳”的东西；而其他的壳则是粗糙的，例如可食用的牡蛎、羽贝，某些鸟蛤和海螺；其中有些外壳带肋，如扇贝、某种蛤蜊或鸟蛤；有些没有肋，如羽贝和蛤蜊的某些种类。介壳动物彼此间在外壳整体和特定部分厚度方面也存在差异，例如壳的边缘部分，有些像贻贝一样薄，有些则像牡蛎一样厚。对于前文提到的动物，实际上对于所有介壳动物来说，它们有一个共性，即其壳内均较为光滑。有些介壳动物也能像扇贝一样运动，而且实际上有些扇贝甚至可以飞行，因为它们经常会从渔民的捕具中跳出来；其他介壳动物自身不能运动，一般只能紧紧附着于某些外部物体上。所有螺形介壳动物都可以移动和蠕动，甚至是帽贝也会松开吸盘以去寻觅食物。单壳类和双壳类等介壳动物，其肉质部坚韧地紧紧黏附于壳内，只有用力才能移除；相比较而言，螺形软体动物其肉质部与壳黏附得则略显松散。所有螺形软体动物共有的一个特性即是外壳在距离头部最

□ **覆盖和去除棘刺后的海胆体壳**

海胆又被称为海刺猬，是一种无脊椎棘皮动物，形体呈球形、盘形或心脏形，外壳坚固。绝大部分海胆为雌雄异体，外形无区别，但有某些种类为雌雄同体。海胆喜欢生活在岩石、珊瑚礁及硬质海底，主要靠管足及刺运动，食性广泛，以藻类、水螅、蠕虫为食。海胆时常给人以不是生物或没有运动能力的印象，其实，海胆是会依靠管足及棘刺运动的。

〔1〕海鞘是唯一将身体藏在介壳里的动物，属脊索动物门尾索动物亚门。自然界约有1250种海鞘。

□ 扇贝

扇贝也称海扇蛤，属珍珠贝目扇贝科，其贝壳多呈圆盘或圆扇形；壳顶前后方有耳，两耳相等或不等，多数右壳前耳下方有明显的足丝孔和细栉齿，壳面具放射肋或同心片状雕刻。扇贝多栖息于低潮带至数百米深的浅海，营附着或自由生活，主食浮游藻类。

远的部分螺旋扭曲；同时它们也是从出生时便带有一个鳃盖。而且，所有螺形介壳类软体动物的外壳均为右旋式，内外运动时并不是朝着螺旋的方向移动，而是朝相反的方向。其特征多样性从这些动物外部结构的观察中即可佐证。

所有这些生物的内部构造几乎相似，螺形软体动物[1]尤为明显；螺的形态在种间存在大小差异，在种质特征属性上有着大小强弱或“增减”的差别。绝大多数单壳贝类与双壳贝类之间不存在太大差异：其中能开合壳的贝类相互间差异较小，但与那些不能运动的属类相比较时，就容易看出差异了。下文将对此详加说明。

螺形介壳动物[2]构造皆较为相似，正如上文提及，彼此种间在软硬程度或其他禀赋属性方面还是存在大小强弱的差异（个头大的贝类有着相对较大且明显的器官，个头小的则相对较小且不明晰）。比如，所有的螺形软体动物，在壳开口伸出的那部分肌肉均较为坚韧，而坚韧程度有强弱之别。从这部分肌肉中间凸出头和双角，大型螺类有着较大角，小型螺类的角则极为微小。它们探头的方式并无差异；一旦受到惊吓，头会再次缩回壳内。有些

[1] 螺形软体动物为腹足类动物，具有一个封闭的壳，可以将身体完全缩入其中以得到保护。

[2] 螺形介壳动物是介壳动物的一种，其外壳呈螺状。

螺形软体动物如蜗一般，有口有齿；齿锋利且纤细微小。它们还有着类似蝇吻的突出物，突出物如舌状。法螺与紫骨螺的舌状突出物在这些介壳动物中是较为硬实锋利的：如同大头狗母鱼或马蝇、马虻或牛虻等的突吻，它们的突吻能够穿透四足动物的皮。这两种螺的突吻能径直穿透其所捕获的其他贝类的壳。其胃紧接于口；蜗或螺的胃与鸟的嗉囊[1]很相似，胃下有两块状如乳突的白色坚硬结构。墨鱼体内也存在这样类似的结构，只是墨鱼的乳突较之于蜗或螺的更为硬实；食道紧接于胃，结构长且简单，延伸至蜗（或螺）壳最深处的罂粟体（拟肝），在法螺与紫骨螺壳的各层螺纹内进行实际观察即可证实这些记录；食道后面是肠道，事实上，肠道与食道是连续的，全程结构并不复杂，一直延伸至肛门口。肠道的开端就在旋曲的拟肝区域，即在所谓的罂粟体附近较宽（记住，在所有介壳动物中，罂粟体中大部分是一些分泌类物质）；肠道由此折转而上至肉质部分，终止于头部一侧，动物在此处排泄废物。无论是陆生还是海生，所有的螺形介壳动物在此方面情况较为一致。在较大的螺或蜗体内从胃部区域，与食道方向平行，又伸出一条白色长管道，被包裹于膜中，颜色类似其上的乳突组织；管道内物质分片段或节，如同蝲蛄的卵块，只是这里是白色而蝲蛄卵块为红色。这一物质包裹于薄膜中，未见出口和管道，只是内部有狭小的洞腔。从肠道向下延伸有粗糙的黑色生成物，与乌龟体内该部位的生成物类似，但颜色没那么黑。海螺也有这些白色体与黑色体，只是相对小型贝类更加微小而已。

---

〔1〕诸多动物（如脊椎动物、软体动物等）都具有嗉囊。嗉囊是食道中段或后段特化形成的薄壁器官，具有良好的延展性，因此被作为食物在消化前的储存场所；食物会在嗉囊里经过润湿和软化再被送入胃，以利于消化；此外，部分鸟类（鸠鸽类和某些鹦鹉）的嗉囊还可分泌嗉囊乳，用以哺育雏鸟（见第66页，注〔1〕）。

非螺形单壳和双壳介壳动物与螺形介壳动物相比，在某些身体构造方面相似，有些方面则存在差异。它们均有头、触角、口和一个类似舌头的器官：但是这些器官在体形较小的物种中，因其个头较为微小而难以辨认，甚至当有些较大的物种死亡或休息、静止时也难以辨认。它们均有拟肝或罂粟体，但在存在位置、形状大小及能否易于被外界观察等方面因物种不同而略有差异：比如，帽贝的拟肝（罂粟体）存在于其壳体底部的最深处；双壳介壳动物的这部分结构则位于双壳的结合处附近。它们也均具有圆形样式的长毛或胡须，如扇贝一样。并且，当它们产卵时，这些卵呈半圆形分布于外围，就像蜗或螺体内的白色生成物一样——因为蜗或螺的这种白色体正对应着这里我们所说的所谓的“卵”。但是，正如前文所述，所有这些器官对于较大的物种而言均是明显可观察辨识的，相比较而言，较小的物种，它们在绝大多数情况下几乎不可追踪且难以辨认。因此，这些器官在大扇贝中最明显可见：这些双壳动物的一个外壳呈扁平状，就像一个锅盖。所有这些动物（除了下文相关的几个特例外），其排泄物的出口均位于身体一侧，有一条排泄通道。（同时，请记住，正如上所述，罂粟体或拟肝是所有这些动物的分泌物——包裹于膜中的排泄物。）在这些生物中的任何一种，所谓的卵均没有单独的排泄出口，其仅仅是肉质物质的分泌物；并且它的位置与肠道不在同一区域，“卵”位于右侧，肠道位于左侧。大多数这些动物通过肛门排泄；但是对于野生帽贝（被一些人称为“海耳”）而言，其壳体穿孔以形成出口，食物残渣通过壳体下方的穿孔排出体外。这种特殊的帽贝，其胃在口的后方，同时，卵形生成物是可辨别的。如若想了解关于这些结构的具体相对位置，请参考我的《解剖学》一书。

所谓的寄居蟹是介于软甲动物和介壳动物之间的一个物种。在本质特征上，它类似于蝲蛄，结构简单，但是由于习惯钻入空的螺壳内过寄居生活，这一点使其从外部看起来更像介壳动物，因此寄居蟹似乎具有了两

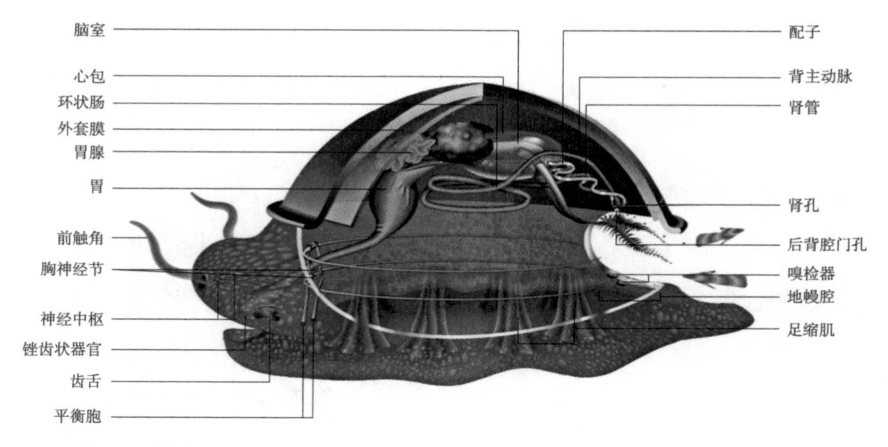

□ **帽贝的内部器官结构**

帽贝是一种腹足纲软体无脊椎动物，分布在大西洋和太平洋温度较低的水域（比如大多数海洋的潮间带地区），以海藻为食，其形壳背隆起，表面粗糙，一般为褐色，壳内为白色，具光泽。大多数帽贝体形较小，最大的帽贝可达10厘米宽。

种身份。为了便于了解寄居蟹的形状，在此给出一个直观的描述，它体形类似于蜘蛛，只是其头胸部后部的扩展部分比蜘蛛的相应部分要大。它有两个细长的红角，在这些角下面有两只长长的眼睛，但不能内缩，也不能像螃蟹的眼睛那样四面转动，而是直接向外突出；眼睛下方是口，口周围有些毛发般的刚毛，紧跟着是两个强壮有力的螯肢，用于将物体拉向自身，身体两侧各有两对明显的步足，第三对步足较小；胸部以下部分较为柔软，解剖后会发现其内部有浅黄色物质；口腔通过一个通道直接与胃相连，但排泄通道不可辨别。寄居蟹的腿部和胸部很硬，但不像螃蟹的腿和胸部那么坚硬。不像紫骨螺和法螺那样将身体紧贴于外壳之上，寄居蟹的身体很容易从壳内滑出。螺形软体动物壳中发现的寄居蟹比在蜒螺壳中发现的体形要长。

而且，顺便提及，在蜒壳中发现的寄居蟹是一个独立的物种，在大多数特征上与其他寄居蟹没太大差异；但是寄居在蜒壳中的寄居蟹，其左侧螯肢比右侧的要大，它主要通过左侧螯肢前行。（在这些动物及某些其他动物的壳中，发现了一种寄生动物，其附着方式与寄居蟹相似。这种生物被称之为蜒壳曲足蟹。）

蜒螺有一个光滑的大圆壳，外壳形状类似于法螺，但其罂粟体不是黑色而是红色的。曲足蟹紧紧贴于蜒壳中部。在平静的天气里，蜒壳曲足蟹会自由活动，但是当风吹过时，它们会靠近岩石躲避：蜒螺本身能像帽贝一样紧紧抓住岩石；鹅足螺和所有其他类似种属，情况也是如此。而且，还得提及，当它们转回鳃盖时紧紧抓住岩石，其鳃盖状如盖子；实际上，这种结构代表了螺形软体动物的一种特征，而双壳类动物具有两个外壳。曲足蟹的内部结构呈肉质状，口位于内侧。鹅足螺、紫骨螺和所有类似的种属在这方面都是一样的。

这些在蜒壳中发现的小蟹，其左螯较右螯大，不同于寄居于螺壳的寄居蟹。也有些状似淡水蝲蛄的生物生活在一些蜗牛壳内。然而，这些生物的不同之处在于其壳体内的部分。对于其具体特征，可以参考、查看我的《解剖学》一书。

5 海胆类动物

海胆类共有的一大特性即体内没有肌肉层；虽然其体腔为空并且内部没有任何肉质，但填充着黑色生成物。海胆有几个变种，其中一种可食用；这种海胆无论个体大小均有所谓的卵，卵相对较大且可食用；即使它们个体还很小，就已经具有卵这一结构。还有另外两个变种，即斯巴坦戈和所谓的布瑞苏斯[1]，它们远居深海且较为少见。此外，还有瓜胆（海胆

[1] “斯巴坦戈和所谓的布瑞苏斯”，指海胆的两种称谓。现在斯巴坦戈称猬团海胆，布瑞苏斯称仙饭海胆。

之祖），它是海胆中体形最大的一个变种。另外，海胆还有一个种类，体形虽小但身披硬棘，生活在若干米深的海里，人们常用它来治疗特定的痛性尿淋沥症。在托罗涅附近有一种通体白色的海胆，其外壳、棘和卵等结构均比普通的海胆要长。这种海胆的棘不大也不强壮，略显柔嫩；与口相连的黑色生成物通常数量较多，且与外部管道相通，但这些黑色体彼此之间不连通；事实上，这些黑色体将海胆内部分成若干间隔。可食用的海胆通常行动自如且最为常见：这些海胆的棘上总是挂着这样或那样的东西，从这点便可看出其较为活跃的特质。

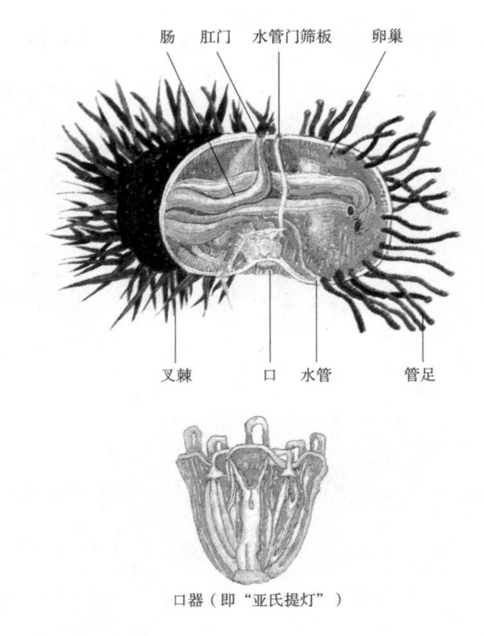

□ **海胆解剖图**

海胆口内复杂的咀嚼器，被称为“亚里士多德提灯”（简称“亚氏提灯”），上有齿，可咀嚼食物。

所有的海胆体内均有卵，但在某些变种中，卵非常小，不适合食用。奇怪的是，海胆也有我们称之为头部和口的这些器官，只是它们位于身体下方，排泄残留物的地方却在身体上方（螺形软体动物和帽贝均具有这个特征）。因为充饥食物多处于海底；并且海胆口腔在身体下部，如此一来，其觅食较为方便，排泄口位于壳体上方后背附近。海胆内部还有五颗空心牙齿，在这些牙齿的中间有一种肉质物质，可发挥舌头的作用；接下来是食道，然后是胃；胃分为五个部分，充满分泌物，在肛门口处会合，在那里外壳处有一穿孔形成排泄出口；胃下为一层薄膜，膜中覆卵，无论何种海胆，其卵的数量均相同，且总是奇数五，其上，黑色生成物附着于牙齿开端，味苦，不适合食用。在许多动物中发现了类似或至少相似的生成物；例如，乌龟、蟾蜍、青蛙和螺形软体动物，以及一般软体动物体内均有此生成物；但是其生成物颜色各异，且均不可食用，或者或多或少有些异味。实际上，海胆的口器从一端到另一端是连续的，但是从外观上看并非如此，像抽去隔断的角灯（提灯）。海胆以棘为脚；其全身重量均置于棘上，通过挪动棘使其从一个地方移动到另一个地方。

6 海鞘与海荨麻属

在一切介壳动物中，所谓的海鞘特征最为显著。它是唯一将整个身体藏在外壳内的软体动物，而它的外壳是一种介于皮和介壳之间的物质，因此切起来感觉像硬皮一样。海鞘通过壳体附着于岩石上，体内有两个彼此相隔的通道，通道非常微小且肉眼难以辨识，海水通过该通道进出体内；它没有肉眼可见的分泌物（一般来说，贝类会像海胆那样分泌物质，而其他种类则具有拟肝或罂粟体等分泌物）。解剖海鞘后，首先会发现在其壳状物质内部有一个腱膜，膜内是海鞘的肉状物质，这部分与其他软体动物不同；但是此处提到的肉质在所有海鞘中都是一样的。并且，这种肉状物斜向附着在腱膜和被囊内；在其连接处，彼此距离从一侧到另一侧逐渐变窄，肉质部分趋向于向外壳的两个通道伸展；海鞘在这里排泄并觅入食物和液体，就像其中一个通道是口，而另一个是肛门；两个通道，其中一个比另一个宽大些。海鞘体内有一对空腔，两边各一，中间有小板隔开，其中一个空腔含有液体。海鞘没有运动器官与感觉器官，也没有像贝类那样的产生分泌物的器官。海鞘的颜色有些呈黄色，有些则呈红色。

此外，海荨麻属（刺冲水母）自身特征较为特殊，自成一类。海荨麻（水母）或海葵，像某些介壳动物一样附着于岩石上，但有时会松开。水母通体无壳，但其整个身体为肉质状。它对触摸很敏感，如果你用手触碰它，它就会紧紧抓住你的手，就像被墨鱼的触角捉住一样，在这种情况下，你的手会被水母蛰得肿胀起来。水母的口器位于其身体中央，平时常贴附于岩石上，如同牡蛎依存于外壳内一样。如果有小鱼碰到它，就会被水母抓住。事实上，正如上文所述，水母会像抓住你的手那样，去对付任何碰到它的可食用的东西。它同样以海胆和扇贝为食。另一种水母在外海自由浮游。海荨麻似乎完全没有排泄物，在这方面它类似于植物。海荨麻有两个变种，一种体形较小但食者众多，另一种是在卡尔基斯附近海域发现的，体形较大且坚硬。在冬季，水母肉质坚固，常被作为食物而备受追捧，但在夏季，它们却毫无价值，因为它们通体稀薄而多水。如果这时你抓住它们，很容易将其折成碎片，这样你就不能从岩石中将其整体取出；另外，夏季天热，它们在暑热的刺激下往往会滑回岩石的缝隙中。

□ **太平洋海荨麻**

太平洋海荨麻又名太平洋黄金水母，因其颜色呈惊艳的金褐色而得名。它们体形硕大，直径为0.5～1米，共有24条触手，长度可达4.6米。海荨麻水母拥有毒性，会用其身体所带的刺细胞中的毒液麻痹经过的小鱼等生物，从而捕食。

关于软体动物、软甲动物和介壳动物内外部结构的阐述就介绍这么多。

7 昆虫各个生理部位论述

现在，让我们以同样的研究方式介绍昆虫。昆虫包括许多种属，虽然有些彼此间明显相互关联，但它们并不属于同一命名之下，如蜜蜂、雄蜂、黄蜂和所有类似的昆虫，以及那些翅膀在鞘中的昆虫，如金龟子、步甲或鹿角虫和斑蝥虫等。

昆虫有三个共同的部分：头部、包含腹部的躯干以及头和躯干之间的第三部分，即对应于其他生物的胸背部。在大多数昆虫中，中间的胸背部是整体合一的；但对于体长而多足的昆虫来说，其胸背部由一个个节段组成，节段数与节痕数相同。

这些昆虫除部分因天冷受冻，或者天生冷性特质外，大部分种类身体被切成两半后仍能继续存活〔1〕。即便如此，多言一句，黄蜂虽然体形小，但在分身后仍可继续存活。当昆虫的头或腹部与中间部分一起时都可以存活，但是头部不能独立存活。体长且多足的昆虫在被切成两半后可以存活很长时间，并且切断的部分可以向任一方向前后移动；因此，如果身体被切断，截断部分可以向头部方向或尾部方向爬行，这种现象通过观察切断的蜈蚣即可得到验证。

所有昆虫都有眼睛，没有任何其他可辨识的感觉器官。但有些昆虫具有类似于介壳动物的舌头，它们通过这个器官来品尝、吸入食物。在一些昆虫中，这个舌状器官是柔软的；而其他昆虫的舌状物则如同紫骨螺等介壳动物的舌状物一样坚硬。马虻和牛虻的舌状突吻很硬，实际上这种舌状物在大多数昆虫中都较为坚硬。事实上，尾部没有刺毛的昆虫将这种器官当作武器（顺便言及，除了少数昆虫外，拥有这种器官的大部分昆虫均没有牙齿）；蝇类可通过它来吸血，蚊类则可以用它叮刺他物。

某些昆虫有尾刺。有些昆虫的尾刺位于体内，如蜜蜂和黄蜂；有些昆

〔1〕昆虫的头部是昆虫感觉和取食的中心，通常长有眼、口器、触角等，如果缺乏躯体进食消化后的能量供应，昆虫自然难以独立存活。

虫的尾刺则位于体表，如蝎子。顺便说一句，蝎子是唯一具有长尾刺的昆虫。此外，蝎子还有爪，本书介绍的类似蝎子的生物也有爪。

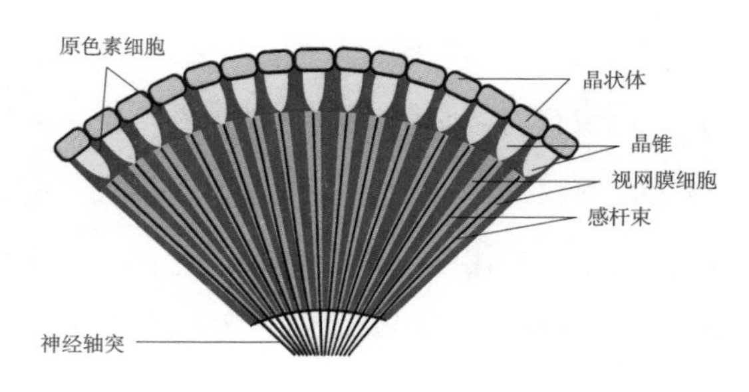

□ **昆虫复眼的结构**

复眼主要见于昆虫及甲壳类等节肢动物，是一种由不定数量的小眼组成的视觉器官，其中的小眼面一般呈六角形，小眼的数目则视乎物种而定（如家蝇的复眼约有4000个小眼，蝶、蛾类的复眼则约有28000个小眼）。复眼能为动物提供广阔的眼界。此外，复眼的分辨率比人眼要低，但其时间分辨率比人的要高10倍：人的眼睛每秒能分辨24幅图画，而昆虫的复眼则可达每秒240幅左右。

除了其他器官之外，会飞的昆虫还具有翅膀。有些昆虫是双翅，如苍蝇；其他的是四翅，如蜜蜂；顺便提及，只有两个翅膀的昆虫体后无尾刺。同样，一些有翅昆虫有鞘，如金龟子；而其他昆虫的翅膀就像蜜蜂一样是无鞘的。但在所有情况下，其飞行不受尾部影响，其翅没有任何类型的羽毛结构或分支。

此外，一些昆虫眼睛前面有触角，如蝴蝶和角甲虫。一些昆虫具有跳跃的本领，这使得其腿更长；而这些用以跳跃的长后腿跟四足动物的后腿一样向后弯曲。所有昆虫的腹部都与背部不同；事实上，所有动物都是如此。昆虫身体上的肉既不像介壳，也不像介壳动物的内在肉质，也不像通常意义上的肌肉，但是类似于以上物质的中间物质。因此昆虫尽管体内无棘、无骨头及无类似乌贼的骨头，体表也无介壳包裹；但是凭借自身的硬外壳保护，它无需任何额外的支架护持。此外，昆虫有皮，但非常薄。以上便是关于这些和类似这些昆虫外部器官的介绍。

昆虫体内，口器之后便是肠道，在大多数情况下，其肠道径直简单地与肛门相连：但在少数情况下，肠道是盘绕的。昆虫均没有心肝类内脏，也无脂肪：这种情况适用于所有无血动物。有些昆虫也有胃，胃与肠道相连，在结构上有些连接简单，有些迂回缠绕，如蝗虫或蚱蜢。

实际上，蝉是所有昆虫中（也可说是一切生物中）唯一没有口器的动物，但是它像具有刺吻的昆虫一样，有一个舌状吻。蝉的舌状吻较长且连续，整体合一而无任何分叉。借助于此器官，蝉以露水为食，在其胃中没有发现任何排泄分泌物。蝉分数种，它们在体形大小上存在差异，还有另一差别，鸣蝉躯体中部下面具有裂缝，缝内有可辨识的膜，对小蝉而言，该膜难以辨识。

此外，在海中有一些奇怪的生物，由于较为稀有，我们尚未能将其分类研究。经验丰富的渔民坦言，他们有时会看到状似棍棒、圆形且通体粗细相同的黑色海洋生物；有时会看到状似盾牌的红色生物，这些生物有紧密堆积的鳍；有时会看到形状和大小类似男性生殖器官的生物，在睾丸的位置旁有一对鳍，而且他们还表示，夜晚长钓时在钩线末端钓到过这种生物。

对于所有动物的内外部构造，特殊和常见部分，就介绍这么多。

8 动物的感官

我们现在开始研究感官：不同的动物在感官方面存在多样性，一些动物具备所有的感官，另一些动物的感官却仅限于几种。感官的总数有五种：视觉、听觉、嗅觉、味觉和触觉。（我们对五官之外的感官没有任何的体验。）

人类、所有有足的胎生动物，以及所有红血的卵生动物，都有五种感官，某些曾经遭受割截而孤立的物种例外，例如鼹鼠。因为鼹鼠没有视觉；从体表看不到它的眼睛，但倘若从头部将其厚厚的外皮剥除，会发现：其眼睛处于发育不良的状态，在眼睛通常所在的体表区域，具有所有正常眼睛该有的结构；也就是说，它同样拥有黑色眼圈和外围的脂肪部分；只是鼹鼠眼睛结构比正常眼睛结构小得多。鼹鼠受厚厚的皮肤遮蔽，因而没有感知外界的视觉器官。看起来鼹鼠的视力缺失是自身先天性自然发育的结果（因为，在其大脑与脊髓交会处延伸出来的两条腱质管道会穿过眼窝，然后在上犬齿处结束）。上述所有种属的其他动物均有视觉、听觉、嗅觉和味觉；在第五感方面，即触觉，所有动物均有。

□ **金枪鱼**

金枪鱼又称鲔鱼、吞拿鱼，可以利用肌肉的代谢使体内血液的温度高于外界的水温，使自身能够适应较大的水温范围，从而能够生存在温度较低的深海水域。金枪鱼繁殖能力很强，一条50千克重雌鱼每年可产卵500万粒之多，但因为成长速度慢且长期遭到滥捕，其鱼群总数量已在持续下降之中。

对于一些动物，其感觉器官明显可辨，而眼睛尤其显著。因为动物的眼睛有着特殊的对应部位，听觉亦有特殊的对应部位：也就是说，有些动物有耳，有些则有可辨别声音的传输通道。嗅觉亦是如此：也就是说，有些动物有鼻孔，有些动物只有传输气味的通道，如鸟类。味觉亦然，因有舌头这样的味觉器官。在水生红血动物中，鱼类具有味觉器官，即舌头，但其功能并不完善且无一定形状，换而言之，鱼的舌头是骨质且未分离的，不能活动。有些鱼，比如淡水鲤鱼，其上腭是肉质状，观察者稍不注意就会将其上腭误认为是舌头。

毫无疑问，鱼类有味觉，因为它们中的许多都喜欢特殊的口味：如果用一块来自金枪鱼或任何肥鱼的肉作诱饵，鱼便较容易上钩，它们显然是喜欢这种味道并乐于以此为食。鱼类没有明显的听觉或嗅觉器官：在其鼻孔区域似乎应该有管理嗅觉的器官，但是这部分与大脑不相联系。事实上，这些区域并不与其他部分相通，如同死胡同一般，而在某些情况下只会连通鳃部。对于所有鱼类而言，器官虽不相通，但它们均具有听觉和嗅觉。因为它们通常远离任何巨大的噪音，例如听到船的划桨声，鱼儿便躲

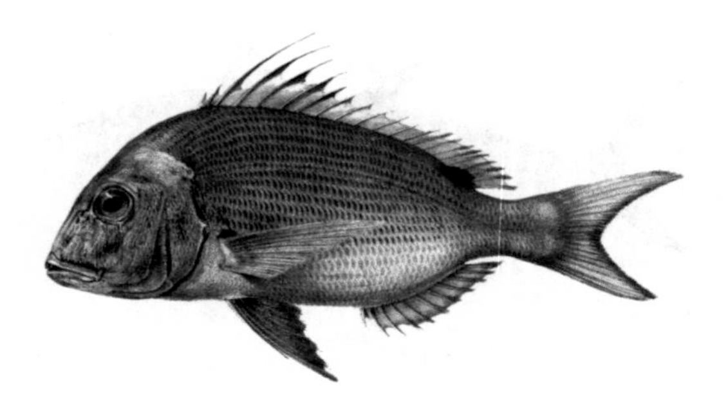

□ 牛头鱼

牛头鱼也即牛头鲷，属鲈形目慈鲷科，其额头高高隆起，使得其头部看上去像牛的脑袋，因而得名牛头鱼。其成年体身上会布满闪光的斑纹。牛头鱼喜生活于静止或稍有微流的热带水域中，为底栖鱼类，食性杂而食量大，故生长也颇为迅速。

到洞中，这样就较容易在洞中将其捕获；另外，虽然露天的声音非常轻微，但在水下听起来却有着惊人的响声。这种现象在捕获海豚时可得到见证：当海上捕捞者用一排独木舟围住一群海豚时，他们用独木舟发出巨大的溅水声，并以此诱导海豚群游到浅滩，使之搁浅于沙滩上，待其被声音吓晕时已然被捕获。然而，尽管如此，海豚还是没有可辨识的听觉器官。此外，渔民打鱼时，须尤为小心尽量不让桨或渔网发出声响；当他们发现鱼群之后，会立即在远处撒下渔网，尽量不让任何噪声惊到鱼群；同时船上人员必须严格保持安静状态，直到鱼群已被包围时才能放松。当渔民想要鱼群聚集在一起时，他们会采用海豚捕猎的策略：换句话说，他们把石头砸在一起，鱼儿便可能会惊恐地聚集在一个地方，这样渔民便将鱼儿包裹在渔网内。（在包围鱼群之前，他们均保持安静，正如前文所说的那样；但是在将鱼群包起来之后，每个人都大声喊叫并发出声响；因为听到这些声响，鱼儿无疑会在惊恐中闯入渔网。）此外，在风平浪静的天气里，当渔民看到一群鱼在远处觅食并自由追逐时，如果他们急于了解鱼的大小及种类，在没有丝毫噪声的情况下航行，可能会成功靠近鱼群，但如果有任何人先发出声响，那么鱼群就会惊恐逃离。然而有一种叫作牛头鱼的小河鱼：它们潜藏于岩石之下，渔民便用石块撞击其所藏匿的岩石，鱼儿被噪声惊吓跳出来，渔民进而将其捕获。从这些事实可以得出结论，鱼类具有听觉：实际上长期在海边居住的人经常目睹这种现象，并确信在所有生物中鱼的听觉最为敏锐。在所有鱼类中，听觉最好的是鲻鱼、科瑞普斯、巴斯、萨帕和光鳃鱼[1]等诸如此类的鱼。其他鱼类的听觉相对差些，正如人们所预料的那样，这些鱼多生活于海底。

同样的情况也适用于嗅觉。通常，鱼类不吃不新鲜的诱饵，也不会两次被同一个诱饵捕获，但是可用适合它们口味的多个诱饵将其捕获。鱼类通过嗅觉来分辨气味；另外，有些鱼类喜欢恶臭的诱饵，例如，排泄物可以吸引萨帕鱼。许多鱼类生活在岩洞中：当渔民们想将其引诱出来时，他们通常会将带有浓郁气味的咸菜涂抹于洞口，鱼儿很快就会被气味吸引出来。捕捉鳗鱼通常用类似的方式：渔夫将咸菜投入瓦罐，并在瓦罐口套上捕篓，然后将其投入水中。通常情况下，鱼类特别喜欢香味。因此，渔民将香浓的烤墨鱼当作诱饵；他们还把烤章鱼放在鱼篓中引诱鱼儿，据说鱼类尤为喜欢这种气味。此外，如果将洗鱼水或舱底污水排到海中时，人们发现群居鱼类会迅速离开到较远的地方，很显然这些鱼类不喜欢这种气味。据称，鱼类能够通过嗅觉立即感知到同类的血液；每当鱼血洒在海里时，它们就会匆匆游离。并且，通常情况下，如果你用臭饵当作诱饵，鱼类会拒不入套，甚至都不会靠近；但如果你用新鲜美味的诱饵作食，它们会立即从远处游来并进入套中。以上特征在海豚中尤为明显：如上所述，海豚没有明显的听觉器官，但是当被吵闹时容易被捕获；虽然它没有可见的嗅觉器官，但嗅觉却非常敏锐。显而易见，上述动物均有五官。

除极少数特例外，（本卷）其他所有动物均可纳入以下四个属中：软体动物、软甲动物、介壳动物和昆虫。在这四个属中，软体动物、软甲动物和昆虫均具有各类感官，准确来说，它们均有视觉、嗅觉和味觉。有翅和无翅的昆虫，均可感知到远处的美味食物，例如蜜蜂和树蜂很远就能感知

---

[1] 鲻鱼、科瑞普斯、巴斯、萨帕和光鳃鱼，是几种鱼的名称。

□ 藤壶

藤壶属颚足纲无柄目藤壶科，是一种有着石灰质外壳的节肢动物，虽是雌雄同体，但大多数实行的是异体受精。藤壶虽然是动物，但成虫却不能移动。它们常以密集群落附着于岩石、船体以及深度海洋动物身上，因身体周围附有石灰质外壳，在很长时间内，它们都被人们误认为是贝类。

到蜂蜜的存在，并靠嗅觉来识别它们。许多昆虫会被硫黄的气味熏死；如果蚁穴孔被抹上粉状的牛至和硫黄，蚂蚁就会弃穴而逃；并且大多数昆虫可能会被牡鹿角熏烟赶跑；效果更明显的则是苏合香胶熏烟。墨鱼、章鱼和蝲蛄均可被诱饵捕获。章鱼一般都会紧紧地贴附在岩石上，很难被拉下，即使用刀切断它的身体，它也依然保持附着状态；然而，当你用飞蓬草靠近它时，章鱼闻到它的气味会立即松弛吸附于岩石上的吸盘。

上述情形同样适用于味觉。昆虫喜欢的食物种类繁多，而且它们也不仅仅喜欢一种味道：例如，蜜蜂经常停步于新鲜甜美的花卉上，而绝不会落于枯萎的花草上；醋蝇仅喜欢辛辣物质而不是甜味物质。关于触觉，前文已有论述，所有动物皆有触觉。介壳动物具有嗅觉和味觉等感官。关于嗅觉，通过使用诱饵即可验证这一点，例如：以腐肉作诱饵引诱紫骨螺，它会感知腥臭并从远处赶来。介壳动物具有味觉的证据依赖于其嗅觉；因为当动物通过嗅觉感知气味而被吸引过来时，它肯定会喜欢这种味道。此外，所有具有口器的动物通过接触有味汁液均可获得快感或痛感。

关于介壳动物的视觉和听觉，因证据不足，我们不能在此作出完全可靠的论断。然而，如果你发出声响，竹蛏或扇贝会潜入泥沙，当铁杆接近时它会把身体隐藏得更深（其身体大部分保持在洞中，仅一小部分伸出洞外）；如果你的手指靠近扇贝张开的介壳时，外壳会再次紧紧关闭，好像它们可以看到你在做什么。此外，当渔民正在为蜓螺准备诱饵时，他们常将诱饵置于它们的下风处，在这期间渔民均保持安静，他们确信蜓螺可以闻到和听到；他们还说，如果有人大声说话，蜓螺就会逃脱。关于介壳动物，在能步行或爬行的种属中，海胆嗅觉最不发达；对于不活动的种属，海鞘和藤壶的嗅觉最差。

对于动物感觉器官的描述就介绍这么多。现在，让我们以同样的研究方式介绍声音。

9 发声器官，声响，语言

“声音”和“声响”彼此不同；“言语”与“声音”“声响”也有差异。事实上，没有咽喉，动物便不可发声。因此没有肺的动物便不可发出声音；言语则是以舌头为工具通过调节声音予以清晰的表达。因此，嗓音和喉部可以配合发出元音；舌头和嘴唇可以配合发出辅音；而言语就是由这些元音与辅音组合而成。因此，完全没有舌头或舌头不能自由舒展的动物既不能发声也不能产生言语；另外，它们可能会通过舌头以外的其他器官发出声音或声响。

例如，昆虫没有声音也没有言语，但它们可以通过体内气流发出声响，但由于昆虫不能呼吸，气体不是向外排出的。蜜蜂和其他有翅的一些昆虫会发出嗡嗡声；据说有些昆虫会像蝉一样“唱歌”。所有这些昆虫都是通过“躯体中部”下面的膜来发出各自独特的声响（这使得它们的身体呈节段状）：例如，有一种蝉类就是通过薄膜与空气摩擦产生声音。苍蝇和蜜蜂等类似的昆虫通过在飞行时开闭翅膀而产生特殊的声响；该声响由飞行时翅膀之间摩擦空气产生。蚱蜢则依靠其长后腿间的摩擦发声。

□ 鲂鱼

鲂鱼，常称海鲂，属辐鳍鱼纲海鲂目海鲂科。鲂鱼体扁平，椭圆形，侧扁而高；口大斜向上，下颚突出，整体体形较大，大者能长达50厘米以上。它们大多栖息于深海之泥质海底，以小型鱼类、浮游生物为食物，在夏秋两季则可能会洄游到礁石附近。

软体动物或软甲动物均不能产生任何声音或声响。鱼类不能发出声音，因为它们没有肺、气管和咽喉；但它们有时会发出一些不清楚的吱吱声，这就是它们所谓的“声音”，如鲂鱼、光鳃鱼（这些鱼会产生咕噜声）和阿溪罗河中的帆鳍鱼以及卡尔基斯鱼和杜鹃鱼；由于卡尔基斯鱼发出的声响类似笛声，而杜鹃鱼发出的声音很像杜鹃的啼叫，其鱼名便由此而来。在所有这些鱼类中，有些声音是由鳃的摩擦运动而产生的，这些鱼鳃多刺；有些声音则源于其腹部；因为它们腹部含有空气，空气在腹腔摩擦和移动进而发出声响；一些软骨鱼似乎会发出吱吱声。

但在这些情况下，使用“声音”一词是不恰当的：更为准确的表达方式应是“声响”。扇贝在水上漂浮时，通常称为“扇贝飞行”，会发出嗖嗖声；海燕鱼（飞鱼）也是如此：因为它具有长而宽阔的鱼鳍，能跃出水面在空中飞行。在鸟类飞行中，其翅发出的显然不是咽喉所发出的声音，所有其他类似生物在这方面的情况也是如此。

海豚跃出水面时会在空中发出吱吱声和呻吟声，但这些声音与上述列举的声音不同。海豚可以发声（可以发出元音），因为它具有肺和气管；但是它的舌头不能自由舒展，也没有嘴唇，不能调节嘴部运动以发出清晰的音节（或者是元音和辅音的组合音）。

对于具有舌和肺的动物，卵生四足动物能发声，但声音微弱：例如，有些可像蛇一样发出刺耳的笛声；有些则如同微弱的哭声；还有些如同乌龟的低沉嘶嘶声。青蛙舌头结构较为特殊，其他动物舌头的前部是能够自由舒展的，而青蛙舌头前部像鱼类一样被紧紧固定住；但朝向咽部的部分可以自由舒展，甚至可以向外吐，借此结构它会产生奇特的嘶哑声。在发情季节，雄蛙在沼泽中呱呱叫是对雌蛙的求爱。另外，所有的动物，比如山羊、猪和绵羊都会在发情季对此类声音予以特殊回应。（雄蛙呱呱叫时，多将下颌置于水面，上颌向上伸展至最大，很大的张力使得上颌呈透明状，此时它的眼睛像灯一样；另外，蛙的交配通常在夜晚进行。）鸟类可以发出声音；一般舌头呈扁平状的鸟类发音较好，舌头薄而纤细的鸟亦善于发声。有些鸟类无论雄雌，叫声相同，有些则不同。体形较小的鸟类一般比大型鸟类更善于发声和鸣叫；但在交配季节，每种鸟都变得特别善于啼叫。有些鸟如鹌鹑会在打斗时鸣叫，一些鸟如鹧鸪则会在挑衅对方打斗前啼叫，而诸如公鸡之类则会在打斗胜利后啼叫。有些鸟类，雌雄叫声相似，夜莺便可例证，只是雌鸟在育雏或养育幼崽时会停止啼叫；在其他鸟类中，雄鸟比雌鸟更多叫：事实上，对于家养禽类和鹌鹑，雄鸟会啼鸣而雌鸟不会。

□ **飞鱼**

飞鱼属银汉鱼目飞鱼科，它们栖息于温暖海洋的上表层区域。其体形较短粗，稍侧扁，胸鳍很长（像鸟类的翅膀），一直延伸到尾部，因而具有滑翔能力，此能力主要是被用以逃离捕食者。飞鱼能在空中停留40多秒，其最远距离滑翔可达400多米。

胎生四足动物发音各异，但它们不能言语。事实上，这种言语能力为人类所特有。能言语也就意味着能够发出喉音，但能有喉音者未必能言

□ 鹌鹑

鹌鹑体形较小，羽色较暗淡，雄雌两性上体均具有红褐色及黑色横纹。其生性胆怯，不喜结群互动，属于地栖性鸟类，常活动于生长着茂密的野草或矮树丛的平原、荒地、溪边、山坡、丘陵和耕地一带，具杂食性。

语。一般而言，先天聋的人必是哑的：也就是说，他们可以发出喉音，但不能言语。当孩子还很小的时候，最初无法控制舌头，就像他们无法控制肢体其他部分一样：那时舌头还未发育完善，只能逐渐变得可以自由舒展，所以儿童在幼年期大多数情况下都口齿不清。

嗓音和言语模式因生活地理位置的不同而存在差异。声音的主要特征在于音高，同一物种发出声音的种类基本相同，无论音高音低，但发音清晰，人们可合理地将其指定为它们的“语言”。这种“语言”在物种间各异，并由于其生活地理位置的多样性亦存在差异。这种现象在同类物种中也是如此：例如，有些鹧鸪会发出咯咯的叫声，而有些则会发出刺耳的叽喳声。有些幼鸟一旦离巢并听到其他鸟的啼叫后，其叫声便与母鸟不同：以夜莺为例，我们从母夜莺教幼鸟啼鸣现象即可得知鸟的叫声并非先天确定、一成不变，而是能够慢慢修整和改进的。人类有相同的喉音，但他们在言语时又彼此不同。

在不用鼻子的情况下，大象只能通过嘴巴发出风一般的声音，其声音就像人喘气或叹气；但如果它也使用鼻子发声，其声音犹如嘶哑的喇叭声。

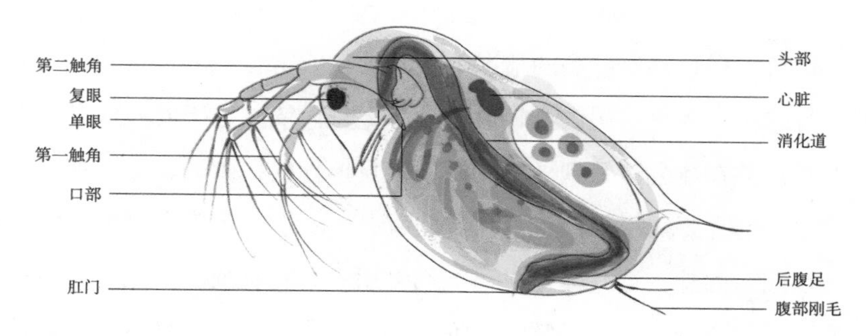

□ **水蚤**

水蚤是一种小型甲壳动物，也称鱼虫，体小而呈卵圆形，左右侧扁，长仅1～3毫米。水蚤为孤雌生殖，其所产的卵较小，不需受精即可直接发育为成虫。水蚤不仅蛋白质含量高，且含有鱼类所必需的氨基酸、维生素及钙质，是饲养各类淡水鱼类的优质饵料。

10　动物的睡眠

关于动物的睡眠和清醒，从所有红血有足的动物均可入睡并醒来这一现象即可得到例证：事实上，所有有眼睑的动物在睡觉时均会闭上眼睑。此外，似乎不仅只有人类能做梦，诸如马、狗、牛、绵羊、山羊以及所有胎生四足动物均能进入梦乡：狗在睡梦中吠叫就说明了这一点。关于卵生动物，我们无法确定它们是否做梦，但大多数情况下它们会进入睡眠状态。诸如鱼类、软体动物、软甲动物和蝲蛄等各种水生动物也是如此。尽管它们的睡眠持续时间较短，但无疑它们会睡眠。它们睡眠的现象不能通过观察其眼睛状态得到论证。因为这些生物均没有眼睑，只能从其静止不动的状态进行推断。

除了受到鱼虱和水蚤等外物刺激之外，鱼类能保持一动不动的状态，在此情况下，人们可以轻易地用手抓住它们；事实上，如果鱼类长时间保持静止，鱼虱和水蚤就会攻击甚至吞噬它们。诸如鱼虱和水蚤等寄生虫生存于深海之中，且数量庞大，如果渔民将鱼肉制成的诱饵久放于水底，它们就会吞食；渔民收钩时经常发现鱼钩上满是鱼虱和水蚤。

但是，从以下事实可更合理地推断出鱼类会睡觉的现象。通常情况下，我们可以在鱼没有防备的情况下将其捉住或击打一下：而当你准备捕捉或击打它时，鱼只有尾巴会轻微摆动下，身体依然处于安静状态。很明显，如果鱼类在休息时受到外界刺激，但身体仅仅稍微动了动，那就说明它原来处于睡眠状态：因为它突然被唤醒时的身体反应符合我们对“睡眠”的预期。此外，当其睡觉时，人们常用火炬将其捕获。在金枪鱼捕捞中，渔民经常趁着金枪鱼睡觉时用渔网将其围住：它们的身体一动不动，很显然是在睡眠，在灯光的照射下其身体闪闪发光、清晰可见，捕获活动由此开始。相较于白天，鱼类在夜晚睡眠持续时间长；因此，在晚上你可以在不惊动它们的情况下下网。通常情况下，鱼类睡眠时多靠近地面，沙子、岩石底部或隐藏于岩石或沙子下面。比目鱼栖息于沙质海底。人们可以通过它在沙子中呈现的外部形状轮廓来辨别比目鱼的位置，然后用尖端分叉的渔具，瞄准具体位置将其捕获。诸如金头鲷、鲻鱼等鱼类经常在白天睡眠时因受惊吓而被叉住，因为在它们清醒时几乎不可能被叉住。软骨鱼有时睡得很沉，以至于徒手就可将其抓住。诸如海豚和鲸鱼等所有具有喷气孔的动物，它们均通过气孔呼吸浮于水面睡眠，同时鳍片安静击水；另外，有些水手曾证实，他们听到过海豚的打鼾声。

软体动物和软甲动物均能像鱼类一样睡觉。昆虫也有睡眠：它们一动不动时必定是在睡觉。显而易见，蜜蜂会睡觉：因为在夜间它们休息并停止嗡嗡作声。在白天多见的生物中，尤以昆虫的睡眠最易被发现；因为一旦夜幕降临它们便进入休息，即便将点燃的蜡烛置于其体前，它们也会继续安静地睡觉。

在所有动物中，人类是最易入梦的。儿童和婴儿一般不会做梦，但在大多数情况下，孩童会在四五岁时开始做梦。曾有例证：有些成年人从未做过梦——在这种特殊情况下，如若他再做梦则预兆着其身体有病或寿命即将终结。

关于感官以及睡眠、清醒的情况，就介绍这么多。

11 动物的雌雄性

根据性别，有些动物可分雄雌，但有些动物并无明显的性别之分，只能用相对的方式来表示其能孕育。对于那些局限于一个地方活动的动物，诸如介壳动物，它们没有性别之分。软体动物和软甲动物存在雌雄之别：事实上，所有单足、双足或四足动物均分雄雌；简而言之，所有经过交配产生的幼体、卵或蛆类均有性别。因此，四足动物两性普遍存在，而介壳动物不具有两性。对于诸如植物类的生物，有些能硕果累累，有些则不能结果。

但在昆虫和鱼类中，一些现象表明它们完全不分两性。例如，鳗鱼不分雌雄，并且不能孕育。有人发现鳗鱼体旁偶附毛发状或蠕虫状物质，便认定其为鳗鱼后代，但这只是随意断言，他们并没有仔细观察此类附着物的具体位置。诸如鳗鱼类的动物如果不经过卵生，又怎能有后来的幼生胎体呢？但人们尚未发现鳗鱼产卵的现象。胎生动物其幼体紧紧依附于子宫内，而非腹部：因为，如果胚胎在腹部，它们很容易被当做普通食物而被消化分解掉。人们认为鳗鱼有两性，雄性头部大而长，雌性头部则较为短小，在这里他们将体形大小误作性别之分。

有种鱼，俗称埃裴脱吉鱼（阉鱼）和鲤鱼一样多生活于淡水中。这种鱼体内没有鱼卵和精液；但通体坚硬而肥硕，具有小肠；这些鱼因肉质极为鲜美而著称。

另外，正如介壳动物和植物可以不经受孕便能结果或产生后代，鱼类中的瘤棘鲆、虎脂鲤和康纳鱼也是这样，这些鱼每条体内均有卵存在。

一般来说，有足而非卵生的红血动物，雄性比雌性体形要大且寿命更长（除了骡子，雌性寿命更长、体形更大）；而卵生和蛆生生物与鱼类和昆虫

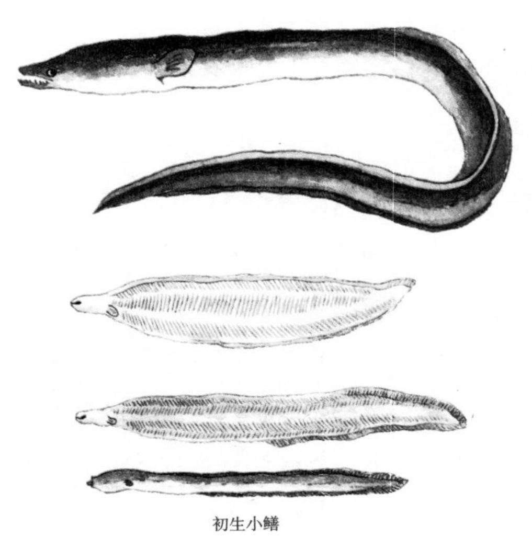

初生小鳝

□ 鳗鳝

鳗鳝是一种体细长而呈蛇形的鱼类，其头粗尾细，体表有一层光滑的保护黏膜，无鳞，体长约20～70厘米，最长可达1米。

相似，其雌性在体形与寿命方面均要大于雄性，例如蛇、毒液蜘蛛、壁虎和青蛙等动物均是如此。鱼类中也存在因性别不同而出现体形雌大雄小的现象，例如，较小的软骨鱼类、大部分的群居鱼类以及所有栖息在岩石之中和岩石周围的鱼类。事实上雌鱼较之于雄鱼寿命更长，从捕捞到的鱼龄稍大的多为雌鱼这一现象即可例证。此外，在所有动物中，雄性身体上部和前部器官较雌性强壮且完备，而在身体下部和后部方面则不及雌性。该结论同样适用于人类和所有有足的胎生动物。另外，雌性肌肉松软且不紧密，毛发薄而纤细；同样在不生毛发之处，雄性较雌性结实强壮。而雌性肌肉质地多较为松弛，膝盖多内翻，胫骨较细。有足动物的足多拱而中空。关于声音，在所有发声动物中，雌性声音均比雄性细腻而尖锐；牛为特例，雌牛的吼叫声比公牛要低沉。雄性动物多有诸如牙齿、獠牙、角和距等攻防器官，而雌性则没有：例如，雌鹿无角，公鸡有鸡距，母鸡则完全没有；同样，母猪没有獠牙。在其他物种中，这些攻防类器官在两性中均有发现，但在雄性中更为完备：例如，公牛角比母牛角更为强大有力。

第五卷

本卷记述动物的生殖与交配；考证生殖与性的关系，两性媾和的大同和小异；辨析千差万别的姿势体位之成因；梳理交配季节、交配时长与生活环境、体形大小、精力强弱的关系；分类陈述由非交配方式繁殖后代的诸动物之情状。

短尾猫

1 动物的生殖

所有动物的内外部结构、感官、声音、睡眠和两性，前文均有论及。现在，我们需要适时有序地对它们的生殖方式进行探讨。

生殖模式多种多样，有些生物生殖方式相似，有些则彼此不同。前文我们按属类进行讨论，而今我们必须遵循相同的分类方法进行接下来的论证。只是前文我们是从人的某些身体结构着手研究，现在我们继续再研究探讨人类，因为关于人类的生殖讨论面太广，相对复杂。我们可以先从介壳动物开始，然后是软甲动物，其他的按属间顺序进行研究；而这些其他的属，分别是软体动物和昆虫，然后是胎生鱼类和卵生鱼类，紧接着是鸟类；再之后，我们将对有足动物进行探讨，例如卵生有足和胎生有足动物等，我们可能会观察到有些四足动物是胎生的，但是唯一的胎生两足动物是人类。

研究发现，动物与植物有一种属性是相同的。一些植物来源于种子萌芽，而其他植物则是通过形成类似于种子的营养物质而自我衍生；对于后者，有些从地上获取营养，而有些植物则从其他植物汲取营养而生长〔1〕，关于这些内容，在我的《植物学》〔2〕一书中均有所论述。关于动物，有些

〔1〕寄生植物是一类不含或只含很少叶绿素，不能自制养分的植物，其营养乃全部或部分于来自其他生物（其他植物）。寄生植物的植物体都趋于简化，并都具有专性的固着、吸收结构——吸器（吸器能穿过寄主的表皮、皮层而伸达寄主的维管束，使寄生植物的维管束与寄主植物的维管束相联结）。

〔2〕《植物学》一书已经失传，现行《亚里士多德全集》收选的植物学部分，由亚尔费莱特拉丁古译本转译还原为希腊文后翻译。

天生从母体中产生，而其他动物则是自发生长而不是从亲缘种群[1]中产生的：在这些自然发生的生物中，一些产生于腐烂的土壤或植物质中，就像许多昆虫一样，而另一些则最初在某些动物体内，后来跟随器官分泌物[2]而排出。

对于具有遗传性[3]的动物，只要有两性存在，便可交配繁衍后代。然而，有些鱼类没有雌雄之分，并与其他鱼类遗传特征相似，但彼此差异特别明显；也有某些鱼类因地理隔离而种间存在生殖隔离。有些鱼类全是雌性而无雄性，由此我们可以联想到鸟类中的无精卵现象。这些无精卵在鸟类中均无法孵出后代；但除了为我们所熟悉的性交模式之外，还存在其他的生殖方式，使其依赖本性能够独立产生可孵化的卵。关于这些话题，下文将有更准确的论述。然而，对于某些鱼类，在它们自发产生卵子后，这些卵子会发育成幼鱼；只有在某些情况下，发育才是自发进行的；而在另一些情况下则必须依赖于雄鱼。关于鱼类生殖的方法将于随后论述，该方法类似于描述鸟类时的方法。但无论生物是自发生成于土壤、植物抑或其中某些部分，还是需要依赖其他动物，这些自发生成的雄性和雌性彼此再交配产生的生物在外形上不同于父母一代且身体机能存在缺陷，例如，虱子交配产生卵；苍蝇交配产生蛆类；跳蚤交配产生卵形蛆类。从这些情况来看，亲代动物的特征从未被子代所继承，也没有任何动物产生，只是些不伦不类的东西。

---

〔1〕种群指分布在同一生态环境中，能自由交配、繁殖的一群同种个体。

〔2〕分泌物，生物化学名词，指由某种腺体或腺细胞精细制作、收集并排出的一种物质。

〔3〕遗传性指子代的特征是亲代的遗传素质的总和。

首先，我们必须先讨论它们交配的方式；然后再按适当顺序论述其他，包括普遍与个例。

□ 山猫

山猫又名猞猁狲，属猫科，是中型猛兽，具肉食性，其主要食物是雪兔等各种小型哺乳动物。其体形似猫而远大于猫，四肢较长，体粗壮而尾短，耳尖生有黑色耸立簇毛。喜离群独居，也喜寒，基本属于北温带寒冷地区的产物，广泛分布于欧洲和亚洲北部。

2 胎生有足红血动物的交配方式

这些两性生物存在交配行为，其交配方式因物种差别而存在差异。胎生有足红血动物，通常情况下均有专门的生殖器官，但其具体位置因物种而异。因此，向后排尿的动物多以跨于体后的方式进行交配，如狮子、野兔和山猫；但是，对于野兔而言，雌兔跨于雄兔身后进行交配较为多见。

此类动物大多数情况类似，也就是说，大多数四足动物多以雄性覆于雌性体后的方式进行交配，体后交配于之最佳，这也是适用于鸟类的唯一交配方式，虽然交配方式多种多样。在某些情况下，雌性多蹲于地上，雄性骑于其上，就像公鸨和母鸨、公鸡和母鸡；在某些情况下，雌性无需蹲坐雄性亦能与之交配，对于这些鸟类，雄性骑覆于雌性背部进行授精但时间通常较短，比如麻雀便是如此。

在四足动物中，熊以彼此俯卧后背式进行交配，其他四足动物则以站立后背式交配，即雄性腹部常贴压于雌性背部。刺猬通常以腹贴腹站立式交配。

大型胎生动物，比如雌鹿很少能站着完全坚持到雄鹿射精结束，这种情况也适用于牛，因为公牛的阴茎较为坚硬。实际上，当这些雌性动物交配时挣脱，会激发雄性的射精行为：当然，这种现象通过观察驯养雄鹿和雌鹿的性交即可得到验证，狼与狗的情况也是如此。猫不会进行体后交配，但雄猫交配时多呈站立姿态，雌猫将自己置于雄猫下方；雌猫性格较为淫荡，引诱雄猫与之交配，性交时多叫春。骆驼常以坐姿进行交配，雄性跨坐于雌性之上，其交配方式不是在雌骆驼体后进行，而是与前文提到的其他四足动物方法相同，并且其性交能持续整整一天；骆驼常在隐蔽处性交，此时除了饲养员，没有人敢靠近他们。并且，正如观察到的那样，骆驼的阴茎多腱而有力，很多弓弦都是用此制作的。大象交配也会选择在隐蔽的地方进行，河边是其常去之处；雌象蹲坐，双腿跨开，雄象以骑姿覆于其后。海豹像所有向后排尿的动物一样，其交配时间较长，如同狗类一样；雄性海豹的阴茎尤为粗大。

3 卵生四足动物的交配方式

卵生四足动物亦以相同的方式进行交配。也就是说，在某些情况下，雄性卵生动物能够像胎生动物一样骑坐于雌性身上进行交配，这种现象通过观察陆龟和海龟交配即可验证。这些生物有一器官，该器官内部管道汇合，动物们则通过该器官进行交配行为。这种现象在蟾蜍、青蛙和这一群体的所有其他动物中均较为常见。

4 卵生无足动物的交配方式

无足而体长的动物，如蛇和海鳝，它们多腹贴腹缠绕式性交。实际上，蛇交配时彼此紧密缠绕，在外观上就像一蛇两头。蜥蜴亦遵循相同的性交模式，即交配时彼此身体缠绕。

5 一般浮游水生动物的交配方式

所有鱼类，除了扁平状软骨鱼外，其他均并排躺下，腹贴腹式交配。然而，对诸如鳐形鱼、魟鱼等此类扁平有尾鱼，其交配方式并非仅此一种，而且，由于其尾部较薄，雄鱼可以腹贴背式、毫无障碍地与雌鱼交配。但是对于圆犁头鳐或扁鲛，以及其他诸如此类尾巴较大的鱼类，只能通过侧向腹贴腹式相互摩擦来交配。有些人很确信地告诉我们，他们曾看到鲛鱼像狗一样于体后方交配。在软骨鱼类中，雌性个体大于雄性；大多数情况下其他鱼类也是如此。

除了那些已命名的软骨鱼类，还包括牛鱼、拉弥亚、鸢鱼、电鳐、老头鱼以及各种鲨属。通过观察发现，所有的软骨鱼类都以上述方式进行交配；另外，胎生动物的交配持续时长要比卵生动物长些。

海豚和所有鲸目类交配方式相同：也就是说，雄性与雌性并排而游、进行交配，交配持续时间既不短也不长。

同样，某些软骨鱼类，雄性与雌性身体结构存在差异，实际上，雄性肛门附近有两个附属物，而雌性则不具备该结构，鲨鱼属和角鲛的所有物种均存在这种性别差异。

鱼类和任何无足动物都不具有睾丸，但是雄性蛇和雄性鱼在生殖季节体内均有一对管道，其内充满精液，交配排出时多呈乳汁状。在鸟类中，这些管道合二为一，顺便提及，鸟类的睾丸位于体内，所有有足卵生动物的情况都是如此。雄鸟这种联合后的输精管道延续较长，可以深入到雌鸟的受精器官。

有足胎生动物，排出精液和尿液的管道在外部均为同一条，但是在其体内表现为单独分开的管道，正如我们所看到的器官分化一样。对于非胎生动物，精液和固体残渣均从同一通道排出体外；但是，在其体内有两个管道，彼此独立但相距较近。这些情况，无论雄性与雌性均为如此：除了乌龟之外，这些动物均没有膀胱；尽管雌乌龟有膀胱，但只有一个

□ 圆犁头鳐

圆犁头鳐属鳐形目圆犁头鳐科，此鱼吻宽而圆，裂口呈强波状弯曲，尾鳍分上下叶，头部与肩上有黑色的斑点，鳍、鱼体与尾部背面上则有白色斑点。圆犁头鳐栖息于近海底层，为肉食性动物，主食软体动物。

管道；另外，乌龟属于卵生动物。

对于卵生鱼类，其交配过程不太容易观察到。实际上，有些人因缺乏实际观察而推测雌鱼通过吞咽雄鱼精液而受孕。很显然，雌鱼在交配期往往较为活跃；因为在发情期[1]，雌鱼尾随雄鱼与其进行交配，并且用腹部下方的排泄口击打雄鱼，从而诱导雄鱼更快更多地射精。而且，在产卵期，雄鱼会紧追雌鱼，当雌鱼产卵后，雄鱼会吞下部分鱼卵；因而只有部分鱼卵幸免于难，该物种往往通过这种过程得以延续。在腓尼基[2]海岸，人们利用鱼的这些两性本能倾向来捕捉它们，即以雄鲻鱼作为诱饵捕捉雌鲻鱼，或以雌鱼为诱饵捕捉雄鱼。[3]

对这种现象进行反复观察后，人们便得出这样的结论，鱼会交配。事实上，在四足动物中也可观察到类似的现象。在发情期，雄鱼和雌鱼皆较为兴奋，彼此相互嗅闻。顺便说一句，如果雌鹧鸪在雄鹧鸪的下风口，那

〔1〕发情期指脊椎动物，特别是鸟类和哺乳动物，在雌性性成熟的特定季节表现出的生殖周期现象，生理上表现为排卵、准备受精和怀孕，在行为上表现为吸引和接纳异性。

〔2〕这里指古代腓尼基地区，其位置约为当今黎巴嫩所处的地域。“腓尼基”原词意为紫红色，因当地盛产一种紫红色颜料，故以此为地名。

〔3〕希腊渔民至今还沿用此方法捕鱼。

么它就会处于兴奋状态。

当它们恰好都处于发情状态时，雌鸟会受到雄鸟声音的吸引，当雄鸟飞过雌鸟头顶时其呼吸声也会引起雌鸟的兴奋；另外，雄鹧鸪与雌鹧鸪交配时，都会保持嘴巴张开并伸出舌头。

部分卵生鱼类的交配过程很少能被准确观察到，因为它们的交配时长很短，很快就彼此分开。尽管如此，人们已经观察到其交配方式确实以上述方式进行。

6 章鱼、乌贼和鱿鱼等软体动物的交配方式

如章鱼、乌贼和鱿鱼等软体动物，它们都以同样的方式进行性交，即它们将触手交织在嘴里。章鱼性交时，通常将其所谓的头部置于水底并向上伸展触手，异性则将其触手伸入对方舒展的触手中，然后彼此通过吸盘相互联系。有人认为，雄章鱼的一个触须（有最大吸盘的那个）中有阴茎；并且他们确信，该器官呈腱质，直接附着于触手中间，能够进入雌章鱼的鼻孔（漏斗孔）。

对于墨鱼和鱿鱼，雄性和雌性在水中紧密缠绕，嘴巴和触手彼此相对并紧密结合，然后彼此向相反方向游动；同时它们将所谓的鼻孔相互贴合，交配时，一方向后游动，另一方向前游动。雌性通过所谓的“鼻孔”产卵；另外，有人声称其交配确实是在“鼻孔”这样的器官中发生的。

7 小龙虾、龙虾、斑节虾和似虾类等软甲动物的交配方式

诸如蝲蛄、龙虾、斑节虾和似虾类等软甲动物，其交配方式，就像向后排尿的四足动物一样，当一只虾翘起尾巴时，另一只便将自己的尾巴靠在上面。虾类交配开始于早春，这种行为一般在海边发生；事实上，所有

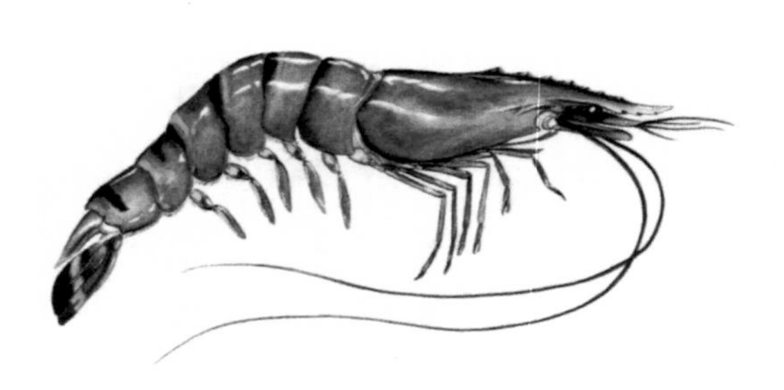

□ 斑节虾

斑节虾体有黑褐色、土黄色相间的横斑花纹，是对虾科中的最大种，最大体长可达33厘米。斑节虾对于疾病的抵抗能力较优于其他虾，在运输中不易死亡。

虾类动物的交配过程都为人类所常见。有时，虾类交配发生于无花果开始成熟的时候。龙虾和斑节虾均以此类方式进行交配。

螃蟹于体前交配，腹部对腹部，将其重叠的鳃盖打开，相互拥抱：首先，较小的螃蟹（雄蟹）从后部爬到较大螃蟹（雌蟹）的身上；雄蟹骑上去后，雌蟹将身体进行侧转。雌蟹与雄蟹体形结构差异不大，只是雌蟹较之于雄蟹鳃盖更大，位置隆起而多毛，并于其鳃盖中产卵，鳃盖旁则是废物排泄口。这些动物交配时，没有任何身体突出物深入另一方体内。

8 昆虫的交配方式，以及动物的交配时间

昆虫于身体后端交配，体形较小的个体爬到较大者身上；体形较小的是雄性个体。雌性从其体下将性器官推进到雄性体内，这与在其他生物中观察到的情况相反；有些昆虫，其性器官大小与其身体大小明显不成比例，这种现象在体形非常微小的昆虫中也是如此；然而，在另一些昆虫中，这种现象则并不是太显著。如果将正在交配的苍蝇拉扯开，就可以看到这种现象；另外，在交配时，这些昆虫不愿意彼此分离；其性交持续时间较长，我们平时在苍蝇和斑蝥虫身上会经常看到这种情况。苍蝇、斑蝥虫和长腿蜘蛛等任何一种类似的昆虫均以上述方式进行交配。长腿蜘

蛛——织网的那类属种——以下列方式进行交配：雌蜘蛛在中间抓住悬网并拉动，而雄蜘蛛则与之呼应地向其近身处拉扯悬网；它们不断重复这个操作，直到彼此被拉到一起进行尾端缠绕（交尾）；由于其腹部圆滑，这种尾交交配方式较适合它们。

□ **翡翠鸟**

翡翠鸟属佛法僧目翠鸟科，其头黑，嘴部侧扁，嘴峰两侧亦无鼻沟，翼上覆羽黑色，两胁及臀棕色，上体其余为亮丽华贵的蓝色或紫色，颜色如翡翠宝石，因而得名。翡翠鸟常栖于有水流的地方，如沼泽森林、红树林或林中溪流水塘等，主食昆虫。

以上即是所有动物的性交方式；但是，关于性交，由于季节不同和动物年龄差异等因素，还需进一步做事例说明。

通常情况下，动物在每年的同一时期发情性交，多为由冷转暖之时。春季，几乎所有飞禽、走兽和游鱼等动物均会成双成对地出现。诸如一些水生动物和一些鸟类在秋季配对、生殖，有些则在冬季进行。人类在任何季节均可性交育子，驯养动物因享有较好的庇护所和喂养条件，其交配生育亦不受时间季节限制。母猪、母狗以及那些经常产卵的鸟类其妊娠期均较短。许多动物在合适的时节进行交配，以便所产幼儿能在适宜的外部环境中生长。于人类而言，男性在冬季性欲强烈，而女性则在夏季性欲旺盛。

正如上文言及，对于鸟类而言，除了翡翠鸟之外，多在春季和初夏期间配对生殖。

翡翠鸟在冬至时节进行交配生殖。因此，风和日丽的日子，人们多称之为“翠鸟日”，即冬至前七日与后七日。正如诗人西蒙尼德〔1〕所说：

冬天，风平浪静，

上帝停风十四天。

气温适宜，

人们称之为“神圣之季”，

母翡翠鸟静静地孵育她的孩子。

冬至时节，风平浪静，南风盛行，北风暂歇于昴宿星〔2〕处。传说，翡翠鸟花了七天时间建造了它的巢穴，又用七天产卵、孵卵。在我们这里，冬至时期并不总是风和日丽的好天气，但在西西里海域，在这期间，这种平静的天气几乎天天都是。这种鸟每年约产卵五枚。

9 鸟、虫、鱼的产卵时间

（鹈鹕〔3〕属和鸥属，多将其卵产于海边岩石上，一次产卵两到三枚；但是鸥属多于夏季产卵，鹈鹕属等潜鸟于冬至后的初春产卵，其孵卵方式和鸟类相同。这些鸟孵卵时均不到隐蔽之处。）

---

〔1〕西蒙尼德（Simonides）：古希腊抒情诗人，生活在公元前六世纪，著有诗歌如下：

如果你是一介凡人

不要奢谈什么明晨

也别妄言此人的幸福

是否地久天长

因为世事无常瞬息万变

有如蜻蜓诡秘的飞翔

无迹可寻

〔2〕昴宿星：昴星，或昴宿，可在天气晴朗的夜晚观察到。

〔3〕鹈鹕，水鸟的一类，分布广泛，除两极和大洋中的岛屿外，几乎遍及全球。

平时很难见到翡翠鸟。只有当昴宿星在中天区域（如果日落时看到昴宿在中天区域，那就意味着冬至的来临）和冬至时节人们才可见到翡翠鸟。当船只停泊时，它会在船上空盘旋，然后瞬间消失，斯特西克鲁斯[1]曾在其诗中对翡翠鸟的这种特性进行了描述：

□ 鹛鹛

鹛鹛属鹛鹛目鹛鹛科，候鸟，常栖息于水草、芦苇丛生的湖泊边，以小鱼、虾、昆虫等为主食。其外形如鸭，嘴直而尖，尾短，脚趾间有瓣蹼；此外，鹛鹛的羽毛浓密而能防水。

> 夜莺也在夏初产卵，
> 其卵多为五到六枚；
> 从秋季到春季的这段时间，
> 它常躲避于隐蔽之处。

昆虫也有在冬天交配产卵的，那时天气晴朗，南风盛行；这里说的昆虫并不是像蝇类和蚂蚁那样有冬眠现象的动物。大多数野生动物只在一年中的固定时期生殖一次，野兔之类的动物为例外，其雌性较为多产，一年可妊娠[2]数次。

---

〔1〕斯特西克鲁斯（Stesichorus，公元前640—公元前555年），古希腊抒情诗人，住在希墨拉，著有《戈吕翁之歌》（1800余行）、《俄瑞斯忒斯的故事》（两卷本）、《佩利阿斯的葬礼比赛》《猎野猎者》《埃利弗勒》《特洛伊的陷落》以及《海伦》，其中最著名的诗是《颂歌》。

〔2〕妊娠：在动物学上，指哺乳动物体内保持和营养子宫中胎儿的过程。

绝大多数鱼类每年也只产卵一次，如浅滩鱼类（网捕鱼）——金枪鱼、泥鱼、灰鲻鱼、卡尔基斯鱼、鲭鱼、光鳃鱼和瘤棘鲆属等，但鲈鱼除外：这种鱼，每年产卵两次，第二次的鱼苗较第一次弱一些。沙丁鱼和岩鱼每年产卵两次；红鲻鱼每年产卵三次，在这方面较其他鱼类而特殊。人们于一年三个不同时间，可在某些地方看到红鲻鱼产卵，因此便有了其一年三产的结论。鲉属每年产卵两次。沙尔古鱼于春秋季节各产卵一次。沙索每年仅在秋季产卵一次。雌金枪鱼每年只产卵一次，只是有时候有些产卵较早而有些较晚，看起来像是每年产卵两次。雌金枪鱼最早产卵多发生于冬至前的十二月份，最迟的要到春季。雄金枪鱼与雌鱼身体结构不同，其腹下无所谓的“阿法柔斯”[1]鳍。

10 鱼类产卵（续一）

在软骨鱼类中，扁鲨是唯一一年产卵两次的鱼类：一次是在初秋，另一次是在冬至日前后，然而，在两个时节中，初秋时节环境更适宜产卵。它每次产七到八条小鲨。某些鲨鱼，诸如斑点鲨等，似乎每月产卵两次，这是其体内的卵不能同时成熟的缘故。

有些鱼类在所有季节均可产卵，如海鳝属。海鳝每次产卵数量庞大；刚孵化出的幼鱼体形很小，但其成长速度惊人，如同马尾鱼幼鱼，这些鱼在刚出生时体形均较为微小，但后期长势凶猛。[根据观察记载，海鳝属一年四季均可产卵，而马尾鱼却只会在春天产卵。斯密卢鱼不同于斯密瑞纳鱼（海鳝）；因为海鳝属体弱而有斑点，而斯密卢鱼体强并通体一色，其体表颜色类似于松树，这种动物内外皆有牙齿。他们说，在这种情况下，

[1] 阿法柔斯为希腊神话中的人物。

它们均属同一物种，其中一个是雄性，另一个是雌性。其他鱼类也存在类似现象。它们时常游到岸边，因此经常被抓住。]

因此，通常情况下，鱼类生长速度极快，尤以在乌鸦鱼等小型鱼类中更为显著，其多产卵于河边杂草丛生之处。海鲈，起初体形很小，较短时间内即可体大惊人。贝拉米鱼和金枪鱼在黑海[1]进行生殖，而不到其他任何地方产卵。鲻鱼、金头鲷和巴斯鱼，多于江河入海口生殖，此处较为适宜产卵。大型金枪鱼、蝎鱼属和许多其他物种都在大海中产卵。

11 鱼类产卵（续二）

大多数鱼类均在三月中旬至六月中旬的这三个月中进行生殖。少数鱼类在秋季生殖：例如，萨帕鱼[2]和沙尔古鱼以及这一属类其他鱼均在临近秋分不久产卵；电鳐和扁鲛同样如此。上文谈到的其他鱼类在冬季或夏季生殖：例如，巴斯鱼、鲻鱼和颌针鱼于冬季生殖；雌金枪鱼通常在六月中旬到七月中旬的夏至日前后生殖；金枪鱼产下囊状包裹物，里面包含许多鱼卵。浅滩鱼类（洄游鱼类）均在夏季产卵。

在各种灰鲻属中，龟鲻在十一月中旬到十二月中旬之间开始孕卵；这种情况的还有沙尔古鱼、史米可松鱼以及鲻鱼，其妊娠期为三十天。另外，顺便说一下，一些灰鲻鱼不是由交配产生的，而是从泥沙中自发生长的。

通常情况下，鱼类在春季孕卵；但如前所述，也有些特例，有些鱼类

〔1〕黑海指欧洲和亚洲之间的一个内陆海，地处内陆，海水由狭窄的博斯普鲁斯海峡流入，面积约42.4万平方公里。

〔2〕萨帕鱼即叉牙鲷，为辐鳍鱼纲鲈形目鲈亚目鲷科的其中一种，分布于东大西洋区。

□ 鲻鱼

鲻鱼属鲻形目鲻科，其体圆而长，头部略扁而尾部稍侧扁，主上颌骨部向下弯至前颌骨下方，背部中央无隆起棱脊。鲻鱼喜欢栖息于沿海近岸、海湾和江河入海口处，产卵期会洄游至外海产卵，会利用其鳃耙滤取有机物为食。鲻鱼对环境的适应性很强。

在夏季、秋季或冬季孕卵。春季孕卵的鱼类多遵循一般规律即同一属类的鱼在同一时期受孕，而其他季节孕卵的鱼类，同一属范围内并不都遵循相同的规则，其受孕时间不太规律；而且，在这些季节受孕，其孕卵并没有春季孕卵的鱼类那么多。事实上，我们必须牢记这一点，即植物和四足动物一样，其所在地点位置的差异会影响到其身体的健康程度、两性交配和生殖周期的长短，这种情况对于鱼类也适用；即地理位置的不同会影响鱼类本身的体形大小和精力状况，还会影响其分娩和交配。同一物种在一个地方生殖次数较多，而换到另一个地方则生殖次数减少。

12 软体动物及介壳动物的生殖

软体动物也在春天生殖。在海洋软体动物中，最先开始生殖的是乌贼。它在一天中的任何时候均可产卵，其妊娠期为十五天。在雌性产卵之后，雄性射精于卵子之上，随即卵子受精变硬。雄乌贼与雌乌贼多并排成对出现；雄性的背部比雌性斑点更多、颜色更黑。

章鱼在冬季交配，春季生殖，中间隐藏约两个月。其排卵形状像藤蔓卷须和白杨树的果实；这种生物非常多产，每次产卵数量数不胜数。雄性与雌性的不同之处在于其头部较长，同时，渔民称其为阴茎的那部分器官在触手中是白色的。雌性在产卵后会在卵上进行育雏，其间不去寻求食物，因此变得消瘦不堪。

紫骨螺于春季生殖，法螺则在冬末。并且，通常情况下，除可食用的海胆外，其他介壳动物在春季和秋季孕有被称为卵的东西；对于这种动物来说，在这些季节里，所谓的卵都是极为多产的，但一年四季，它们体内均有卵。温暖时节或满月当空时其含卵量特多。顺便说一下，这些结论不适用于黑海海峡中发现的海胆，因为这种海胆最适合冬天食用；此时这些海胆体形虽小但却充满了卵。

□ **画眉**

画眉为雀形目画眉科中的中型鸟类，其眼圈呈白色并有一窄纹沿上缘向后延伸至枕侧，进而形成了清晰独特的眉纹，画眉之名正由此而来。画眉上背和上胸具有一广阔的铜棕色环，其余羽色以灰褐色、暗褐色为主。它们机敏而胆怯，常栖息于山丘的灌丛和村落附近的灌丛或竹林中，在林下的草丛中觅食，不擅长远距离飞翔。

通过实际观察发现，蜗（螺）在所有情况下都会在同一季节受孕。

13 驯化鸟类的生殖

对于前文所论述过的野生鸟类来说，通常情况下，它们每年只生殖一次。但是，燕子和画眉一年生殖两次。然而，黑鹂的第一窝幼鸟因恶劣天气而难以存活（因为它是所有鸟类在一年中最早生殖的），第二窝通常会比较容易存活。

已被驯化或那些能够被驯化的鸟类产卵生殖较为频繁，比如鸽子整个夏天都能生殖；母鸡亦然，除冬至日前后，公鸡和母鸡随时都可性交，母鸡在各个季节均能生殖。

鸽科有许多不同的种属；其中家鸽不同于岩鸽。岩鸽比家鸽小，不易驯化；其身色黑且体小，脚红而粗糙；由于这些特点，岩鸽不被养鸽者重视。所有鸽子种类中体形最大的是斑鸠，其次为林鸽；而且林鸽比家鸽体形略大。所有鸽子中最小的是雉鸠。如若提供充足的阳光与必需的食物等外部环境，鸽子全年均可产卵和孵化；否则因供给不充分、条件不适宜，它们只能在夏季生殖。于鸽而言，春秋最适宜孵化。毫无疑问，暑热季节所育幼雏于三季中体质最弱。

14 动物成熟的表现及最佳交配年龄

此外，动物的最佳交配年龄存在差异。首先，大多数动物产生的精液和生殖能力是逐渐发展成熟的。成年动物的各个特征并不在同一时间表现出来。因此，所有动物最初产生的精子是不具生殖能力的，或者说只具有一定生殖能力，精液中精子相对稀薄且较小。这种现象在人类、胎生四足动物和鸟类中较为显著；对于人和四足动物而言，初精产生的后代，往往体形较小，于鸟类则小卵。

除了因身体异常而早熟，或因外界伤害而晚熟等情况，凡经交配育种的动物，大多数性成熟年龄较为一致。

于人类而言，其性成熟的标志通过音调变化、性器官变大及外形改变得以体现，同时乳房增大、形状改变；尤以耻骨附近阴毛生长较为显著。在大约十四岁时男性开始产生精液，并且在大约二十一岁时精液具有生殖能力。

其他动物在耻骨处没有毛发生长（一些动物全身都没有毛发，而其他动物腹部没有，或者腹部毛发较背部多些）。但是，某些动物在此期间其声音变化较为明显；并且对于一些动物而言，其开始生精和具有生殖能力也可以从其他器官的变化中观察到。通常情况下，雌性的声音比雄性高而尖锐，年幼者比年长者尖锐；顺便提及，雄鹿的嗓音比雌鹿更为低沉。此外，雄性主要在发情时喧叫，雌性则在恐慌和受惊时叫唤；雌性的叫声相对短促，而雄性的叫声则绵长。当狗变老时，其犬吠声亦变得更深沉。

在马的嘶嘶声中亦可观察到其中的性别差异。也就是说，尽管小雌驹嘶鸣声小而微弱，小雄驹的嘶鸣声也不大，但雄马驹的声音比雌马驹大而深沉，并且随着时间的推移，其声音会越来越大。雄马和雌马两岁时，开始进行生殖，雄马的嘶鸣声会变得响亮而深沉，雌马的嘶鸣声也会比以前更响亮，这种变化一直持续到它们二十岁左右；在此之后，无论雄雌，其嘶鸣声均变得越来越微弱。

通常，如上所述，动物中嗓音连续且悠长者，雄性的嗓音与雌性的嗓音不同，一般雄性声音低而深沉；然而，这并非适用于所有动物，以牛为例，其情况相反——雌牛比雄牛叫声深沉，小牛比成牛声音低沉。因此，我们可以更好地理解阉割后动物的声音变化：经过阉割的雄性动物，其声音特征向雌性转变。

各种动物性成熟，适宜性交的年龄如下。雌绵羊和雌山羊性成熟于一岁龄时，这种说法对于雌山羊准确无疑；雄绵羊和雄山羊性成熟发生于同一年龄段。这些动物中较年幼雄性的后代与其他较年长雄性的后代有所不同；雄性多于第二年逐渐完全性成熟。公猪和母猪在八月龄的时候便能性交，而母猪一岁龄即可产仔，中间时间段为其妊娠期。公猪八月龄即可配种，但是，一岁龄以下就配种，其幼崽多而体质较弱。然而，其适配年龄并非一成不变；有时候，公猪与母猪于四月龄的时候即可交配，六月龄时便可产下可育幼崽；但有时，公猪得到十月龄后才开始配种。有些公猪其适宜配种年龄能持续到三岁龄。通常情况下，公狗和母狗一岁龄时便具备生育能力，有时甚至可缩短至八月龄大；但是，公狗早于母狗性成熟的现象较为多见。母狗的妊娠期为六十天至至多六十三天；妊娠期永远不会低于六十天，倘若不及六十天而产仔，其幼崽必定体况不佳，相对孱弱。母狗分娩六个月后可以和公狗交配，早于六个月则无法受孕。公马和母马最早于两岁龄时便可达到性成熟而交配：然而，这个年龄段所产幼崽多体弱不堪。通常情况下，这些动物于三岁龄时便具有生殖能力，但若留做种用，随着年长而愈佳，直至二十岁龄。公马的生殖能力可持续到三十三岁龄，而母马可达四十岁龄，事实上，这些动物终身具有生殖能力：一般来说，公马可存活大约三十五年，母马可以存活四十多年；但听说有的马竟能活到七十五岁。公驴与母驴于三十月龄便有性能力，但是在通常情况下，它们在三岁或三岁半以后才真正性成熟而具有生殖能力。有例记载，有头母驴仅仅一岁龄时就产下一只小驴。众所周知，母牛一岁龄时便可产犊，此后，小牛长到跟平常牛一般大，之后这头母羊无法继续生育。关于这些动物具有生殖能力的适宜年龄就介绍这么多。

于人类而言，男性生殖能力最长可达七十岁，女性高达五十岁；但这样长的生育年限较为少见。通常，男性六十五岁后不育，女性四十五岁后不孕。

雌绵羊生殖期可长达八年之久，如果经过精心照料，其生殖期最长可达十一年；事实上，雄绵羊和雌绵羊性成熟后终身皆可交配。如果雄山羊体形过于肥胖，或多或少影响其生育能力；另外，这就是为什么农民将不结果的葡萄藤说成是配了“肥山羊”的种。然而，如果一个过度肥胖的山羊变瘦，它就会逐渐具有生育能力。

雄绵羊乐于与年老的雌绵羊进行交配，绝不花心思于年轻的小母羊身上。而且，正如前文所言，较为年轻的母羊所产幼崽体况较差。

公猪在三岁龄之前适于生殖；但在三岁之后，就会出现生殖问题，因为在那之后，其精子活力逐渐下降。公猪在饲喂优质饲料后其配种能力较强，并且其与母猪第一次交配时性欲旺盛；如果饲喂不佳或同时与多头母猪配种，其适宜交配的时间会有所缩短，并且所产幼崽体质多孱弱。母猪第一窝产仔数量最少；第二窝是其生殖高峰期。随着年龄增长，它们仍会继续生殖，但性欲会减弱，当达到十五岁龄时，年龄过大，已不具备生殖能力。无论是青年母猪还是老年母猪，如果予以精心喂养，将一直性欲旺盛，适宜配种；但，倘若妊娠期饲喂得过肥，它会在分娩后泌乳量减少。当雄性与雌性均在体质最佳的年龄段配种生殖，其产幼崽体质最好且易于饲养；初冬时最适宜产仔，夏季产仔体况相对较差，此时幼崽多体形瘦小，体况孱弱。如果公猪饲喂良好，无论白天黑夜，其均有配种能力；但通常在清晨，其性欲最为旺盛。正如前文所言，随着其年龄的增长，性欲会逐渐减退以至完全丧失。通常情况下，公猪因年龄或疾病原因导致或多或少的阳痿现象，此时其无法以正常速度完成交配，并且以站立姿势性交易于疲惫，此时应将母猪翻到地上，两猪躺着完成交配过程。如果母猪在发情时耳朵下垂，表明其已受孕；如果耳朵没有下垂，则可能还需要第二次发情后受孕。

母狗直到性成熟的年龄才会与公狗交配繁育，其他时候绝不接受公狗爬跨。通常情况下，它们在十二岁之前都是性敏感期，并且有生殖能力；另外，有例为证，公狗与母狗在十八岁龄甚至二十岁龄时仍有生育及受孕能力。但是，通常情况下，与其他动物一样，到达一定年龄后，随着年龄增加，这些动物的生育能力会逐渐下降。

雌骆驼是向后排尿动物，因此以上述方式与雄骆驼交配。阿拉伯半岛的骆驼其交配季节大约是十月份。其妊娠期为十二个月，并且每次仅产一仔。骆驼于三岁龄时能够生育受孕。分娩后一年，雌骆驼才会和雄骆驼再次交配。

雌象最早于十岁龄时能受孕，最迟十五岁；雄象于五六岁龄时便具备生育能力。春季是适于象的交配季节。雄象与雌象交配后间隔三年再与其他象性交，但它不会再次与之前交配过的象进行交配。雌象的妊娠期为两年；并且每次只产一只幼崽，象属于单胎动物。幼象仔大小类似于两三个月大的牛犊。

15 介壳动物的生殖

关于经由两性生殖的动物，其交配情况就介绍这么多。我们现在开始对非性交动物的生殖方式进行介绍，让我们首先讨论介壳动物的生殖情况。

介壳动物几乎是所有动物门类中唯一一种非交配繁殖动物。

紫骨螺于春季时成群聚集到一个地方，沉淀生成所谓的“蜂窝”状物质。这种物质状似蜂巢，只是不像蜂巢那样整洁和细腻；这种生成物外表看起来像是一些白色鹰嘴豆黏连在一起。另外，这些物质均没有任何外向开口，并且紫骨螺也不是从这些物质中产生，但是诸如此类的介壳动物均是从淤泥和腐质中产生的。事实上，这种蜂巢状物质是紫骨螺和法螺的一种排泄物；因为法螺生活的地方也会沉积这些物质。介壳动物均会自发产生这种蜂窝状聚集物，但是它们倾向于生活在同物种生活过的地方，在那里以庞大数量聚集着。在刚开始产生蜂巢状物质的过程中，它们会首先向外分泌光滑的黏液，通过黏液的作用慢慢就形成了这种壳状物。然后，这些生成物就会全部熔化沉积于水底地面，并且会在此地发现一些微小的紫骨螺。有时在捕获的紫骨螺身上也会发现这种微小的物质，其中有一些因体形太小而无法对其进行辨认识别。如果在紫骨螺还未产生这种蜂巢物之前就将其捕获，它们有时会在捕鱼工具中进行这个沉积过程，它们不是在渔具的这边或那边各处分散进行，而是像在海边一样聚集到一个地方；由于渔具的狭窄间隙，它们的形状看起来像一串葡萄聚集在一起那样。

紫骨螺的种类繁多；有些体形较大，如在西格奥和莱克顿[1]地区发

---

〔1〕西格奥和莱克顿：在米西亚的特洛亚城附近。

现的那些；其他的体形都很小，如在尤里普斯海峡[1]和卡里亚[2]沿岸发现的那些。那些在海湾中发现的紫骨螺体形较大且外壳粗糙，其中大部分有独特的“花”，颜色呈深紫至紫黑，而在其他种类中，其体形较小，颜色红色；有些大个骨螺的重量可达一斤。但是在沿海岸的岩石上发现的标本体形较小，而且它们的“花”呈红色。此外，通常情况下，在北部海域，骨螺的“花”状物是黑色的，而在南部海域则是红色的。骨螺多于春季容易捕捉到，因为此时它们正在构筑蜂窝状结构；但是在天狼星升起的前后时间段内的任何时候均不能捕到骨螺，因为在那个时期它停止觅食，隐藏于洞窟之中。骨螺的“花”多位于罂粟体（拟肝）和颈部之间，这些部分紧密相连。其外表看起来有层白色的膜，人们通常提取这种物质；如果这层膜被移除并挤压，其内部色素便会释放，进而染上你的手。有一种血管状结构穿插其中，似乎就是这种准

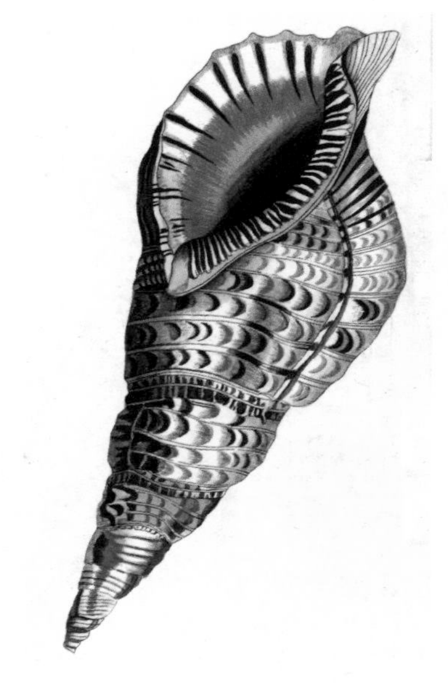

□ **法螺**

法螺又称凤尾螺，嵌线螺科法螺属，其壳高可达60厘米，壳壁厚，表面有瘤状突起。它们喜欢附着在海藻繁茂的岩石和珊瑚礁上，以海参和水螅为食。

〔1〕尤里普斯海峡是希腊大陆与埃维亚岛之间狭长的水道，将埃维亚湾分为南北两部分。

〔2〕卡里亚：位于伊奥尼亚以南，弗里吉亚和吕基亚以西。希腊人把当地的原住民称为“卡里亚人”。远在希腊人到达之前，与“卡里亚”这个名字相当的地名，就已经出现在许多中东古国的记载中了，如赫梯人所说的“卡尔基亚”、巴比伦人所说的“卡尔萨”和波斯人所说的“库尔卡”等。

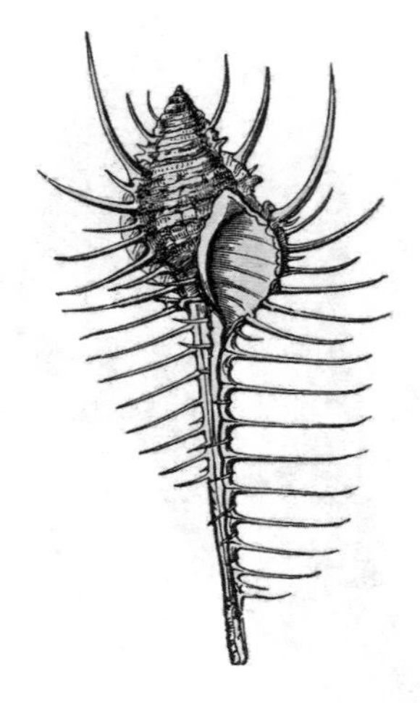

□ 骨螺

骨螺为对新腹足目骨螺科软体动物的统称。其壳为中等大小，有锐利的肋条和喙状突起，壳阶的肩角和骨缝形成角塔状螺塔，装饰有紧密排列的螺旋状环带。骨螺多栖息于热带多岩石的浅水中，用其长吻取食。许多种类的骨螺能放出黄色液体，该液体暴露在阳光下后变成紫色，可被用以染色。

血管构成了花状物。另外，这个花状器官多可用于止血。在骨螺构建完蜂窝之后，“花”就萎蔫了。有时候人们将小骨螺打碎取出其“花”，因为直接提取其花状物并非易事；但，处理较大的骨螺相对容易，通常首先剥离外壳，然后再从其体内剥离该花状器官。为达剥离花状器官的目的，人们通常将其颈部和拟肝分开，因为“花”位于颈部和拟肝之间，在所谓的胃上部。渔民们总是在骨螺还活着的时候将其打碎，因为一旦它们在打碎前死亡，花状物质就会被吐出来；因此，渔民将骨螺保持在渔具里，直到收集到足够数量后，在闲暇时剥离它们。先前，渔民常常不放鱼篓或不将鱼篓放于钓钩下，因此骨螺经常会在拉起时脱落；然而，现在他们总是在钩下附上一个篮子，这样做是因为如果骨螺在收线时脱落，也会掉落其中不至于丢失。事实上，如果骨螺壳内充实，其更容易从钓钩上滑落；如果壳内稍空，则很难摆脱鱼钩而掉落。以上即是关于紫骨螺的一些情况。

在法螺或海螺中同样存在这种现象，且易于观察的发生季节也相同。骨螺与法螺这两种动物，其鳃盖的位置大体相似——实际上，所有的螺形软体动物，其鳃盖均为先天生长，它们均通过伸出鳃盖下所谓的舌状物进行采食。

骨螺的舌头比人的指头大，一方面通过它进行采食，另一方面用以在贝蛤和其他贝壳表面进行钻孔。骨螺和法螺寿命均较长。骨螺可以生存大约六年；其年岁的增加可通过外壳螺旋纹间隔体现出来。

贻贝也产生蜂窝状物质。[1]

关于潟湖牡蛎，只要有烂泥的地方，你一定会发现有小牡蛎生长。鸟蛤、蛤蜊、竹蛏和扇贝均在海滩上自发生成。羽贝直接从沙滩或淤泥上附着的丛生锚绳上生长：这些生物体内有一个绰号为“羽贝卫士”的寄生动物，有时是一只小虾，有时是一只小螃蟹。如果它们缺少此类“羽贝卫士”，就会很快死亡。

通常情况下，所有的介壳动物都是在泥浆中自发产生而生长的，由于烂泥泥质的不同，它们彼此存在种间差异：牡蛎在烂泥中生长，鸟蛤和上面提到的其他介壳动物生长于沙砾底部；海鞘、藤壶和诸如帽贝、蜒螺等常见种类则生长在岩石洞中。所有这些动物均生长迅速，尤以骨螺和扇贝最为显著；它们在一年内即可长成较大个头。有些介壳动物壳内存在着体形甚小的白蟹，在槽形贻贝中也有数量甚多的白蟹。羽贝壳内也存在这样的“羽贝卫士”。这种白蟹也存在于扇贝和牡蛎壳中：这些寄生生物体形似乎从不增长。渔民说这些寄生生物在较大的寄主动物产生时就一同存在着。

（扇贝有时候会像骨螺一样藏于沙子里一段时间。贝类就是按照上述方式生长的；一些生长于浅水中，一些生长于海岸边，一些生长于崎岖的岩石间，一些生长于硬而多石的海底，一些在沙滩上。）有些贝类在成长的过程中不断转移地方，而有些则终身在一个地方。羽贝根植于地面而终身不易其位；竹蛏和蛤蜊通常保持在同一个地点，但不像羽贝那么扎根；但是，如果强行移动它们，它们就会死亡。

（海星身体较热，任何被其抓住而脱身的动物，均会经历一个被煮沸的过程。

[1] 实际是指贻贝的丛集卵块。

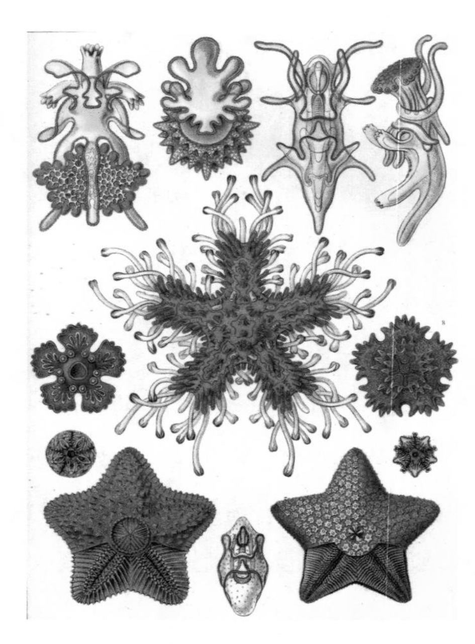

□ 不同种类的海星及其剖视图

海星是棘皮动物中生理结构最有代表性的一类，其体扁平，多为五腕，呈辐射状对称，体盘和腕的分界不明显。海星的骨骼不能移动，故它们依靠棘皮动物所特有的水管系统（全部位于体腔，管内壁裹有体腔上皮并充满液体）来进行移动。此外，海星属于能迅速再生的动物之一：海星的一只触手若被切断，过一段较短的时间，触手便能长回，且少数海星被切下的触手本身也会长成一只海星。

渔民们说，海星是比拉海峡的大祸害。海星在体形上看起来像普通画纸上的星星。其所谓的“肺”是自发产生的。画家使用的贝壳厚度较厚，其外壳上有花。这些生物主要分布在卡里亚海岸。）

寄居蟹从土壤和烂泥中自发生长，而后进入空贝壳中。随着其体形增大，它要更换住所转移到更大的壳体中，例如进入蜒螺等螺类的壳体，其中以寄居于小法螺壳体中的为多。进入新的壳体后，它会背着壳走动、采食，并逐渐生长，而后再转移到较大的壳中。

16 海荨麻与海绵

此外，没有介壳包被的动物会像介壳动物一样自发生长，例如海荨麻和岩石洞穴中的海绵。

海荨麻或海葵可分为两种：一种生活在洞中，长期紧紧依附于岩石上，另一种生活在光滑平坦的礁石上，自由且独立，并不时地移动位置。（帽贝也会脱离于岩石表面，从一个地方移动到另一个地方。）

人们在海绵的空腔中也发现了“羽贝卫士”等寄生虫。此外，海绵空腔内有一种类似蜘蛛网的物质，海绵通过开闭“蛛网”捕获小鱼，即打开网让鱼进去，然后再将它关闭以诱捕它们。

海绵分为三种：第一种是松软的多孔质地结构；第二种是紧密纹理结构；第三种别名为“阿基里斯海绵”，结构尤为精细，纹理紧密且强韧。这种海绵被用作头盔和护胫的衬垫，用以减轻撞击时的打击声；该物种极为稀缺。有些海绵组织结构紧密且特别坚韧粗糙，别名为“山羊”。

海绵自发地依附生长于岩石上或海滩上，并且它们从烂泥中汲取营养物质：其依据源于这一说法，即当它们最初被捞起时，总是满身淤泥。这种特征适用于所有固着依附型生物，它们多从其周边环境中汲取营养物质。而且，质地紧密的海绵相较于开放多孔海绵稳固性弱些，因为它们的附着区域面积较小。

据说海绵很敏感：其依据是，如果海绵意识到有人试图将它从其附着物中拔出时，它们就会将全身聚集收敛起来，这样就很难将其分离拔出。在风暴天气时，海绵也会做出类似的收缩，很显然它是在抓紧依附物。有些人，诸如托罗涅人，他们对这种说法的真实性表示怀疑。

海绵上可以培养寄生虫、蠕虫和其他生物，如果这些生物脱离海绵，岩鱼就会吞食海绵和海绵身上脱离的这些生物；但是，如果海绵身体折断一块，剩余的身体会再次生长愈合，其残断处也很快就会恢复原状。

所有海绵中体形最大的要数组织松散的海绵，这些海绵尤以吕基亚[1]海岸居多。最柔软的是组织紧密的海绵；另外，所谓的阿基里斯海绵比这些更硬。一般来说，在平静的深海中发现的海绵质地最软；因为狂风暴雨的天气通常会使它们变硬（对其他生物而言，风暴也会促使其变得粗硬），并抑制它们的生长。鉴于这些原因，达达尼尔海峡[2]的海绵质地紧密且外表粗

〔1〕吕基亚位于土耳其西南部海岸，是一个多山而且植被茂盛的地区。它的西面和西北面与卡里亚交界，东面与潘菲利亚接壤，东北面是皮西迪亚。

〔2〕达达尼尔海峡：古称赫勒斯滂海峡。

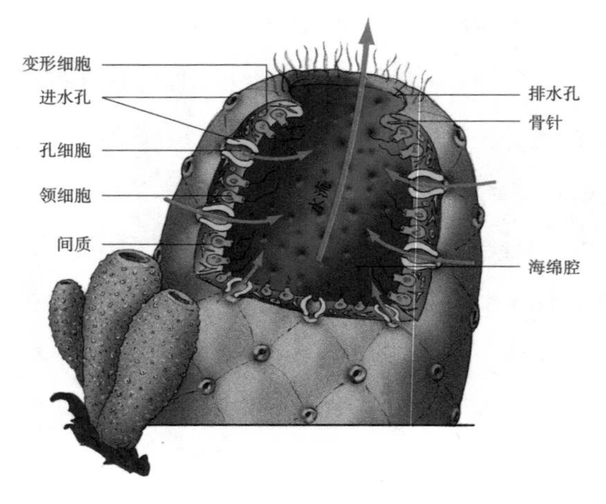

□ 海绵的构造（以桶状海绵为例）

海绵本身是一种最原始的多细胞动物，它们早在6亿年前就已经生活在海洋中，是世界上结构最简单的多细胞动物。它们既没有头，也没有尾、躯干和四肢，更没有神经和器官，其细胞的主要成分为碳酸钙或碳酸硅，以及大量胶原质。

糙；而且，通常情况下，在马里阿角[1]之外发现的海绵相对较软，马里阿角之内的相对较硬。但是，海绵的生长地不宜过于阴蔽和温暖，因为在这种环境下它容易像所有类似的植物一样腐烂。因此，海绵的最适合生长区域应是靠近岸边的深水。这样风暴和过热的环境均不会影响到它们。

海绵活体未经清洗之前，通体黑色。它们在海里的依附点并非某个特定的地方，也不是全身均有附着点；因为海绵体内有间隔空隙。海绵身体下方被一种膜包裹；身体下面的附着点较多。海绵身体上面部分的大多数毛孔是封闭的，但是有四五个开放且可见：有人说，海绵通过这些毛孔进食。

有一种特殊的海绵种类被命名为“洗不净”，因为它无法清洗干净。这种海绵有着较大的开放可见毛孔，但身体的其余部分都是纹理紧密的；并且，解剖发现，它比普通的海绵组织结构更紧密而有更多胶质，总之，它有一些像肺一样的结构。人们一致认为，该物种较其他种类敏感且长寿。它们在海中与普通海绵存在显著差异，普通海绵在未沾烂泥时通体白

〔1〕马里阿角：雅典加地区，似为累斯波岛东南角的马里亚岬。

色，但这种海绵在任何情况下都是黑色的。

关于海绵和介壳动物的产生就介绍这么多。

17 软甲动物的生殖

在软甲动物中，雌性蝲蛄交配受精后从五月中旬到八月中旬妊娠怀卵约三个月，然后产卵于腹部下面的褶皱里，其卵形似蛆类，慢慢成长。在软体动物中也可观察到类似现象，并且在诸如卵生鱼类中情况也是如此。因为在所有这些门类中，其卵均会继续生长发育。

蝲蛄的卵块具有疏松或颗粒状结构，其卵块可分为八个部分；对应于腹侧的每个皱褶上的软骨体，卵均附着其上，整个结构形似一串葡萄；每个软骨体又分为几个部分。起初卵块看起来是一个整体，但如若将其分开，便可明显地看出其中各单独的部分。最大的卵块不是最靠近泄殖孔的那些，而是位于腹部中间的，最远端的则最小。相对小些的卵块大小如同无花果的种子；其不靠近出口，而是置于腹侧中间。在尾部和胸前部那节的中间位置，有两个没有卵块的间隔，因此此区域还会生长。然而，其腹部侧翼不能合拢，但是其尾部侧卷可以将卵块包裹起来，这个尾部端盖能起到遮蔽保护的作用。在产卵的过程中，蝲蛄似乎通过弯曲尾巴的侧翼将卵推向软骨体之间，产卵期间，它一直保持弯曲姿势。这个季节中蝲蛄的软骨体生成物不断增大以适应接受排卵的需要；这种排卵方法与乌贼将卵产于水中的枝条和浮木之间一样。

蝲蛄就以这种方式产卵，这些卵在经过约二十天的孵化之后就会成团从母体脱离，外界可以观察到这一脱离过程。再过约十五天，蝲蛄幼体就可形成，这些蝲蛄被捕获时体长不及一指宽。蝲蛄在九月中旬之前产卵，并在之后成团抛出卵块。弓腰虾，其妊娠期约为四个月。

蝲蛄多生活于粗糙的多岩石海底，龙虾则在光滑的地方。蝲蛄和龙虾不在烂泥中生活；这就解释了在达达尼尔海峡和萨索斯岛海岸多龙虾，而在西格奥和阿索斯山附近多蝲蛄的现象。因此，当渔民出海捕获这些不同的生物时，他们会在海滩上和其他地方先行探测，弄清楚海底何处多石，何处为软泥。在冬季和春季，这些动物靠近陆地以取暖，于夏季则在深海中避热纳凉。它们就这样跟随季节变化而适当移动位置。

所谓的“熊蟹”与蝲蛄几乎同时产卵；因此，在冬春季节，在产卵之前，它们身体处于最佳状态，产卵后则体况最差。

它们在出生当年以及随后各年，均于春季蜕去外壳（正如蛇的蜕皮[1]现象）；螃蟹和蝲蛄的蜕皮情况均是如此。另外，所有蝲蛄均较为长寿。

18 软体水生动物的生殖

软体动物在配对和交配后会产下白卵：这种卵就像介壳动物的卵一样，呈颗粒状。章鱼将卵排入孔洞中，或排入陶器碎片或类似空腔中，卵的形状如先前所观察到的类似于藤蔓卷须或白杨籽实的东西。当雌章鱼产卵后，其卵多围绕于孔四周。其卵数量众多，如果将其移除到比其身体大得多的容器中，它们能够充满整个瓶子。大约五十天后，卵壳破裂，小章鱼像小蜘蛛一样大量涌出：其四肢的细节特征尚未能详细辨别，但其总体轮廓足够清晰。另外，它们是如此微小和无助，以致大多数会夭折；事实上，它们极其微小，就像没有任何组织构成，但是被触碰后，还是会做出反应。乌贼的卵看起来像又大又黑的桃金娘浆果，犹如一串葡萄围绕中心簇集在一起，并且很难将其相互分离：因为雄乌贼在其表面洒上了湿滑的

---

〔1〕蜕皮：节肢动物及部分爬行动物在生长过程中，一次或多次脱去外皮，长出新表皮的现象。

黏液，使其像胶体一样牢靠。这些卵不断地增长，最初呈现白色；但是当雄乌贼喷洒精液于表面后，它们则呈黑色并长得更大。

小乌贼最初在白色状物质中形成时，卵壳破裂，小乌贼幼体会喷涌而出。乌贼刚产卵时其卵内部就会形成包块一样的结构；在卵内，小乌贼通过头部附着卵体生长，正如幼鸟通过腹部附着母体生长一样。我尚未观察到肚脐附着的确切本质是什么，除了随着卵内小乌贼的体形逐渐变大，其内的白色物质在大小、长度方面均越来越小，如同鸟类卵黄一样，卵黄成熟过程中卵中的白色物质逐渐消失。小乌贼与绝大多数幼年动物一样，刚开始发育时其眼睛看起来均非常大。（为了更直观了解具体情况，现简单图例说明，见下页图，其中A代表卵子，B和C代表眼睛，D代表小乌贼的身体。）

□ **桃金娘及其浆果**

桃金娘为灌木，高1～2米；树叶对生，革质，叶片椭圆形或倒卵形；花常单生，紫红色，雄蕊呈红色，萼管倒卵形，萼裂片近圆形，花瓣倒卵形，花期4至5月，浆果卵状壶形，成熟时呈紫黑色，可食。

雌乌贼在春天怀孕，并在妊娠十五天后产卵；产卵十五天后卵块就像一串葡萄，此时卵壳破裂，小乌贼喷涌而出。但是，当小乌贼完全成形时，过早切断外壳，小乌贼便会排出粪便，并且其身体颜色会在受惊时从白色变为红色。

软甲动物通过将卵子置于体下的方式进行孵化，这种做法特别适用于乌贼；但是章鱼和乌贼等在孵化卵时不会在附近扰动；事实上，雌乌贼的窝多发现于靠近岸边的地方。雌章鱼有时会坐在卵上进行孵化，有时则蜷伏于窝前，伸出触手保持警戒。

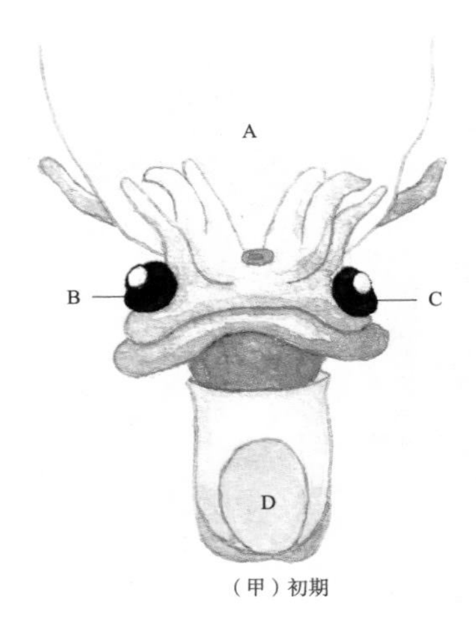

（甲）初期

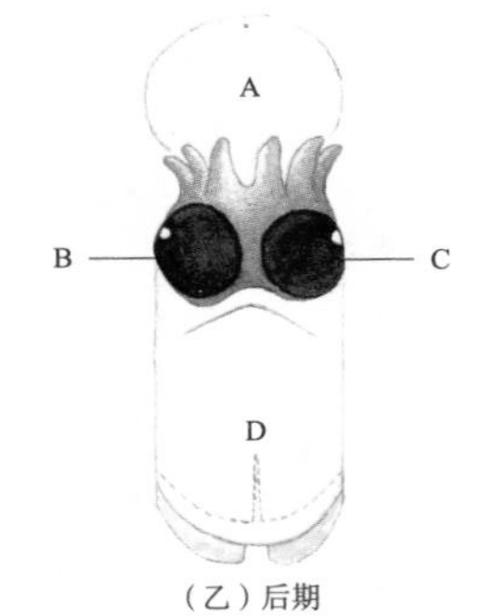

（乙）后期

卵黄成熟的过程中的乌贼胚体

□ **附于断梗上的乌贼卵块**

每年春夏之际，乌贼由深水游向浅水湾区产卵（此即生殖洄游），产卵后的乌贼会在近海大批死亡。乌贼喜欢把卵产在海藻或木片上面，乌贼卵挂于其上，如同一串串葡萄。沿海的渔民因此常把树枝之类的东西捆成一束投入海中，以引诱乌贼产卵，再张网捕捞。

乌贼将其卵产于靠近海草或芦苇附近的地面上，或者任何诸如树枝或石头之类的草丛中；渔民们故意堆放各种各样的柴火堆、杂草，在这样的环境中，雌乌贼会产出类似于藤蔓一样连续簇集的卵。雌乌贼吃力地产卵，好似这个产卵过程非常困难。雌鱿鱼在海上产卵；其卵犹如喷涌出来一样。雌乌贼的产卵也是这个情况。

鱿鱼和乌贼均寿命较短，除了少数外，其寿命均不及一年；同样的情况亦适用于章鱼。

一个卵会对应产生单独的一个乌贼；小鱿鱼的情况也是如此。

雄鱿鱼与雌鱿鱼不同：如果扩张检查鱿鱼的鳃区，会发现雌鱿鱼此处有两个类似于乳房的红色结构，雄性则无此物。在乌贼中，除了性别存在区别外，雄性比雌性体表颜色更为斑驳。

19 昆虫的生殖，蝴蝶、蜜蜂、菜青虫、醋蝇、蜉蝣等

关于昆虫，雄性比雌性体形小，交配时雄性骑于雌性背上，以这样的方式完成受精，雄性看起来略显被动。前文已作介绍：大多数昆虫在交配不久后便会分娩产卵。

除了一种蝴蝶之外，所有的昆虫均会产生蛆类：这种雌蝶产硬卵，形似菊科红蓝花的种子，里面含有浆液。蛆类的成长过程与卵的孵化存在差异，于卵而言，部分卵中物质逐渐生长，分化成一个小动物，但蛆不停地成长，最终蜕化成一个小动物。

于昆虫而言，有一些是由其同属产生，如毒液蜘蛛和普通蜘蛛是毒液蜘蛛和普通蜘蛛的后代，蝗虫、蚱蜢和蝉均存在这样的情况。一些其他昆虫则不是来自于亲缘所生，而是自发产生：有些由春季草木叶上的露珠所生成，但在天气晴朗和南风盛行的冬天，这时的露珠也偶有虫类产生；有些从腐烂的泥巴或废物中产生；有些从新鲜或干枯的木材中产生；有些从动物的毛发中产生；有些从动物的肌肉中产生；有些从粪便等排泄物中产生；有些虫在排泄物排出之后才生成；有些在活体动物体内就已经生长，如肠道蠕虫。

这些肠道蠕虫可分为三种：第一种为扁蠕虫，第二种为圆蠕虫，第三种为线蛔虫。这些肠道蠕虫在任何情况下都不自行繁殖。然而，扁蠕虫以特殊的方式紧紧依附患者肠道内壁，并产下类似瓜子的东西，医生通过观察这种东西来断定患者是否受扁蠕虫的困扰。

所谓的蝴蝶由生长在绿叶上的毛毛虫产生，这些绿叶主要是萝卜属植物（有些人称其为海甘蓝或卷心菜）的叶子。起初它不到一粒小米那么大；然后长成一条小蛆；三天之内，又变成一只小毛毛虫。之后，它会一直生长，而后突然停止生长并改变其形状，此时的阶段称为蛹。蛹的外壳硬些，如果用手触摸，它就会做出回应。其通过类似蜘蛛网的细丝附着于叶上，没有口或其他任何明显可辨识的器官。用不了多久时间，蛹的外壳破裂，我们称之为蝴蝶的有翼生物从中飞出。起初，当它是毛毛虫时，它会觅食并排出粪便；但当它变成蛹时，既不进食也不会排出粪便。

同样的发育过程也适用于一切由蛆类生成的昆虫，这些蛆类既包括经由活虫交配产生的蛆，也包括不经亲缘虫体交配而生的蛆。对于蜜蜂和大

□ 蝴蝶幼虫、蛹和成体

蛹是指一些昆虫从幼虫变化到成虫的一种过渡形态，这一形态只会在完全变态发育的昆虫［如蝴蝶及蛾（鳞翅目）、甲虫（鞘翅目）、苍蝇（双翅目）与蜂、黄蜂及蚂蚁（膜翅目）］中出现。蛹分成三类，即离蛹、被蛹和围蛹。大部分的蛹有着坚硬的保护外壳且不能自由移动。

黄蜂的蛆，当其为幼虫时，进食且排泄；但当其从幼虫转为蛹时，就不再觅食和排泄了，此时它保持身体一动不动地紧密包裹起来，直到身体发育完全，便由内向外打破之前保护其身体的外膜，振翅而出。叶象甲和皮尼亚[1]这类昆虫的蛹均是由类似的毛毛虫产生，这类毛毛虫以起伏波动的方式运动，即身体的前部分先前进，而后，后半部分身体以曲拱状向前贴近。发育中的昆虫其体色与亲代的体色相似。

有一种特别大蛆，它具有类似角的结构，并且在其他方面不同于普通的蛆类，它的变形会经过以下几个过程：首先是毛虫，然后是茧，随后是蛾；这种生物在六个月内经历了所有变态发育过程。最初，有些妇女打开这些虫茧并抽出其中的丝，而后用这些解开的丝编织织物；一位名叫帕米非拉的女性，她是伯拉提斯的女儿，被认为是

〔1〕叶象甲：昆虫名，象牙科叶象属，其幼虫在植株顶部初展开的叶上，后来在下部叶片上进行采食，对植物造成危害。皮尼亚也是一种昆虫。

丝织物发明第一人。[1]由生活于枯木中的蛆所产生的步甲或鹿角虫也遵循着同样的变态发育过程：最初蛆类会转变为一动不动的蛹，而后蛹外壳破裂，形成鹿甲虫。

菜青虫产生于白菜，韭葱害虫则源于韭葱；葱虫皆有翅膀。马虻和牛虻等是由河流表面掠过的扁平状动物所产生的；虻类多富集于水边即是对此现象的有力说明。有一种无翼萤火虫，它是由一种体小黑色多毛的毛虫产生；这种萤火虫会再次经历变态发育，转变成一种名为波斯吹彻斯（或卷毛）的有翼昆虫。

醋蝇是由线蛔虫产生的；线蛔虫产生于井里的烂泥或者是满是沉积物的污水之中。这种烂泥腐化变色，先是白色，然后是黑色，最后是血红色：在这个阶段，这种生物起初混作一团，随后散开游于水中，这就是众所周知的"线蛔虫"。几天之后，它们浮于水面一动不动，其姿态略显僵硬，然后外皮慢慢蜕去，此时会有蚊类覆在上面，阳光照射或风吹会使它们运动起来并展翅飞离。

所有蛆类和所有经由蛆类产生的动物，其运动能力主要依赖于风吹日晒等外部环境。

在各种杂物混合堆积的地方，如在厨房和耕耘过的土地中，通常会发现各种线蛔虫以异常快速的速度生长，因为这些地方的物质较容易腐败。在秋季，由于田地里水分减少逐渐干燥，它们也会以较快速度增长。

---

[1] 在古巴比伦，人们认为丝织品是伯拉提斯的女儿帕米非拉创造的，丝蚕出自于亚述。实际上，丝蚕饲养和缫丝工艺是由中国西传大夏、印度及波斯，然后再传至欧洲的。依据近代考古论证，中国的蚕桑于公元550年以前传入希腊，大概是拜占庭皇帝朱思丁宁时代。从柏里尼时代到亚里士多德时代，希腊人仅知道东方有印度，并不知道还有中国，故言蚕丝不是来自中国。但在桑蚕传入欧洲以前，希腊以及地中海各岛也许存在野生的丝蚕，或是先从印度传入了野蚕。

蜱虫由茅草产生。金龟子则由牛粪或驴粪中的蛆类产生[1]。金龟子将粪便卷成球状，冬季时藏于粪球中，并在其中产下小蛆，这些蛆以后会长成为新的金龟子。某些有翼昆虫经由豆类荚壳中的蛆类生成，其发育方式与上述情况相似。

苍蝇由粪便中的蛆类产生，这些粪便多为农民堆肥聚集而成：这些人孜孜不倦地收集粪物，这在农艺方面被称之为“积肥”。蛆类刚产生的时候个体极其微小：首先，即使在这个阶段也可看到——其颜色呈微红色，继而由静止状态慢慢开始运动，就好像刚出生时那样；而后又回归静态；紧接着再次移动，然后又一动不动；最后发育成一只完整的苍蝇个体，并在日晒或风吹下飞行。马蝇产生于木材。芽菜虫[2]是蛆类的一个变种；它产生于卷心菜梗中。斑蝥虫是由无花果树、梨树或枞树上的毛毛虫生成的——因为所有这些毛毛虫以及狗玫瑰[3]上发现的毛毛虫均能产生这种蛆类；斑蝥虫喜欢枯木腐败的味道，从其产于腐朽树木这一现象即可例证。醋蝇产生于一种蛆类，该蛆类从醋味烂泥中生成。

而且，顺便提及，在通常不会腐败的物质中也有生物存在：例如，有人在经久不化的积雪中发现了蠕虫，并且这种雪颜色慢慢变成红色，其中产生的蛆类亦是红色，并且身上多毛。在米堤亚雪中发现的蛆类体大色白，并且所有这些蛆类几乎很少运动。在塞浦路斯冶炼铜矿的地方，矿石日复一日大量堆积，有种动物产生于火中，其体形比青蝇稍微大些，它有翅膀，可以在火中跳跃或爬行。当你把上述两种蛆类分别远离火焰和积雪

[1] 金龟子属鞘翅目金龟子科，是公认的难以防治的土栖性害虫。本书论及金龟子由蛆在动物粪便中生长而来是错误的，金龟子科的蜣螂，俗称屎壳郎，才是粪食性昆虫。

[2] 芽菜虫：在现代昆虫分类中，其为萤科（或蚜科）的虫类。

[3] 狗玫瑰指犬蔷薇（Rosa canina），也称狗牙蔷薇，一种野生蔷薇。

时，它们就会消亡。关于此现象，蝾螈就是一个明显的例子，可以证明这类动物确实存在，火都不能将其毁坏。据传这种生物，不仅能穿过火焰，而且在其所经之处，火焰都会熄灭。

大约在夏至前后，在辛梅利亚·斯普鲁斯的帕尼斯河[1]上，有一种比葡萄稍大，状似袋子的包囊跟着河流涌向大海，这些包囊爆裂时会从中飞出一个有翅的四足动物。这种昆虫一直不停飞行且只能生存到傍晚时分，待太阳西下而消失，其寿命只有一天，因此，人们将其称之为“蜉蝣”。

通常，经由毛毛虫和蛆类而生成的昆虫，刚出生时体表都被类似于蜘蛛网的细丝所附。

关于昆虫的产生方式就介绍这么多。

20　续论昆虫的生殖，姬蜂

别称为“姬蜂”（狩猎者）的黄蜂，其体形比普通的黄蜂小些，它们杀死蜘蛛并将其尸体带到墙洞或某个带洞的地方，然后用黏泥堵住洞口而将蛆产于其中，“姬蜂”就是由这些蛆发育而来。一些鞘翅目昆虫和无名小虫在墙上或墓碑上做洞或泥窝，并在那里产下蛆。

通常情况下，昆虫从生产到完成发育的时间大约为三到四周。对于蛆类和诸如蛆类的生物，从其产生到发育完全通常为三周，而在卵生昆虫中则通常为四周。但是，卵生昆虫其产卵时间大约为交配后七天，在产卵后的三周内，亲虫孵化而诞生幼虫；因此，对于卵生昆虫，有一周为成卵期，蜘蛛及其同类生物的情况亦是如此。通常，其变态发育过程以三天或

[1] 辛梅利亚·斯普鲁斯：据考证，应为黑海与亚速海之间的刻赤海峡地区。帕尼斯河：大概是今天的库班河，因为这条河最终流入亚速海。

四天的间隔进行，这取决于其间隔期出现的意外。

□ 蜉蝣（以长尾蜉蝣作图）

蜉蝣即指蜉蝣目，是一种较为原始的有翅昆虫。其体形细长柔软，触角短，复眼发达，中胸较大，前翅发达而后翅退化，腹部末端有一对很长的尾毛。蜉蝣幼虫生活在各种各样的淡水栖息地，成虫多为陆生，不取食，甚至没有内脏，寿命很短，只有约数小时至数日不等。

关于昆虫的生殖情况就介绍这么多。昆虫的死亡多是由于其体内器官萎缩引起的，这种现象与较大动物因衰老而死亡的情况相似。

有翅昆虫则在秋季伴随着翅膀萎缩而死亡。马蝇因眼睛浮肿而死亡。

21 蜜蜂生殖的不同理论

关于蜜蜂的生殖，流行着不同的说法。有些人认为蜜蜂既不交配也不产子[1]，窃取他虫幼体为子。还有人认为蜜蜂的幼体是它们从石楠花中取出来的；另外一些人则声称蜜蜂是从芦苇花中取子；其他人则认为蜜蜂是从橄榄花中出来的。关于橄榄花理论，有例为证，即当橄榄大丰收时，此时蜂群数量尤其庞大。其他人认为雄蜂幼体是从上述花木中而来，但工蜂则是由蜂巢的统治者（蜂后）生殖产生的。

这些统领蜂可分为两种：红色的较强，黑色和杂色的相对弱些。统

〔1〕蜜蜂分工很明确，本书论及蜜蜂不通过交配繁殖后代，属明显的错误。蜜蜂的雌性和雄性生活在同一巢中，但在形态、生理和劳动分工方面均有区别：蜂后个体较大，专营产卵生殖；雄蜂体形较小，专司交配，交配后即死亡。工蜂个体较小，是生殖器发育不全的雌蜂，专司筑巢、采集食料、哺育幼虫、清理巢室和调节巢穴湿度等，不与雄蜂交配。雄峰只与蜂后交配。

领蜂（蜂后）的体形多为工蜂的两倍。这些统领蜂，其腹部或腰部以下的部分比较大，有些人将其称之为“蜂母”，它们承担着生产蜜蜂的任务：关于这种母性理论，有例为证，即蜂巢中没有统领蜂时，即便有雄蜂，也不会有蜜蜂出现。另外，还有些人认为这些昆虫相互进行交配，因为除了雄蜂外，均为雌蜂。

普通的蜜蜂产生于蜂巢之中，但是统领蜂则是紧紧依附于蜂巢下面的悬垂层进行发育。这一层与其他层被分隔开来，约有六到七个小窝，统领蜂幼体的生长发育过程与普通蜜蜂存在差异。

蜜蜂体有螫针，但雄蜂没有。统领蜂体有螫针，但它们从不使用，因此有些人便认为它们无刺。

□ **体形较其他蜜蜂更为庞大的蜂后**

蜂后也即蜂母，它由受精卵发育而来，是蜜蜂群体中唯一能正常产卵的雌性蜂。每个蜂群包含可以产卵的蜂后、产生精子的雄蜂和不可繁殖的雌性工蜂。蜂后在性成熟前持续食用蜂王浆，而雌性工蜂和雄蜂只在出生最初几天食用蜂王浆，持续食用蜂王浆直到发育完成，未持续食用蜂王浆的雌性幼虫则会成为工蜂。

22 续论蜜蜂的生殖

蜜蜂种类较多。其中以体小身圆，体表具有斑纹者为最佳；其次是体长而似黄蜂者；再次则是体黑而腹扁俗称“强盗”者；最后一种是体形在蜂中为最大的雄蜂，其体不带刺且缺乏活动。通常，有些养蜂者为了防止雄蜂进入蜂巢，会根据雄蜂的体形比例大小在蜂巢前摆上一个网，其网格空隙仅容得下小工蜂进去，而将大雄蜂阻挡于外。

如上所述，蜂后可以分为两种。在每个蜂巢中，蜂后不止一个；如果蜂后太少，整个蜂巢就会衰亡，其原因不是因为蜂巢缺乏领袖而使其秩序混乱，而是由于蜂后负责整个群体的生殖繁衍。倘若蜂巢中蜂后太多，蜂巢也会遭受损伤：因为在此情况下，蜂巢中的工蜂会分别服从于不同的蜂后而导致“派别”之争。

每当春季回暖较晚，或遭遇干旱和闷热潮湿天气，蜂巢中的后代数量就会明显变少。但是，当天气晴朗舒适时，工蜂们会忙于采蜜，在阴雨天气，它们则集中饲喂幼体：这就很好地解释了橄榄丰收时节蜂群尤为繁盛的现象。

蜜蜂首先搭建蜂巢，然后将小蜂幼体置于蜂巢：有人认为，这些幼体是蜜蜂通过口从其他地方带过来的。放入幼虫后，它们置入蜂蜜以维持其生长发育，这通常发生于夏秋季节。顺便提及，秋蜜相较于夏蜜口味更佳。

蜂巢是由蜜蜂从花中采集物质做成的，其蜡质材料是由采集的树脂胶凝聚而成，蜂蜜则是源于花蜜。花蜜主要在满天繁星或彩虹当空时沉积于花中：通常情况下，在昴宿星出现之前花中无蜜。（然后，蜜蜂用花中提取的胶体制作巢蜡。然而，蜂蜜不是蜜蜂制造出来的，而只是从自然界采集而来；举例为证，即，养蜂人偶尔发现蜂巢有时在短短两三天内即可充满蜂蜜。此外，在秋季时，仍有花开但此时花无蜜，倘若此时取出蜂巢内的原有蜂蜜，蜂巢内几乎没有食物储存，如果蜜蜂可以自行通过花制造蜂蜜，蜂巢应该很快会有新鲜蜂蜜填充。）蜂蜜慢慢成熟后其黏度会发生变化：起初稀薄如水，并能维持液体状态数日。如果刚开始就将这种水状蜜汁取出，它能保持二十天而不凝聚。蜂蜜甜味独特且呈黏稠状，较为容易辨别。

蜜蜂从具有花萼的各种花以及有甜味的花中采集花蜜，这个过程不会对任何花果造成损伤；蜜蜂用一个类似舌的器官取出花蜜，将其带回蜂巢。

在野生无花果成熟之时，养蜂者取走蜂群的蜂蜜。此时正是最适宜培养蜜蜂幼虫的时候。蜜蜂将蜡和花粉携带于腿上，将蜂蜜吐入到蜂巢之中。

然后，它像雌鸟哺育幼鸟那样喂养巢中的幼虫。当幼虫还很小的时候，它会在巢中倾斜身子，待慢慢长大些后，它会通过自己的努力直接向上去取食物，并且身体紧紧地依附于蜂巢，犹如粘在上面一样。

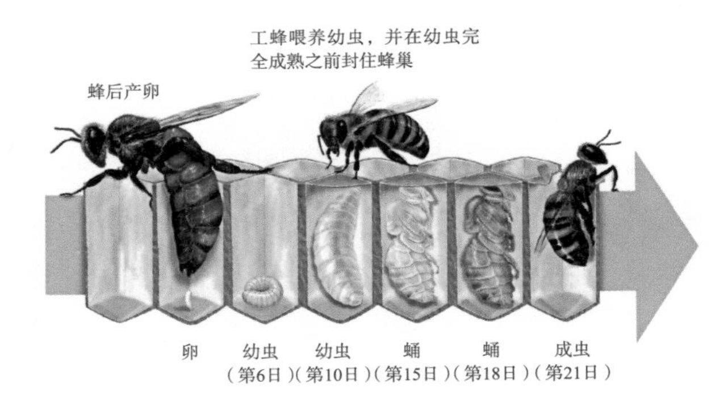

□ **蜜蜂的生命循环**

从幼虫到成熟之后的蜜蜂的寿命通常根据不同的工种有所差异，一般蜂后的寿命能够达到4~5年；雄蜂负责和蜂后进行交配，其正常寿命有3~4个月，但它在和蜂后交配后就会死亡；工蜂高强度采蜜的寿命只有28天左右，但是在冬天能活到3个月。

工蜂和雄蜂的幼体体表颜色呈白色；从幼体变成幼虫，而后幼虫分别长成工蜂和雄蜂。蜂后的卵颜色呈红色，其卵内物质与浓厚的蜂蜜一样黏稠；蜂后的幼体和成年工蜂一般大。蜂后幼体不经中间幼虫（蛆）过渡阶段便直接发育成蜂。

每当蜂后产下一枚卵时，便会相应地在蜂巢中滴下一滴蜂蜜。当蜂巢小窝一经被蜡封闭，蜜蜂幼虫便会长脚扎翅，当它发育完全成形时，就会打破封口蜡膜而飞出。当蜂处于幼虫（蛆）状态时，它会排出废物，但在之后的阶段即前文所述的封闭期间它便停止排泄。如果你在幼虫还未长翅膀之前将其头部去除，蜜蜂会把其剩余身体全部吃掉；如果你将雄蜂翅膀去除并让其出窝，蜜蜂会自发地将其他雄蜂的翅膀咬下。

蜜蜂通常存活六年，较长者为七年[1]。如果一个蜂群能持续存活九到十年，那必定离不开养蜂者悉心的饲养管理。

〔1〕工蜂一般寿命约为28天，蜂后为3～5年。

在蓬托斯生活着一种蜜蜂，其体表呈白色，这些蜜蜂每月生产两次蜂蜜。（在塞尔摩顿河岸即特弥斯库拉[1]生存的蜂，会在地下和蜂巢中建造蜂窝，这些蜂窝用蜡较少，但用较多浓稠的蜂蜜；顺便提及，其蜂窝光滑且平整。）但这些蜂的情况并非全年如此，其仅限于冬季；因为在蓬托斯[2]常春藤生长尤为丰富，它在每年冬季开花，蜂蜜多源于此花。阿米苏斯[3]上游地区出产一种蜂蜜，色白浓稠，蜜蜂在未使用蜂巢的情况下将蜜产于树上：这种蜂蜜在蓬托斯的其他地区也有产生。

还有些蜜蜂在地下构建三层蜂窝：这些蜂窝内有蜂蜜但从不含幼虫（蛆）。但是这些地方的蜂窝并非都是这样，也不是所有蜂都能构建这样的窝。

23 黄蜂和胡蜂的生殖方式

黄蜂和胡蜂建造蜂巢以育其幼虫。当蜂群没有蜂后时，它们会四处寻找合适的蜂后，此时，黄蜂会在高处筑巢，胡蜂则在洞内搭建蜂巢。当黄蜂和胡蜂蜂群中有蜂后时，它们都会在地下筑巢。它们所筑的巢在通常情况下与蜜蜂的巢形状相同，均为六角形。然而，其巢构造材质不是由蜡组成，而是由树皮状的丝状纤维组成，并且黄蜂的巢穴比胡蜂的外观更为整洁。像蜜蜂一样，它们把幼体像滴液体一样置于巢窝一侧，使其紧贴着蜂巢小窝内壁。但是这些卵并不是同时产下的；相反，在某些蜂巢小窝内，有些幼虫生长到足以出巢飞行，有些小窝中的还处于蛹阶段，还有些小窝

---

〔1〕特弥斯库拉是一个古老的希腊东北部小镇，位于黑海南部海岸，靠近塞尔摩顿河口。

〔2〕蓬托斯是古代小亚细亚北部的一个地区，在黑海南岸。

〔3〕阿米苏斯是古罗马的某一个地方。

中的仅仅是蛆的状态。与蜜蜂的情况一样，在这些小窝中，它们仅在蛆形阶段可观察到有排泄物。当这些生物处于蛹状态时，它们会一动不动，小窝对外封闭。在黄蜂的蜂巢中，会发现每一幼体身前均有一滴蜂蜜。黄蜂和胡蜂的幼虫通常出生于秋季而不是春季；并且在满月之时，它们的生长速度尤为明显。顺便提及，蜂卵和蛆总是会紧贴于蜂巢小窝侧壁上，而不会在小窝底部。

24　大黄蜂的生殖

有一种大黄蜂，会在石头或类似地方构建一个锥形巢，这些巢是用唾液和着泥构筑而成的。其巢厚实而坚硬；事实上，人们用长钉也很难将其戳破。这些大黄蜂在锥形巢中产卵，随后产生那些包裹于黑膜中的白色蛆类。蜂窝除了有膜，还有些蜡状物质；并且，这种蜡在颜色上比蜜蜂蜂窝中的蜡色略浅，呈土黄色。

25　蚂蚁的生殖

蚂蚁交配产生蛆：这些蛆不附着于其他任何特定物体，它们从小圆卵中逐渐长大伸长身体：它们都是在春季产生的。

26　陆蝎的生殖

陆蝎也会产下许多卵形的蛆，并将其孵化育雏。当孵化完成时，与亲代蜘蛛一样，亲代陆蝎会被子蝎追逐杀害；子蝎的数量通常为十一只。

27 蜘蛛的生殖

蜘蛛均以上述方式交配而先生成小蛆。这些小蛆整体变态成为蜘蛛，而不是部分变化；顺便提及，这些蛆类一开始时通体为圆形。蜘蛛产卵（蛆）后会将其孵化，在三天之内，这些卵（蛆）就会发育为蜘蛛形状。

所有各种蜘蛛均会将卵产于网上，但是其网各异：有些蜘蛛网孔小而细密，有些网则质地较为厚实；还有些则是类似圆形囊状，有些只是部分包裹不完全封闭的网状物。其幼虫并不是同时变态发育成小蜘蛛：但是在发育完成那一刻，小蜘蛛会跳跃起来，开始结它自己的网。如果你挤压小卵，会发现，其体内液体与小蜘蛛体内物质相同；这种液体均呈白色且质地浓稠。

草地蜘蛛产子于蜘蛛网中，其网一半系于自己身体，另一半则不与其他物体相连且能自由活动：在此网中，亲代蜘蛛孵化其卵直至成小蜘蛛。长腿蜘蛛将卵产于它自己编织的结实囊网中，并在上面将其孵化成蜘蛛。无毛蜘蛛相较于长腿蜘蛛或毛蜘蛛产子较少。长腿蜘蛛长到成年大小时，经常会将其亲代母体包围起来而逐离，而后将其杀死；如果它们能抓住亲代父体的话，亦会将其杀死：顺便提及，亲代母体在孵化幼子时，亲代父体会协助参与孵化。长腿蜘蛛有时一次产卵量可达三百多个。蜘蛛大约需要四周时间即可完全长成成年体形大小。

28 蝗虫的生殖

蝗虫的交配方式与其他昆虫相同，即体形较小的雄性覆于体形相对较大的雌性背上进而完成交配过程。雌蝗虫在产卵前会首先将其藏于尾部的空心管插入地下，进而完成产卵；顺便提及，雄蝗虫尾部没有这种空管。雌蝗虫会将其卵全部置于一个地方堆积起来，使得整个卵块像蜂窝一样。产卵之后，这些卵变形为椭圆形的小蛆，外面包裹着薄泥状的膜；这些小蛆在膜包内逐渐发育成熟。蝗虫幼虫非常柔软，仿佛一触即可身破。其幼虫并非在地面上，而是被亲代放在地面稍下的地方完成发育；当它长成小黑蝗虫时，会从被泥巴覆盖、包裹的小窝内爬出；之后，其外皮会蜕去，逐渐长得越来越大。

蚱蜢于夏末时节产卵，并在产卵后死亡。事实上，产卵时，雌蚱蜢脖子区域会覆满小蛆；雄蚱蜢亦在大约同一时间死去。春季回暖时，它们会从地里钻出来；顺便提及，蚱蜢不会出现在山地或贫瘠之地，它们只生活于平坦的沃土上，因为这种环境适宜其种群生存繁衍。冬季时节，其卵均存留于地下；夏季来临之时，往年的幼虫会发育成机能完善的蚱蜢。

29 蝗虫产卵后

蝗虫产卵后死亡，其情况与前文所述的蚱蜢相似。当秋季雨水较大时，其卵会因雨水浸灌而受到破坏；但在干旱时节，由于没有任何破坏性的因素，蝗虫数量异常庞大，影响蝗虫数量多少的外界破坏性因素存在不确定性，如若遇到，纯属偶然。

30 蝉的生殖方式

蝉分两种：其一体小，最早出现而最后消亡；另一种则体大，最后出现而最先消亡。蝉的种类有体形大小之别，有些在腰部分隔开来，这些能够发出鸣叫，有些则是腰部不分开的，这些不能发声。体大而能鸣叫的蝉，有些人称之为“鸣蝉”，体形较小者，人们则称之为“蟪蛄”[1]。顺

〔1〕蟪蛄又名“知了”。

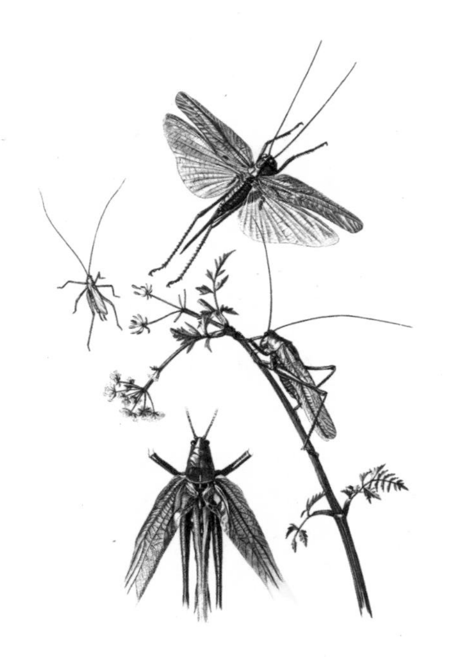

□ 蝗虫

蝗虫俗称蚂蚱，直翅目，是一种不完全变态昆虫，主要包括飞蝗和土蝗。它们广泛分布于全世界的热带、温带的草地和沙漠地区，食性甚杂。

便提及，这种在腰部有分隔的“蟪蛄”小蝉也可以发出小而低沉的鸣叫声。

蝉在有树木的地方生存——以下即是例证：在古利奈[1]周边地区的平原上根本找不到蝉，但在城市郊区却数量繁多，特别是在橄榄树生长的地方为数较多，因为橄榄树下有树荫而且不太稠密，其环境尤为适宜蝉的生长。寒冷的地方也没有蝉，在任何过于浓密而不见日光的树丛中都找不到蝉。

大蝉和小蝉交配方式相同，均为腹部贴腹部。与一般昆虫相同，雄蝉将精液排入雌蝉体内完成受精，雌蝉有一裂隙生殖器官；雄蝉经此器官将精液射入雌蝉体内。

它们像蝗虫一样，用体后尾端所带的尖头器官在休耕地上打洞产卵；蝗虫将卵产于未经耕作的荒地上，这就很好地解释了古利奈郊区附近蝉为数众多的原因。雌蝉还在农家藤蔓藤条上打孔产卵；还有的在乳香树的茎干中产卵。其卵孵化的幼虫会钻到地下。多雨的时节，它们的数量最为庞大。幼虫在地里生长到最大时，会变成若虫，在此阶段尚未脱壳，其味道

〔1〕古利奈是位于现利比亚境内的古希腊城市，为该地区五个希腊城市中之最古老和最重要的，利比亚东部因它而命名为昔兰尼加。

最佳。当夏至来临时，这种生物会在夜间脱壳而出，出壳时，幼虫已发育成完全意义上的蝉。同时，其出壳后，体色会立刻变黑，身体愈来愈大，而后开始鸣叫。体形较大与较小的两种蝉，发声鸣叫的均为雄蝉，雌蝉则是不发声的。起初，雄蝉味道更佳；但是一经交配，雌蝉因体内充满白卵而味道更胜一筹。

□ 蝉

蝉又称知了，有两对膜翅，头部宽而短，口器细长，为刺吸式，具有三对足，腿节粗壮发达。蝉常分布于温带及热带地区。雄蝉会鸣叫，其发音器在腹部与胸部交界处，就像蒙上了一层鼓膜的大鼓，鼓膜受到振动而发出声音，由于其鸣肌每秒能伸缩约1万次，且盖板和鼓膜之间是空的，能起共鸣的作用，所以其鸣声特别响亮。

如果在蝉飞行掠过头顶时，你突然大喝一声，它们就会滴下像水一样的液体。关于这种现象，乡下人说那是蝉在排尿，即以露水为食的蝉也是有排泄物的。

如果你将手指放在蝉的体前，指尖做屈伸动作，相较于你伸着五指而不动，蝉会更安静地看着你的伸展演示；随后它会攀爬你的手指：因为蝉的视力较弱，它会把你的手指当作飘动摇曳的树叶，进而爬上去。

31 寄生虫

有些昆虫非肉食性但专门吸吮动物肌肉内的液体，如虱子、跳蚤和壁虱，所有这些昆虫都毫无例外地产生所谓的“幼虱”，这些幼虱不会生成任何物质。

在这些昆虫中，跳蚤最易产生，由少许腐败物质即可生成；只要有干粪存在的地方，就一定有跳蚤的踪影。壁虱是在动物分泌的污秽汗水中产生的，因为它们在体外则会死亡。虱子是从动物的肉体中产生的。

在生有虱子的动物身上，可以看到其体表有一种小的疹斑而无脓臭物：此时，如果你将患病动物出疹处按压刺破，虱子就会从中跳出。对有些人而言，体表有虱子确属一种疾病，此时身体浮肿；事实上，人类易于患此虱疾，据说诗人阿尔克曼和叙利亚人费雷西底就因为此病而死亡。此外，在某些疾病中，也会发现大量虱子存在。

还有一种被称为“野虱”的虱子，它比普通的虱子体表更硬，并且一旦被依附就很难将其从皮肤上除去。男孩头上较成人容易沾染虱子，女人相较于男人更容易沾染虱子。但是，每当人们受虱子困扰时，其疼痛程度较头痛病为轻。相比于人类，虱子更多地在其他动物身上产生。鸟类身上亦滋生虱子：沾染虱子的雏鸡如果不用沙土清洗身体将虱子除去，它们终将因虱害而亡。所有其他有翼、有羽毛的动物也同样容易受到虱子侵染，一切被毛动物也是如此，唯有驴子，它既不染虱也不染蜱。

牛既受虱子沾染也易受蜱虫影响。绵羊和山羊体表均易生蜱虫，但不生虱子。猪身上生的虱子体大壳硬。狗身上有一种唯其所特有的壁虱。在所有受虱子疾害的动物中，虱子均来自于动物本身。此外，对于习惯洗澡沐浴的动物，当其换水洗澡时，虱子通常会越来越多。

在海中，鱼身上也有虱子，但它们不是从鱼身上产生的，而是来自海底烂泥；它们类似于多趾木虱[1]，只是它们的尾巴呈扁平状。海虱各种类间，形状体形相同，并且在鱼身上的寄生部位也相同，在红鲻鱼身上数量尤多。所有这些昆虫均为多足类，且体内不含血液。

金枪鱼身上的寄生虫多存在于鱼鳍区域；它形状类似蝎子，约有蜘蛛般的大小。在古利奈和埃及之间的海洋中，有一种鱼贴附于海豚身上，被

〔1〕木虱，昆虫纲同翅目中的一个重要类群，也是同翅目木虱科的通称，为渐变态类昆虫。其个体发育经过卵、若虫和成虫三个时期，成虫体形小，活泼能跳，体圆而扁平，体表覆被蜡质分泌物。

称为“海豚虱”。当海豚外出浮游寻找食物时，这种寄生虫会因食物丰富而长得非常肥胖。

32 微小生物

除了前文所述的微小生物外，其他微小生物有些产生于羊毛或羊毛制品中，比如衣蛾。如果羊毛制品多尘，这些小动物就会大量存在；如果羊毛制品或羊毛中存有一只蜘蛛，那么微生物的数量会尤其庞大，因为蜘蛛会吸干其表面可能存在的水分，这为微小生物的生长提供了较好的环境。在人的衣服上也可以发现这种蛾的幼虫。

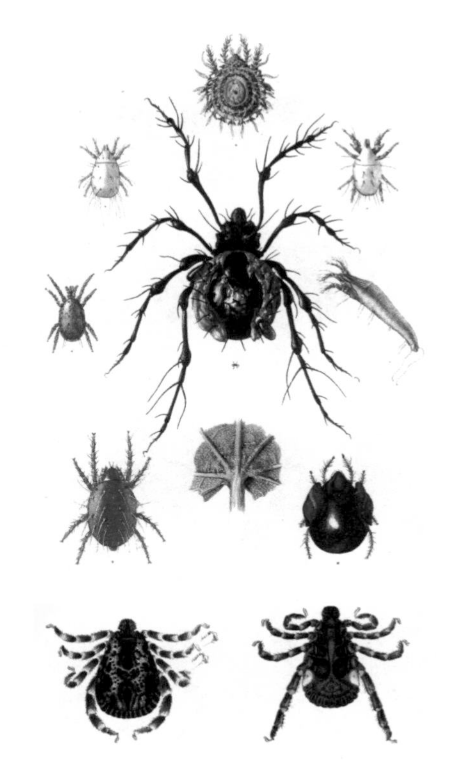

□ 不同种类的蜱螨

蜱螨是一群形态、大小、生活习性和栖息地多种多样的小型节肢动物，其头胸部和腹部通常是一整块，分节不明显。在头胸部有4对步足及1对触肢、在口部有螯肢。蜱螨部分为植食性，部分为捕食性，部分是其他无脊椎动物和脊椎动物的寄生者。它们分布于沙漠和北极，山顶和海底，江河和温泉等地，在土壤、植物、动物上则更为常见。

在搁置已久的蜡中，也可发现像在木头中一样的微小生物，色白，人们称之为蜱螨。在书中也有其他的微小生物存在，有些类似于衣服中的蛆类，有些类似于无尾蝎，但体形极其微小。通常情况下，这样的微小生物几乎可以存在于任何物体中，既可出现在逐渐变潮的干燥物品中，也可出现在逐渐变干的潮湿物品中，只要它们具有滋生生命的环境条件。

有一种人称“樵夫”的小蛆，与通常所见动物相比，形状较为奇怪。其头部突出于外壳，颜色斑驳，足靠近身体末端，这与一般的蛆类情况相

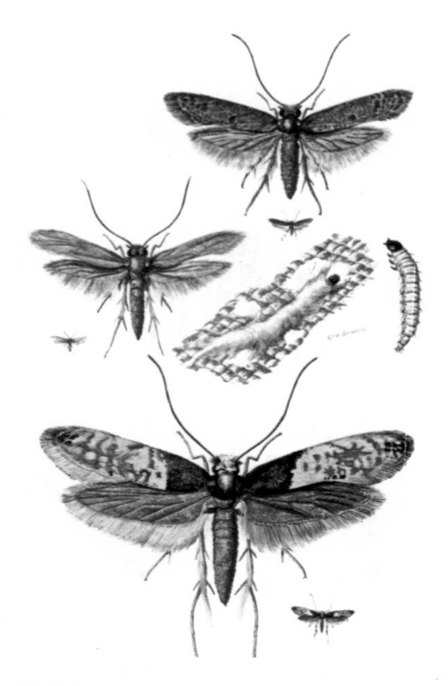

□ 衣蛾

衣蛾属鳞翅目谷蛾科，其幼虫是小型褐色的毛毛虫，会吐丝作茧，成虫则为浅黄色的蛾子。衣蛾一般藏在丝质的袋状物或网状物（称为筒巢）内，取食羊毛、毛皮、地毯、毛毯、鱼粉、化纤羊毛、棉混纺织物等，因而被划分为储物害虫。

似；但它身体的其余部分都包裹于一被膜之内，这被膜犹如蜘蛛网一样，被膜周围覆有少许干枯树枝，看起来好像是其在走动时偶然搭上的。但是，这些树枝状结构是其生来具有且与被膜相连的，其整个身体上部结构和蜗牛的外壳构造相同；这些小枝不会自然脱落除非人为剥除，一旦除去，对其而言将是致命的伤害，就像蜗牛缺失外壳一样很快就会死亡。随着时间的推移，这种小蛆逐渐变态发育成蛹，就像蚕一样，一动不动地活着。它变态之后会变成什么样的翼状物至今不得而知。

野生无花果的果实中含有无花果蜂。这种生物起初是小蛆；但在一定时候，便蜕去其外壳，飞出无花果蜂，此蜂通过无花果孔隙进入果实内，使果实不会未熟而提前脱落；为了利用此现象，农夫便将野生无花果枝与家种无花果树捆绑在一起，或将野生无花果移植到家种无花果树附近。

33 乌龟、蜥蜴、鳄鱼的生殖

对四足红血卵生动物而言，其生殖均发生于春季，但交配不在同一季节发生，有些在春季，有些在夏季，还有些在秋季，其交配时节取决于随后的生殖季节何时对其后代更为有利。

乌龟所产卵为硬壳，内有两色如同鸟卵，产卵后将其埋于地下，而后将地面松土踩实；随后在地面上孵卵，这些卵到第二年才能孵出幼龟。淡水龟均离开水体产卵。它在地面上挖出一个桶状的洞，并将卵产于其中；经过不到三十天的时间，它会再次将卵挖出，并快速孵化它们，而后立即带着这些小龟入水。海龟所产下的卵如同家禽的卵，它将卵掩埋地下，夜间覆于地上进行孵化。海龟每次产卵为数众多，有时多达一百枚。

蜥蜴和鳄鱼，无论是陆生还是水生，均在陆地上产卵。蜥蜴的卵在陆地上可以自行孵化，因为蜥蜴不会活到第二年；据说，它的寿命实际不超过六个月。河鳄每次产卵数量众多，最多可达六十枚，其卵呈白色，孵化期为六十天：顺便提及，这种动物的寿命较长。这种动物成年后体形较为庞大，与其卵相比显得比例明显不均衡，这种现象相较于其他任何动物都较为显著。河鳄的卵还不及鹅卵大，幼年鳄鱼体形较小，与其卵的大小较为相称，但到成年，其体长可达八米；事实上，这种动物会终身不停生长直至死亡。

34 蛇属生殖

关于蛇属，蝰蛇是先经内部卵生，而后对外胎生。蛇卵如鱼卵般颜色均匀一致，卵壳较软。

小蛇如同小鱼一样从卵内爬出覆于表面，体外没有壳状包裹物。小蝰蛇从卵内出生后进入一包膜内，三天后便破膜而出；有时蝰蛇幼体会在卵内吃出一条外出的通道。蝰蛇母体会在一日内逐个产下所有卵，其卵数量为二十枚。其他蛇属均是外卵生的，它们的卵像女士的项链一样，一个挨着一个串在一起；雌蛇将卵产于地上之后便在卵上进行孵化，小蛇要到第二年才能出壳。

第六卷

本卷承续前卷，具体讲述天上飞的、水里游的、地上爬的各类动物孕育生命的全过程，并考证鼠患危害之烈与其受妊之速的关系。

浣熊

1　鸟类产卵

关于蛇和昆虫以及卵生四足动物的生殖过程，就介绍这么多。

鸟类无一例外均会产卵，但其交配季节和产卵时间不尽相同。有些鸟几乎可在一年中的任何时间交配产卵，例如家养母鸡和鸽子：家鸡除却冬至前后一个月外，全年均可交配产卵。有些品种优异的母鸡，也会在育雏前大量产卵，最多可达六十枚；顺便提及，品种优异的母鸡其产卵量不及品种稍差些的母鸡。阿德里安母鸡体形较小，体色多样，每日均可产卵；但其脾气暴躁，经常杀死雏鸡。有些家养母鸡每天可产卵两次；实际上，有些家鸡在达到生殖极限后会突然死亡。如上所述，母鸡不分季节，随时均可产卵；家鸽、斑鸠、雉鸠和林鸽每年产卵两回。实际上，家鸽每年可产卵十回。绝大多数鸟类均在春季产卵。有些鸟较为多产，按季生产或随时生产这两种方式均可实现。如家鸽，每年产卵并孵化多回，或如家鸡每回产卵多枚。除了红隼之外，所有的猛禽或带有钩爪的鸟类，均不高产：红隼是猛禽中最多产的，有时在其巢中可发现四枚卵，偶尔会产卵更多。

鸟类通常会产卵于巢中，但是诸如鹧鸪和鹌鹑等不善飞翔的鸟类通常将卵产于地上，并用松散杂物将其覆盖。

□ 红隼

红隼，隼形目隼科，是一种小型猛禽，其翅狭长而尖，尾亦较长，背和翅上覆羽呈砖红色，具有三角形黑斑；腰上覆羽和尾上尾羽呈蓝灰色，尾具有宽阔的黑色次端斑和白色端斑，眼下有一条垂直向下的黑色口角髭纹。红隼栖息于山地、低山丘陵、森林苔原等旷野地区，常单个或成对行动。

云雀和琴鸡的情况也是如此。这些鸟在隐蔽处孵卵；但在维奥蒂亚[1]一种被称之为蜂虎的鸟是较为独特的，它会钻入地洞中孵卵。

画眉鸟像燕子一样，筑巢于高大的树木之上，这些巢穴紧次相连排成一排，其巢群外观就像一串项链一样。在所有自己孵卵的鸟类中，戴胜是唯一不会筑巢的鸟类：它进入树干空洞中产卵，不做任何的巢。燕子常筑巢于屋檐下或悬崖上。琴鸡[2]在雅典[3]被称之为“乌拉克斯”，它既不在地上也不在树上筑巢，而是将巢建在低矮的灌木丛中。

2 鸟类的卵，鸟类的交配

所有健康的雌鸟经交配后所产卵均为硬壳；有些雌鸟会产软卵。鸟卵卵内物质呈两种颜色，最外面的那部分为白色，最里面的那部分为黄色。

栖息于河流与沼泽的鸟类所产的卵与生活在陆地上的鸟类所产卵不同；水鸟的卵相较于陆地鸟卵蛋黄部分较多，而白色蛋白区域则相对较少。鸟卵的颜色因其种类不同而存在差异，有些卵壳是白色的，如家鸽和鹧鸪；有些卵壳则是淡黄色的，如水禽；有些卵壳是斑驳色的，如珍珠鸡和雉鸡；而红隼的卵则红如朱砂。

鸟卵两端并不对称：一端比较尖，另一端相对钝些；在产卵时钝端先出。一般卵形长而尖的是雌性；卵略呈圆形或尖端更圆者为雄性。鸟卵由

〔1〕维奥蒂亚（Boeotia）：古希腊地区，位于希腊中部，埃利孔山（海拔1748米）把该地区分为南北两部分，北部平原有基菲索斯河用以农业灌溉，南部平原有阿索普斯河用以农业灌溉。该区域盛产小麦、玉米、烟草和油橄榄等，主要城市是莱瓦贾，在希腊军事、艺术、政治历史上颇有名气。

〔2〕琴鸡在雅典被称为“乌拉克斯”，一种具有中等体形的野鸡，广泛分布于欧亚大陆。

〔3〕雅典是古希腊人在阿提卡半岛上建立的一座重要城邦。

雌鸟进行孵化。在埃及有这种现象，即有些鸟将其鸟卵埋于粪堆中让其自行孵化。曾有这么一个故事，讲述了锡拉丘兹的一个酒徒把鸟卵放在其所坐草垫之下，而后不停饮酒，直到将雏鸟孵出。也有这样的实例，即有人将鸟卵置于温暖的器具中，而后卵自行孵化。

同其他动物一样，鸟类的精液也是白色的。雌鸟在雄鸟完成授精后，将精液上引到其膈膜之下。受精卵最初很小且呈白色；慢慢地，它转变成血红色；随着其不断生长，又渐变成通体淡黄色。当卵逐渐成熟达到最终孵化长度时，其内部物质开始分化，卵黄聚集于内部，卵白则在卵黄外围。待其卵成熟时，便会从母体排出体外，在排出的瞬间，卵壳快速由软变硬，临产前其卵并不硬，但在产出后已是硬壳：此处所述的鸟类均为体况健康无病的鸟。曾有这样的实例，有人将雄鸡解剖后，发现在其膈膜之下对应母鸡孕卵的部位有黄色物质（卵黄）——处在卵体生长的关键位置，其外观全为黄色且与普通卵一般大。这种现象被认为是反常且不祥的。

有人认为，“风蛋”由前期交配的残卵所发育，这种推断是不正确的，因为对此我们有很好的实例加以论证，即部分普通母鸡和鹅所产的小鸡与小鹅在未经交配的情况下也可以产出风蛋。风蛋较真卵体小味差，内容物稀薄，且产量较大。当将风蛋置于雌鸟体下进行孵化时，其卵内容物不会凝结，黄色和白色部分都维持原样。许多鸟类均会产生风蛋：比如普通家鸡、鹧鸪、家鸽、孔雀、鹅和狐鹅。母鸡孵卵的速度在夏季快于冬季；也就是说，在夏季，母鸡十八天即可将卵孵化成雏，然而在冬季有时则多达二十五天才能完成孵化。顺便提及，在育雏方面，有些鸟母性较好且更善于孵卵，有些鸟在这方面则差得多。如果母鸡孵卵时，遇到打雷天气，这些卵就会因外界震动而变质不能发育。人们称之为“狗尾巴”和“尿蛋”的风蛋多产生于夏季。

有些风蛋被称为“和风蛋”，因为在春季，雌鸟会吸入和风；如果用手以特殊的方式抚摸它们，它们也会产下风蛋。风蛋可以变成真卵，即风蛋或前期交配的卵在其内容物尚未成熟时，通过另一雄鸟为其授精即可将风蛋转为真卵或改变幼雏品种。在这种情况下，风蛋就可以变成真卵，之前已受孕的卵则会产生后者雄鸟的品种；但是如果第二次授精发生在卵内容物由完全黄色分化为黄色、白色，那么卵的原有特征就不会发生变化：此时，风蛋也不会成为真卵，真卵也不会是后一雄鸟的品种。如果雌鸟在卵较小时交配且中途中断，那么已有的卵则不会增长变大；但如果之后雌鸟继续与雄鸟交配，那么其卵体就会迅速增大。

卵黄和卵白的差异并不仅仅局限于颜色，在其性能特征方面也有不同。卵黄受冷凝结，卵白受冷反而倾向于液化、稀薄。同样，卵白遇热凝固，而卵黄则不会；卵黄在未经久烤时，其状态仍为柔软，实际上，在沸水中煮卵，其卵黄比烤的卵黄更容易凝固硬化。卵黄和卵白中间由一层膜将彼此分开。在卵黄两端发现的所谓“包块”，并不是有些人假想的那样，认为其对于生殖发育意义重大：其数量有两个，一下一上。如果打破卵的外壳并从中取出卵黄和卵白，将其混合倒入平底锅中，小火慢慢煮热，会发现卵黄聚于中心，卵白则围绕于卵黄外围。

初产母鸡多在春季产卵，其产卵数多于经产母鸡，但是初产母鸡所产的卵相对较小。通常情况下，如果不让母鸡孵卵，它们就会憔悴而生病。母鸡在交配后会摇摆身体，并经常踢打其周边杂物——顺便提及，有时它们在产卵后也会做出这些动作——至于家鸽则会把尾巴垂在地上绕圈追其臀部，鹅则会潜入水中。对于大多数鸟类而言，真卵和风蛋的发生过程均较为迅速，实例为证，发情中的雌鹧鸪情况就是这样。事实上，如果雌鹧鸪站在下风口闻到雄鹧鸪的体味后，它就会因此而感孕，之后便不再接受雄鹧鸪的诱惑：顺便提及，鹧鸪似乎具有非常敏锐的嗅觉。

各种鸟类交配后其受精卵产生和随后孵卵产生幼雏的时间存在种间差异，这与亲鸟的体形大小有关。通常情况下，普通家鸡交配后的卵多在十天内即可成熟；家鸽受精卵成熟的时间则相对短些。家鸽能在即将分娩时控制卵的排出使其留于体内：如果雌家鸽在巢中遭到打扰，或者被拔掉羽毛，或者遇到任何其他干扰性因素，它会即刻缩回本将要产出的卵。在家鸽交配方面，人们发现一种奇异现象：当雄性骑于雌性背上前，它们彼此亲吻，倘若前期没有亲吻这个步骤，雄家鸽则拒绝与雌家鸽交配。对于年龄稍大的雄鸽来说，最初的亲吻只是对于新认识的雌鸽，在随后的日子里，它们彼此进行交配则不需要亲吻；对于较年轻的雄鸽，交配前的亲吻过程是不可省略的。

在这些鸟类中还有另一种奇怪现象：在周边没有雄鸽存在的情况下，雌鸽会首先彼此亲吻，而后相互踩踏其背，这种现象好似雌雄交配过程。在这种情况下，虽然它们彼此不会产生受精卵，但其产卵量会多于平常；然而，所有这些卵均为风蛋，不可孵出幼雏。

3 鸟类孵化过程，鸟卵的结构

所有鸟类均以相同的方式从卵中孵化而来，但是从受孕到出壳的整个时期，正如前文所述，长短各异。于普通家鸡而言，三天三夜之后即可观察到胚胎迹象；对于较大的鸟类，其间隔时间较长，较小的鸟类则较短。与此同时，卵黄形成并趋向于卵壳尖端，卵的原始物质存于此端，孵化也从此处先开始；其心脏出现于卵白中，刚出现时像一个血斑一样。其心脏跳动并移动，好像被赋予了生命一般，稍后会从中伸出两条血管，内有血液，穿插其中（随着受精卵继续生长发育，两管分别延伸入两个周边包膜中）；此时包裹着卵黄的膜表面覆有血管纤维。起初，胚胎较小且色白，稍后则身体组织开始分化。这时胚胎头部清晰可辨，眼睛较为突出。眼睛特大这种状况将持续较长时间，因为它只是逐渐减小而收缩。与身体上部相比，其下部看起来极为微小。从心脏引出的两条血管，一条朝向周围的体表，另一条像脐带一样朝向卵黄膜。雏鸡生命之源来自于卵白，营养物质则经由

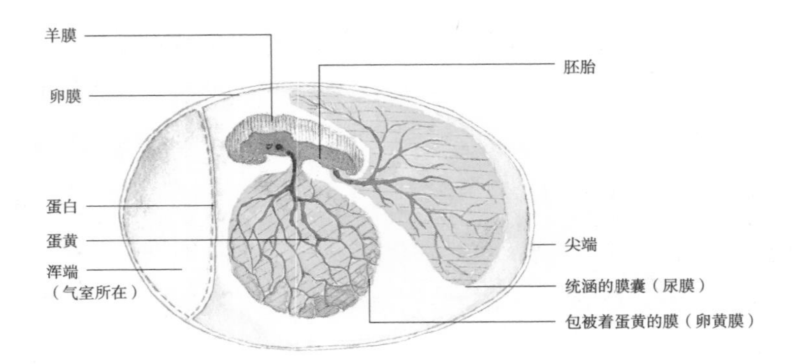

□ 鸡卵孵化第一周末的情况

由卵巢产生的成熟鸡卵细胞脱离卵巢时并不具备蛋白、壳膜和卵壳这些结构，这些结构是由鸡卵在输卵管内移动的过程中，在输卵管及后段管壁的分泌作用下使其形成为卵后才具有的。

脐带从卵黄中获得。〔1〕

当卵发育到十日时，雏鸡及其体内各部分均清晰可见。头部仍比身体的其他部分要大，眼睛比头大，但仍然没有视觉功能。如果此时将其眼睛移除，会发现其比豆子还大，且呈黑色；如若剥去外角质层，会发现里面有一种白而冷的液体，在阳光下闪闪发亮，但其中没有任何硬状物质。这些就是雏鸡头部和眼睛的情况。此时，也可观察到其较大的内脏器官，胃和内脏的排列均可辨识，最初似乎从心脏发出的血管现今靠近脐带。从脐带伸出一对血管；一条朝向卵黄膜（顺便提及，此时的卵黄为液态，或者比平常更为稀薄），另一条朝着包裹整个胚胎幼体的膜囊，其中有雏鸡所在的外膜和卵黄膜以及其间的液体。（随着胚胎的不断生长，卵黄慢慢地一部分向上，另

---

〔1〕希波克拉底学派的观点与此论述相反，他们认为雏鸟出自于蛋黄，蛋白则为雏鸟孵化时的营养供给。亚里士多德在本章的论述，开启了近代胚胎学研究的先河。从公元17世纪以后，先后由法布里季、哈维及伏尔夫等，沿袭亚里士多德的思想，逐日剖析孵化中的鸡蛋，到了公元19世纪初，才认定鸟类的胚原确实是蛋黄表面的一个微点。

一部分向下伸展；向下伸展的卵黄，其下部分仍为卵白，靠近出口部位。）在其发育的第十日，卵白处于最外面，含量减少，略显黏稠而结实，颜色呈苍黄色。

其卵内的各组成部分位置如下。首先，最外面的是卵膜，此处指的不是卵壳，而是内部紧贴着壳的那层膜。膜内是白色液体；然后是雏鸡，有一层膜围绕着雏鸡，使其与外部液体相分离；雏鸡下面是卵黄，前文所述的两条血管其一伸入卵黄，另一条血管则伸入包裹白色液体的膜中。具有类似血清状液体的膜包裹着整个身体结构。然后在胚胎周围有另一层膜，如上所述，其作用是将胚胎与液体分开。其下为卵黄，包裹于另一层膜中（从心脏延伸而来的脐带和大血管伸入卵黄中），以使胚胎完全隔离于这黄、白两种液体。

在大约二十日时，如果你打开卵壳并触摸雏鸡，其身体会扭动并发出唧唧声；在二十日之后，雏鸡身体开始覆毛，并即将破壳而出。雏鸡头部蜷缩于靠近侧翼的右腿上方，翅膀覆于头上；大约在这个时候可以清楚地看到贴于卵壳的那层类似于胎盘膜的物质，即前文所述的两条脐带血管之一所进入的那层膜（并且，顺便提及，雏鸡此时完全包裹于胎膜内），另一个类似于胎盘膜的外膜包裹着卵黄，即是从两条脐带血管的另一条所引出直达卵黄的膜；这两层膜前文已述，均与心脏和大血管相连。与胎盘相连的脐带会在破壳时于身体结合处脱离，与卵黄相连的那层膜则覆于雏鸡的细肠上，此时有大量的卵黄存于雏鸡体内，其胃里有卵黄沉淀物。大约在这个时候，雏鸡体内的残留废物会存于外胎盘内，并且在其胃内有残留物；外胎盘内的残留废物呈白色（其体内也有白色物质）。而后，卵黄逐渐因消耗而减少，还有一些存于雏鸡体内（因此，在孵化十日后，如果你切开卵，会发现有小部分卵黄仍与肠道相连），此时卵黄已与脐带完全脱离，两者之间没有任何东西，卵黄已被完全耗尽。在上述期间，雏鸡会时睡时醒，偶有运动，睁眼看看，唧唧发声；心脏和脐带一起搏动，仿佛它正在呼吸一般。关于鸟类从卵进行发育的全过程，就介绍这么多。

鸟类会产下一些无法孵育的卵，甚至有些交配后产的卵也无法育雏，这样的卵即使孵化后也不会发育成生命；这种现象在家鸽中尤为显著。

“双黄卵”有两个卵黄。在一些双黄卵中，有一层薄的白色物质将双黄隔开以防止卵黄相互混合，但是有些双黄卵没有这种间隔，两个卵黄相互交缠。有些母鸡只产双黄卵，前文所述的“双黄”情况就是从其卵中所观察到的。例如，据说一只母鸡曾产下十八枚卵，其中有些是风蛋，剩余的均为真卵，双黄卵可孵出两雏鸡（顺便提及，双黄卵孵出的雏鸡总是一大一小），但是最后一卵皆为畸形。

4 鸽属鸟类的生殖

鸟类中的鸽属，如斑鸠和雉鸠每次产卵两枚：通常情况下均为如此，最多不会超过三枚。如前所述，家鸽一年四季均可产卵；斑鸠和雉鸠会在春天产卵，一季产卵绝不会超过两次。当第一对卵遭到损坏后，雌鸟便会产下第二对卵，因为对于许多雌鸟而言，其首窝卵是孵不出幼雏的。如前所述，雌鸽偶尔会产下三枚卵，但最多能孵化出两只雏鸟，有时甚至只能孵出一只；三卵中必有一枚风蛋。

很少有鸟在出生当年就能生育。所有鸟类，一旦开始产卵，就会不停地产卵，某些鸟类因其个体偏小，很难辨识并发现这一事实。

鸽子通常会产下雄雌卵各一，并且通常先产雄卵；在产第一枚卵后的第二日，再产下第二枚卵。雄鸽在白天孵卵；雌鸽则于夜间孵卵。经过二十日孵化后，第一枚卵孵化成雏；通常，雌鸟会在卵孵出的前一日在其外壳上啄一个洞。两只亲鸟会像前期孵卵那样继续将雏鸟覆于翅下。哺育雏鸟期间，像分娩后的大多数动物一样，雌鸟的脾气较之于雄鸟更加暴躁。雌家鸽一年产卵多达十次；据说，有人见过雌家鸽偶尔会一年产卵十一次，至于埃及鸽，其实际每年产卵可达十二次。雄鸽与雌鸽出生当年即可交配；

事实上，其孵出后六个月大时就能生育。有人认为，斑鸠和雉鸠在仅仅三月龄大的时候即可进行交配生殖，据说因此而种群庞大。雌鸽怀卵妊娠十四日；亲鸟孵化期仍为十四日；再经十四日，雏鸟便可飞行，此时若想追上它已非易事。（据说，斑鸠的寿命长达四十年。鹧鸪的寿命长达十六年。家鸽在孵出第一窝雏鸽其后的三十日内，便开始为第二窝生育做准备工作了。）

□ **斑鸠**

斑鸠为鸽形目鸠鸽科鸟类，其上体羽以褐色为主，头颈灰褐，肩羽的羽缘为红褐色，上背为褐色，下背至腰部为蓝灰色，尾端部为蓝灰色。斑鸠栖息于山地、山麓或平原林区，主要在林缘、耕地及其附近以小群活动。

5 秃鹰的生殖

秃鹰筑巢于人迹罕至的悬崖上；因此，其巢穴和幼雏很难为人所见。诡辩家布莱森的父亲希罗多里斯[1]也因此而宣称，秃鹰栖息于我们所不了解的异域，因而没有人见过秃鹰的巢穴，同时据说大量的秃鹰常突然出现于军队后方。然而，虽然很难看到其巢穴，但的确有人看到过。秃鹫在巢中产下两枚卵。（一般来说肉食性鸟类每年仅产卵一次。燕子是唯一一种每年筑巢两次的食肉鸟。如果你在雏燕幼小时剔除其眼睛，它们会自行恢复，并慢慢重获光明。）

〔1〕希罗多里斯：活跃于公元前400年左右，是黑海南岸赫拉克里的史学家，著有《赫拉克里城志》。

6 老鹰的生殖，鹅、大鸨、鸢、鹫的生殖

老鹰产卵三枚，而孵化其二，正如穆赛欧斯[1]在诗中所描述的那样：

产三卵，孵两卵，育一卵。

鹰的繁殖在大多数情况下就是这样，尽管偶尔会观察到一巢三卵的情况。随着雏鹰的成长，母鹰会慢慢厌倦喂养它们，并从巢中扔出其中一只。与此同时，据说老鹰在此期间禁食，其间羽翼变白，爪子变得很钝[2]，使得野生动物幼崽得以生存。因此，这段时间母鹰对其幼雏脾气暴躁。据说，菲尼鹫会捡取母鹰扔下的雏鹰代为哺育。老鹰孵卵期大约为三十日。

对于较大的鸟类，诸如鹅和大鸨，其孵卵期大致相同；对于中型鸟类，诸如鸢和鹰，其孵卵期大约二十日。通常情况下，鸢产两卵，但偶尔也会产三枚。所谓的鬼鸮有时产卵可达四枚。有人曾言，乌鸦每次只产两卵[3]，但这种说法实则有误；乌鸦产卵数量较多。乌鸦孵卵期大约二十日，孵出雏鸟后，雌鸟便将其较小者逐出。其他鸟类也是如此：无论如何，当雌鸟产卵过多时均会扔出一只幼雏。

鹰属各种类间，在哺育幼雏方面存在差异。白尾鹰性格暴躁，黑鹰对于幼雏则较为慈爱；顺便提及，所有的猛禽，当其幼雏前倾身体跃跃欲试于飞行时，母禽便击打并将其驱逐出巢。如前所述，除了猛禽之外的大多数鸟类，也有此习性，待将幼鸟育成后便不再照顾它们；但乌鸦是个例外。雌乌鸦哺育照顾幼鸦为时甚长；即使小鸦可以飞行，母鸦也会伴其左

---

〔1〕穆赛欧斯：古希腊诗人，今无详细考证。

〔2〕在这一章的论述中夹杂了很多埃及神话，本节尤为明显。这一段的论述就是一段神话。

〔3〕此说法依然出自埃及神话。即埃及战神埃雪斯与妹妹爱神妮弗西斯，就是一对乌鸦卵孵化的“男女双神”。

右并为它们供给食物。

7 杜鹃的生殖

□ 杜鹃

杜鹃属鹃形目杜鹃科，常见种为大杜鹃、三声杜鹃和四声杜鹃，它们多数居住在热带和温带地区的树林中。有三分之一的杜鹃属于孵卵寄生动物。这些杜鹃从不筑巢，而是将卵产在其他鸟（特别是莺科鸟类）的巢内。剩下的三分之二（如走鹃、鸦鹃等）是不会孵卵寄生的，这些不寄生的杜鹃通常会将它们的巢筑在高树上。

据说杜鹃是鹰转变的，因为其外形似鹰，当它出现的时候，便再也见不到鹰；事实上，初夏时节，当听到“布谷”声的前几天，人们定会看到鹰的飞行。杜鹃仅在夏季出现且时间较短，在冬季便不见踪影。鹰有钩爪，杜鹃则没有；两者的头也不相同。事实上，在头部和爪子方面，杜鹃则更像鸽子。然而，杜鹃仅仅在羽毛颜色方面与鹰存在相似之处，鹰羽呈条纹状，而杜鹃则为斑点状。而且，顺便提及，在体形大小和飞行方面，杜鹃类似于鹰属中最小的种类，而这种小鹰通常会在杜鹃出现的时候消失，但有人曾见到过两者同时出现。有人曾见到过鹰捕捉杜鹃；而这种情况在同物种鸟类之间实属少见。有人曾言，他们从未见到过杜鹃的幼雏。实际上，杜鹃产卵，但不筑巢。有时，杜鹃会产卵于较小鸟类的巢中，首先它会先吃掉目标巢中的卵，而后将已卵置于其中；杜鹃尤为喜欢先吃鸽卵，而后将已卵放于斑鸠巢中。（杜鹃偶尔产卵两枚，但通常一枚。）它也产卵于百灵鸟的巢中，而百灵鸟则会将其孵化并哺育至长成。杜鹃怀卵之时体胖味佳，肥而可餐[1]。（此时

〔1〕虽有亚氏此言，但在我国，杜鹃属于“三有”（有益、有重要经济价值、有科学研究价值的）保护动物，是不应也不可被当作食物的。

幼鹰身体变肥而味美可口。有一种鹰筑巢于荒僻陡峭、人不能至的悬崖边上。)

8 水禽、乌鸦、斑鸠、鹧鸪的孵卵

大多数鸟类的孵化方式与鸽子相同，即雄鸟和雌鸟依次轮流孵卵。然而，有一些鸟类，雄鸟只在雌鸟外出觅食时才代其孵卵。于鹅而言，仅雌性单独孵化，雌鹅一旦开始孵卵便常坐不起，直至孵出幼雏。

所有水禽均筑巢于沼泽地等杂草旺盛之地；因此，当雌鸟安静孵卵时它容易从身边获得食物而不必禁食。

乌鸦亦属于雌性孵卵，在整个孵化期雌鸦长坐不起；雄鸦负责给雌鸦做好食物供给及饲喂工作。雌斑鸠下午开始蹲于卵上，通宵孵化直至第二天早餐时；其余时间，由雄斑鸠负责接替。鹧鸪巢穴为两个隔间；雄性和雌性分别在其中一间进行孵卵。待幼雏出壳后，雄雌亲代皆各自哺育其孵出的幼雏。但幼雌雏一经被雄鹧鸪带出巢穴，雄鹧鸪便踏于其背与其交配。

9 孔雀的繁殖

孔雀寿命约为二十五年，约在出生后第三年生育，也正在这个时候可开屏示羽。其卵的孵化期为三十日或更长时间。雌孔雀每年产卵一次，每次约十二枚，有时候数量会稍微少些：雌孔雀不会连续均匀地一日产完所有卵，有时中间会间隔两到三日。初产孔雀第一年约产八枚卵。雌孔雀也会产风蛋。孔雀于春季交配，交配后立即开始产卵。当最早的树木落叶时，孔雀会脱毛，当这些树木再次恢复绿荫时，它也会换上新的羽翼。雄孔雀经常攻击正在孵卵的雌孔雀，并企图踩踏破坏其卵。鉴于此，孔雀饲养者经常将孔雀卵放到母鸡体下，由其代为孵化；一些野生孔雀也会遇到类似情况，此时雌孔雀会远离雄性，在僻静处产卵并独自孵化。饲养者仅能在母鸡体下放入两枚孔雀卵，因为数量太多，母鸡则无法顺利完成孵化。他们采取一切预防措施，为母鸡提供充足食物，以防止其离卵停止育雏。

在交配季节，雄鸟的睾丸明显较之于平常大些，诸如家公鸡和雄鹧鸪等性欲旺盛的鸟类此方面特征尤为显著；对于不连续交配的鸟类而言，这种睾丸略大的特征则不太明显。

关于鸟类的妊娠生殖情况就介绍这么多。

10 软骨鱼类的胚胎发育

前文已经说过，鱼类并非都是卵生。软骨鱼类为胎生，其余的鱼类则为卵生。软骨鱼类是首先内部卵生，而后转为胎生；它们在体内培养胚胎，蟾胡鲇则为例外。

如上所述，鱼类也有子宫，并且其状各异。卵生鱼类的子宫为双角分叉型，且位置偏低；软骨鱼类的子宫状似鸟类子宫。然而，软骨鱼类的子宫在位置方面与鸟类子宫存在差异，有些软骨鱼类的卵不在靠近膈膜的地方，而是沿着脊骨中间部位生长，并且随着其身体增长，子宫会慢慢改变位置。

所有鱼卵颜色均匀，对外不呈两种颜色；其颜色更接近于白色而非黄色，并且在受精前后鱼卵颜色不变。

鱼类从卵到幼体的发育过程与鸟卵发育存在差异，鱼卵中仅有引向卵黄的脐带，而没有引向紧贴卵壳膜的脐带。鱼卵的其他发育情况则与鸟类大致相同。也就是说，鱼卵的发育从卵上部最先开始，血管也是以此方式从上部开始延伸，刚开始心脏、头部、眼睛和上部都较大；随着胚胎的生长，其卵内物质日益减少并最终被胚胎所吸收消失，这和鸟卵卵黄中所发生的经历过程类似。

鱼胚胎中的脐带系于腹孔稍下方。当鱼胚胎尚小时，脐带较长，但随

□ 弓鳍鱼

弓鳍鱼，属弓鳍鱼目弓鳍鱼科，其体色绿褐斑驳，有长背鳍和强锥形牙，牙齿粗壮而锐利。角鲛栖息于清澈、滞静、富含植物的低地淡水水域中，耐高温，肉食性，主要以水中生物和蛙类为食。

着其慢慢长大，脐带渐短且慢慢合二为一，这种情况与前文所述的鸟卵发育过程相似。胚胎和卵包裹于一个共同的膜中，此膜之下还有一膜，它包裹着胚胎；在这两层膜之间充斥着液体。小鱼胃内的食物类似于雏鸟胃里的食物，部分呈白色，部分呈黄色。

关于子宫的形状，读者可以参考我的《解剖学》。然而，不同的鱼其子宫也是多种多样的，例如，可取鲨属鱼和鳐属鱼[1]的子宫进行比较。如前文所述，有些鲨鱼其卵贴附于子宫中间，靠近脊骨边，角鲛的情况即是这样；随着其卵的不断生长，位置会发生偏移；角鲛与其他类似动物一样，子宫均为双角型且紧贴膈膜，卵子分别进入子宫中的分支隔间。角鲛与其他鲨属的子宫中，在膈膜附近有一个类似乳房的白色物质，这一白色物质只有在受精后才会出现。角鲛和鳐属鱼其卵均有壳，壳内含有卵质。卵壳的形状类似于风笛的簧舌，并且壳上附有毛发状的管道。角鲛中有一种被称为“斑鲛”的鲨鱼，当其卵壳破碎脱落时，幼体就会诞生；于鳐属鱼而言，当其产卵之后，卵壳破裂幼体出生。多棘角鲛的卵靠近膈膜，且位于类似乳房物的上方；当卵体下降，脱离子宫时，幼鱼便出生了。狐鲨[2]

〔1〕鳐属鱼：泛指鳐鱼一类的鱼。本书所提及的鳐鱼一般属软骨鱼纲鳐形目和鲼形鱼目。鳐鱼体形大小各异，小鳐身体仅50厘米，大鳐可长达8米，分布于全世界大部分水域。

〔2〕狐鲨即长尾鲨，一种远洋掠食性鲨鱼。

（长尾鲛）的生殖方式与前文所述情况相同。

光滑鲨同角鲛一样，其卵位于子宫中间；卵子会自由转移到子宫两角分支中的任意一个而后慢慢下移，胚胎发育时，脐带系于子宫，因此，随着卵质的不断消耗，胚胎会愈来愈像四足动物的幼体。其脐带很长并黏附在子宫下部分（每个脐带都系附着，犹如其带吸盘一样），脐带的另一端则黏附在胚胎中心即肝脏所在的位置。如果切开胚胎，即使那时卵质已然耗尽，其中仍然存在类似卵质的食物。如同四足动物的胚胎一样，鲨属鱼的胚胎均具有绒毛膜和隔离膜。其胚胎刚发育时，其头向上，但是当胚胎慢慢长大成形时其头转而向下。雄性幼体在子宫左侧产生，雌性幼体在子宫右侧产生，雄性和雌性幼体也可以在子宫同一侧产生。如果切开胚胎，会发现其与四足动物内部器官构造相似，比如肝脏此时较大且内含血液。

所有软骨鱼类均在同一时期将卵紧贴于膈膜上部（一些较大，一些较小），并且此时其卵数量庞大，胚胎会慢慢下移。鉴于这种情况，许多人认为这一属类的鱼每月交配，每月产卵育苗，因为它们不会一次性产生这么多的幼体，而是由于其产卵不连续而拉长生产期所导致的。但是，子宫下部的这些卵子是同时成熟且完成发育的。

通常，角鲛可以将幼体挤出并再次吸入子宫，扁鲛和电鳐也是如此，顺便提及，有人曾见过电鳐体内有大约八十个胚胎——但多棘角鲛例外，因为其幼体有棘，不能自由出入母体子宫。在扁体软骨鱼中，魟鱼和鳐属鱼因为幼体尾巴有棘而不能自由出入母体子宫。由于头部过大且身体有棘，蟾胡鲇也不能将其幼体吸入子宫，正如之前所述，它是这类鱼中唯一不经胎生的。

对于软骨鱼类各品种以及它们由卵发育成幼体的生殖模式就介绍这么多。

11 软骨鱼类的生殖

在繁殖季节，雄鱼的储精管中充满精液，以至于如果稍微挤压，从储精管中就会流出白色液体；储精管分叉为两支，从膈膜和大血管处开始。在这时期，雄鱼的储精管可非常明显地被识别（相比于雌鱼子宫），但除了繁殖期以外的时间，一般人看不出两者的明显差异。事实是，某些鱼类在有些时候，这些器官是极其微小且不易察觉的，正如前文所述的鸟类睾丸情况。

精管和子宫管之间的其他区别是：精管连接于腰部，而子宫管则可自由移动且附着于薄膜。有关精管的详细说明可参考我《解剖学》中的图解。

软骨鱼类能够多胎繁殖，其妊娠期最长可达六个月。所谓的“星鲛”妊娠较为频繁：它每月受孕两次。其繁殖期在九月中旬到十月中旬的一月。通常情况下，角鲛一年内可生产两次，小角鲛较为特殊不在其列，每年仅生产一次。其中有些角鲛在春季生产繁殖。扁鲛于春季生产第一胎，秋季再产第二胎，其中第二胎比第一胎强壮，大约在冬季昴宿星出现前产下。

电鳐于晚秋时节生产繁殖。

软骨鱼类从大海和深水区向近岸处游来，并在近岸生产鱼苗，它们这么做，是因为浅水区水温暖和，同时可以保护鱼苗免于伤害。

观察便知一常识，即没有任何一种鱼会与另一不同种类的鱼进行交配。然而，扁鲛和鳐属鱼似乎可相互交配；因为有一种叫作角鳐的鱼，其头部和前半部身体类似鳐属鱼，其身体后部则类似于扁鲛后部，就好像角鳐是由扁鲛与鳐属鱼组合而成的。

鲨鱼及其同类，诸如狐鲨（长尾鲛）、角鲛以及扁平鱼类，如电鳐、鳐属鱼、光滑鳐属鱼和魟鱼，它们均以前文所述方式，先卵生而后胎生发育。（锯鳐和牛鳐亦是如此。）

12　海豚、鲸类的生殖，海豹的繁殖

□ 电鳐

电鳐属软骨鱼纲电鳐目，常分布于热带和亚热带近海。这一目的鱼鳃裂和口都在腹位，有五个鳃裂，身体呈平扁卵圆形，其吻不突出，臀鳍消失，尾鳍很小，胸鳍宽大，胸鳍前缘和体侧相连接。在其胸鳍和头之间的身体两侧都有一个大的发电器官（由鳃部肌肉变异而来，每个发电器官最基本的结构是一块块电板，也即纤维组织），能发电并电击天敌或猎物。

海豚、鲸鱼的其他所有种类，均有一个呼吸孔而无鳃，它们皆是胎生动物。即所有这些鱼类体内均无卵，而是直接经胚胎分化而成幼鱼的，就像人类和胎生四足动物一样。

海豚通常一胎只产一只幼子，但偶尔会产两只。鲸鱼每次产子一到两只，通常为两只。黑海中发现的鼠海豚与海豚类似，其形状似小海豚；然而，它与海豚的不同之处在于其身体较小且背部较宽；颜色呈铅黑色。许多人认为鼠海豚是海豚的一个变种。

所有具呼吸孔的生物都会呼吸空气，因为它们都有肺。人们曾见到，海豚睡觉时将其鼻子露出水面，而且睡着时会打鼾。

海豚和鼠海豚都具有泌乳功能，用以哺育幼豚。当幼豚还小时，它们可以将其纳入体内。幼豚生长迅速，十岁龄时即可长足身体。海豚的妊娠期为十个月。其分娩只在夏季发生，其他季节绝不产子（而且，奇怪的是，在天狼星出现时[1]，它们约消失三十日而不可见）。幼豚陪伴母豚较长时间；事实上，海豚因其亲子关系较好而著称。海豚能生活多年；有些能活二十五年以上，有些活到三十岁；渔民有时会在其尾巴上做标记，然后放

〔1〕此语出自古代星相学家，与生物界实际情况可能有出入，不必深究。

回海中，他们通过这种方法来获知海豚的年龄。

海豹是一种两栖动物：它不能在水中呼吸，其呼吸、睡眠和产子只在靠近海岸的陆地上进行 。它本身是有足动物，但其大部分时间生活于海水中并从中觅食，因此人们将其归类为海洋动物的范畴。它是由直接受精而胎生的动物，刚出生的幼体能活动且带有胎衣，其他情况就跟雌绵羊产胎一样。海豹每次产子一到两只，最多可产三只。它有两个乳头，像四足动物一样哺育幼体。海豹和人类一样一年四季皆可产子，但在一年中最早的羔羊出生时，小海豹出生较多。小海豹在出生后约十二天时，亲代海豹便会引着它们一次次地下水，使其慢慢熟悉水性。刚开始小海豹腿脚站不稳，遇到陡坡时不会走，直接滑行而下。小海豹的身体可以自行蜷缩，因为其肉质较多、身体柔软且骨头为软骨。由于海豹身体柔软，除非你打击其前额太阳穴部位，否则很难将其打死。它外形看起来像一头牛。雌海豹与雌鳐在生殖器官方面较为相似；在其他方面，则较像人类的女性。

关于内胎生或外胎生的水生动物，其生殖和分娩情况就介绍这么多。

13 卵生鱼类的生殖

如前所述，卵生鱼类其子宫为两分叉且位于身体下部，另外，有鳞鱼均为卵生，如鲈鱼、鲻鱼、灰鲻鱼和红钻鱼属，以及一切所谓的白鱼和除了鳗鱼以外的所有光滑鱼（无鳞鱼）——它们的卵由一些破碎的颗粒物构成。由于这些鱼的整个子宫内充满了这样的卵，所以，仅凭外观看，小型鱼似乎只有两个卵；因为小型鱼的子宫较小且组织较薄而不易辨识清楚。关于鱼类的交配前文已有介绍。

大部分的鱼类可分雄雌，但有些鱼则令人困惑，因为虎脂鲤与月鳢平时不可得，仅在妊娠期才会被捉到。

所有鱼类经过交配后均可产卵，但有些鱼未经交配，其体内也可有卵；有些河鱼，诸如鲦鱼在非常小的时候，其体内便有卵存在，有人甚至说，鲦鱼一经出生便已怀卵。这些鱼类的鱼卵一点点地脱离亲鱼，如上所述，雄鱼吞下大部分鱼卵，另有一部分鱼卵在水中被遗弃，仅雌鱼产在特定“卵床”上的那一小部分鱼卵会得以存活。如果所有的鱼卵均得以存活，每种鱼的数量将数不胜数。数量如此庞大的鱼卵并非都能生成幼鱼，只有那些被雄鱼精液滋润过的鱼卵才可成活；因为当雌鱼产卵时，雄鱼会跟随其后并在鱼卵上洒上精液，经过此过程的鱼卵方可发育成鱼苗，而其余的鱼卵则不可存活。

□ **无鳞鱼**

无鳞鱼是指天生无鳞和鱼鳞很小的鱼种。海里的无鳞鱼大部分生活在500米以上深度的深海里，主要为鳗鲡目的鱼种。海洋中的无鳞鱼包括海鳗和海鳝等；淡水中的无鳞鱼则包括黄鳝、鲇鱼、河鳝等。人们常认为海鱼中的鲳鱼和带鱼是无鳞鱼，但它们实际上都是有鳞鱼，只不过其鱼鳞细小，不易被发现。

在软体动物中，同样也会遇到这样的情况；比如乌贼，雌乌贼产卵后，雄乌贼会将精液洒于卵上。一般来说，所有软体动物在此方面情况相似，但到目前为止，人们仅在墨鱼中观察到了这种现象。

鱼类靠近岸边产卵，虾虎鱼靠近石头产卵；顺便提及，虾虎鱼的卵扁平且易碎。大多数情况下，鱼类都以这种方式产卵：因为靠近岸边的水水温暖和，食物较之于外海更丰富，同时可以免遭大鱼的吞噬。鉴于此，黑海中的大多数鱼类在瑟尔莫顿河口附近产卵，因为这里可当庇护所，水温适宜且有淡水。

卵生鱼类通常每年只产卵一次。于此，小黑虾虎鱼为例外，它每年产卵两次；雄黑虾虎鱼与雌黑虾虎鱼的不同之处在于，雄性体色更黑而鳞大。

鱼类通常通过交配产卵而繁殖；但人们所说的海龙临近分娩时，其皮囊破裂一分为二，排出其卵。这种鱼在其腹部下面（如盲蛇）有一皮囊，当其

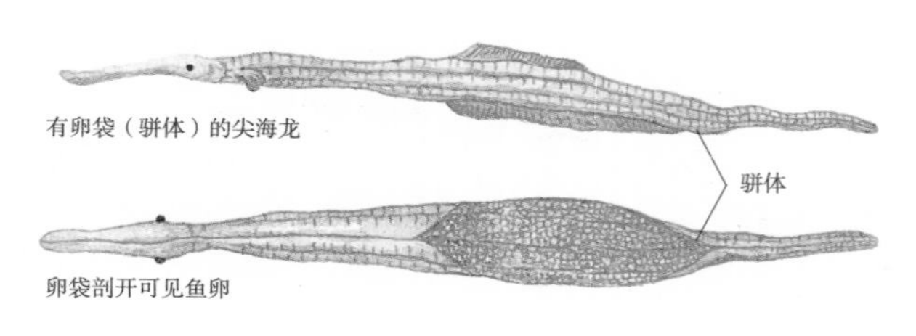

□ 尖海龙

尖海龙是海龙科海龙属的一种鱼类，体形细长，呈鞭状，躯干部七棱形，尾部四棱形。它属于近海暖温性小型鱼类，喜欢生活在沿岸藻类繁茂的海域中，广泛分布于我国黄海、渤海和东海沿岸海域。

皮囊破裂产出鱼卵后，皮囊两侧会重新愈合成为一体。

无论是内卵生或外卵生的鱼类，其鱼卵的发育过程均为相似：也就是说，其胚胎源于鱼卵上端并被包裹于膜中，大而球形的眼睛是发育过程中最先见到的器官。从这种情况来看，有些作家的看法即卵生鱼的幼体发育与蛆类相似，这种断言是站不住脚的；蛆的情况恰好相反，它们刚开始发生的时候，下端较大并且眼睛和头部稍后才会出现。

当卵消耗完后，幼鱼的形状就像蝌蚪一样，最初全靠卵中营养物质生长，而不见其进食外界物质；后期慢慢靠摄食水中的营养物质到完全成熟。

当黑海与地中海交换水流时，一种名为“菲克”的海藻被带入达达尼尔海峡，这种物质呈淡黄色。有些作家认为，菲克的花可以制成胭脂，这种海藻在夏初时出现。这些地方的牡蛎和小鱼便以这种物质为食，住在海边的有些居民说紫骨螺的特殊体色就是源于这种藻类。

14 沼泽鱼和河鱼的生殖

沼泽鱼和河鱼通常在五月龄时就怀孕，并且无一例外地都在年末产子[1]。与海鱼一样，沼泽鱼和河鱼，其雌鱼不会同时排出所有卵子，雄

〔1〕在雅典历中，年末一月称斯季络福里翁月，相当于中国农历中小满、芒种两个节气，夏至为雅典历的年初。

鱼也不会一次排出所有精液；在任何时候它们体内都或多或少地存有卵子和精液。四季轮回，鲤鱼每年可产卵五到六次，一般在较大星座出现时，它均会产卵一次。卡尔基斯鱼[1]一年产卵三次，其他鱼类一年中仅产卵一次。它们都在江河溢流后形成的湖泊中产卵，产卵地靠近沼泽地的芦苇丛，例如鲦鱼和淡水鲈鱼。

大鲇鱼和淡水鲈鱼所产的卵均呈连续条串状，如同蛙卵一样：事实上，淡水鲈鱼的卵是缠绕着芦苇秆而作连续串状的，由于其较为滑腻，沼泽渔民可像从纺锤中松开线团一样将其卵从芦苇中取出。

体形较大的鲇鱼在深水中产卵，有些在两米深的水中，体形较小者则在较浅的水中产卵，通常其产卵靠近柳树或其他树的根部，或靠近芦苇及苔藓。有时，这些鱼一大一小互相缠绕，其中雄鱼负责射精的管口与雌鱼负责排卵生殖的管口相互贴合——一些作家将这点称之为“脐”。鱼卵经过精液洒涂后，一日左右就会开始生长，受精卵的颜色慢慢变白，其体越来越大，之后不久，鱼的眼睛就会先于其他器官而出现且易于观察，这种现象在所有其他动物中也如此，即发育早期其大眼睛与身体比例略不相称。但是，倘若雄鱼精液没有成功洒涂于河鱼卵上，其结果就如前文所述海鱼一样，无法发育成鱼苗，遭到废弃。小鱼在受精卵中不断生长，慢慢地从其体表脱离出一种类似鞘的物质：这就是包裹着卵和胚胎的那层膜。精卵结合后所形成的物质略为黏稠，并黏附在树根或任何产卵的地方。雌鱼产卵后会游离而去，而雄鱼则会在产卵的主要区域进行守候。

鲇鱼受精卵的发育较其他鱼尤显缓慢，因此，雄鱼必须守护其到四十至五十日，以防止这些卵被经过的小鱼所吞噬。其次发育较为迟缓的是鲤鱼。通常情况下，鱼卵会很快消失不见，即使是这些由雄鱼所守护的鱼卵

---

〔1〕卡尔基斯鱼，泛指生活在卡尔基斯的鱼。卡尔基斯位于爱琴海中埃维亚岛的西部，和希腊大陆隔着尤里普斯海峡。

□ 鲇鱼

鲇鱼即对鲇形目鱼类的统称，其体呈长形，头部平扁，尾部侧扁，体表多黏液而无鳞，上下颌各有4条胡须。鲇鱼喜欢栖息于江河近岸的石缝、深坑、树根底部的土洞或石洞以及流速缓慢的水域中，为肉食性鱼类，食量颇大。

也不例外。

对于一些体形较小的鱼类而言，产卵三日后，幼鱼即可孵出。受精卵在受精当日及之后的一段时间都会生长变大。鲇鱼卵和豌豆一样大小；鲤鱼及鲤鱼属各种类的卵的大小和小米粒差不多。

这些鱼就以这种方式进行产卵繁殖。然而，卡尔基斯鱼聚集成群常产卵于深水中；所谓的“天龙鱼”常在靠近浅滩且有遮蔽处的地方产卵。鲤鱼、巴莱鲈鱼和一般鱼类都会努力游入浅滩进行产卵，而且经常会见到一只雌鱼其后紧跟十三四只雄鱼的现象。当雌鱼产卵后，后面的雄鱼会紧跟着进行射精。雌鱼产下的大部分卵会被浪费掉：因为，雌鱼在产卵时仍会移动，导致鱼卵过于分散，或者大部分会被水流所冲散，没有依附于任何外物。除了鲇鱼外，没有任何雄鱼会在雌鱼产卵后守护鱼卵；顺便提及，据说当鲤鱼卵块聚集成团时，雄鲤鱼也会有这种守护现象。

除了鳗鱼外，所有的雄鱼都有精液：雄鳗鱼不产精液，雌性也不产鱼卵。鲻鱼从海中向上游到沼泽和河流中；鳗鱼则与之相反，从沼泽和河流下游进入大海。

15 非卵生、非胎生鱼类

如前所述，绝大多数的鱼类都是卵生的。然而，有些鱼是从泥和沙中产生的，即便是经交配产卵而生的鱼类也有些从泥沙中产生。这种情况常发生于池沼鱼中，尤以尼多斯附近水域较为显著。

据说这里的池沼在天狼星出现时曾一度干涸，池泥全部干结；在第一场雨后，池沼开始积水，这时便会见到池中有成群的小鱼出现。以这种方式产生的鱼，属于鲻鱼属的一个品种，其体形大小如同小鲱鱼，它不经正常交配而产生，并且这些鱼既不产卵也不含精液。在小亚细亚，与大海不相通的河流中，在相似的环境下也发现了类似银鱼这样的小鱼，其不同于在尼多斯附近发现的小鱼苗。实际上，有些作家认为鲻鱼都是自发产生的。他们的断言是不对的，因为人们发现雌鲻鱼体内有卵，而雄鲻鱼则有精液。然而，确有一种鲻鱼是从泥土和沙子中自发产生的。

以上列举的事实即可证明，某些鱼类确实不经交配或卵生就可自发产生。这些既不是卵生也不是胎生的鱼，其来源途径无非两种，要么来自于泥，要么来自于沙子和腐朽物质的浮渣；比如，所谓的弗哩鱼的“泡沫”就产于沙中。这种小鱼不会长大，也无法繁殖：生活一段时间后，它就会消亡为另一些小鱼所取代，因此，除了那些存活较短的小鱼，有些最长可活整整一年而后消亡。总之，它从大角星升起之时（约九月中旬）而产生，至春季而消亡。这些鱼在冬季天冷时不会被发现，而在暖和季节易于找到，它们会从泥中钻出进行取暖，这即可证明其为泥土的产物。当渔民用拖捞网刮拉水底地面时，这种鱼就会大量出现，另外，这种鱼味道极为鲜美。而此类鱼中的其他小鱼由于生长速度过快，味道就略逊一筹。

天气晴朗，环境温暖时，弗哩鱼常见于有庇护的沼泽地区，例如雅典附近，在萨拉米斯[1]、地米斯托克利[2]墓附近和马拉松[3]地区都有“泡

---

〔1〕萨拉米斯（Salamis）：塞浦路斯古都，位于塞浦路斯东部法马古斯塔以北约9.6公里处。

〔2〕地米斯托克利（公元前525—公元前460年）：古希腊杰出的政治家、军事家，雅典人。

〔3〕马拉松原是古希腊的一个地名，在雅典东北30公里，其名源出腓尼基语Marathus，意即“多茴香的”，古代此地生长着众多茴香树，故而用其谐音得名。

沫”产生，此时肯定有这种鱼存在。这些鱼就在这样的地区和天气中产生，往往一阵暴雨之后，这种鱼就会在泡沫中出现，因此，也就有了“泡沫鱼”的俗称。在天气晴朗的情况下，海面上偶尔也会有泡沫产生。（另外，在这里水面上所形成的泡沫鱼，犹如粪便中聚集的虫蛆，可以收集；因此，这种泡沫鱼常被人从大海中捞取出来。在潮湿温暖的天气里，泡沫鱼无论质量还是产量都是最好的。）〔1〕

普通的小鱼实际上是亲鱼的后代：诸如白杨鱼等极其微小的鱼类常潜居于泥土中生活。由“伐乐瑞克”产生“迈牟步拉”，由“迈牟步拉”产生“垂赤司”〔2〕，由“垂赤司”产生沙丁鱼。在雅典港口内某种小鱼会产生凤尾鱼。还有另一种小鱼，是由小鳁和鲻鱼转变的。

如上所述，泡沫小鱼体内水分较多，缺水状态下只能存活较短时间，很快因失水死亡只剩下头和眼睛。然而，后来渔民已经找到了将其运送到远处的方法，即盐渍后它会保持相当长的时间。

16 鳗鱼的生殖

鳗鱼不是交配的产物，它们也不是卵生的；目前为止，人们既没有发现它们产精也不见其产卵；切开其身体会发现，其体内没有输精管或输卵管。事实上，鳗鱼是有血动物中唯一不经交配且无卵体的动物。

事实确实如此。在积水多泥的池沼中，当水干涸时除去其池底表层的泥，经历一场雨后，鳗鱼会再次出现。干旱时节，即使在一潭死水中也不会发现鳗鱼，原因很简单，它们依靠雨水而生存。

因此，毫无疑问，它们既非交配而生也不是由卵发生。然而，有些作

---

〔1〕括号内的叙述是伪撰，与实际情况不符。

〔2〕“伐乐瑞克”“迈牟步拉”和“垂赤司”：指鳁科或者鲱科的小鱼。

家认为鳗鱼自己产生自己，因为在一些鳗鱼体内发现了某些小蠕虫，他们便猜想鳗鱼由这些小蠕虫发育而来。但实际上这种论断并不正确。鳗鱼由所谓的“地肠”发育而来，“地肠”在泥土和湿地上自然产生；实际上，有时会看到鳗鱼由这种蠕虫长成，并且有时候在挖泥时也会发现“地肠”露出地面。在海中和江河中均可发现这种“地肠”，特别是在有腐烂物质的地方：在海草旺盛的水域以及河流和沼泽边，“地肠”数量尤多；因为这些地方能够易于吸收太阳光照而获得热量，进而导致水中物质容易腐败。关于鳗鱼的生产就介绍这么多。

□ **鳗鱼**

鳗鱼是鳗鲡目分类下物种的总称，是一种外观类似长条蛇形的鱼类，主要生长于热带及温带地区水域，部分鳗鱼具有洄游特性。此外，有些鱼类（如八目鳗、电鳗、黄鳝等）因长相类似而容易被误认为鳗鱼，但它们在分类上属于独立于鳗鱼的演化支。

17 鱼类的产子方式及季节

鱼类的产子方式及季节不全相同，妊娠期长度也不全一样。

在交配期之前，雄鱼和雌鱼群游于浅滩；在交配和分娩时，它们则成双成对地游离。有些鱼的妊娠期不超过三十日，有些鱼则时间较短；但是所有鱼的妊娠期均为七的倍数。有一种叫作“迈瑞笯”的鱼，其妊娠期是鱼类中最长的。沙尔古鱼在波塞冬月[1]（十二月至一月）期间怀孕，并怀

〔1〕波塞冬月为古希腊雅典历中的一个月，其范围位于今12月至1月之间，具体日期不详。

□ 鲱鱼

鲱鱼鱼体呈侧扁型，鱼头较小，鱼眼较大，口大鳃裂较长，鳞片细小，侧线较平直，鱼体颜色为青蓝色。鲱鱼具有冷水洄游习性，栖息于浅水温带区，常成群行动，以浮游生物为食。

卵三十日；鲻鱼中有些是龟鲻属鱼，有些是沙尔古鱼，这两种鱼怀孕季节相同，妊娠期亦相同。

所有鱼在妊娠期间都是较为辛苦的，因此，在此期间它们很容易因焦躁而跳到岸上。在某些情况下，它们会因疼痛而上下乱窜，有时一跃而至陆地。鱼在妊娠期间，一直处于运动状态，直到其分娩结束（鲻鱼特征最为显著），才处于安静状态。对于许多鱼来说，当其腹内出现蛆时，分娩便即终止；因为小蛆会在腹中将鱼卵吃掉。

浅滩鱼类均在春季分娩，实际上大多数鱼会在春分前后分娩；其他鱼的分娩时间则各异，有些在夏季，有些则在秋分前后。

浅滩鱼中产卵最早的是银汉鱼，它在靠近岸边较近处产卵；产卵最晚的是鲻鱼：这可由事实推断出来，即银汉鱼的鱼卵最先出现，最后才是鲻鱼。鲻鱼产卵也相对较早。萨帕通常在夏初产卵，但偶尔也会在秋季产卵。有种被称为“花鮨”的鱼，它在夏季产卵。按照产卵先后，接下来便是金头鲷、鲈鱼、长颌鱼以及通常被称为“洄游鱼”的鱼类。产卵时间靠后的浅滩鱼是红鲻鱼和乌鸦鱼，它们在秋季产卵。红鲻鱼产卵于泥上，由于泥表温度有时较低，红鲻鱼会在温度稍微暖和时产卵。乌鸦鱼怀卵时间较长；但是，它通常生活在海底崎岖的岩石上，它会远游一段距离到海藻旺盛的地方进行产卵，其产卵时间比红鲻鱼稍微晚一段时间。小鳁鱼在冬至前后产卵。其他鱼类，如远洋鱼大多数在夏季产卵；这一时期，渔民捉不到这些鱼，依此便可证实它们已游入深海。

常见的鱼类中最为多产的是鲱鱼；软骨鱼中的蟾胡鲇也产卵较多。

然而，蟾胡鲇的标本很少见，因为雌蟾胡鲇将其卵全部产于靠近岸边的地方，这样其卵很容易遭到破坏。通常情况下，软骨鱼因胎生而较之于其他鱼类产子少些；但软骨鱼的幼鱼因体形大些，相对容易免于破坏。

所谓的颌针鱼产卵期稍晚些，其中大部分在产卵前身体被鱼卵涨破；由于其卵相对大些，所以产卵数量不多。幼鱼群聚于亲鱼体旁，像许多小蜘蛛一样，亲鱼使幼鱼依附其身，此时如果触及幼体，它便游离而去。银汉鱼通过腹部摩擦沙子的方式将卵产于沙上。金枪鱼因脂肪过多，体形肥胖，其下体也会破裂。金枪鱼能存活两年，其寿命是渔民通过以下情形进行推断而得知的，即金枪鱼幼体一旦在某一年中少见，那么第二年夏天成熟的金枪鱼也会少见。他们认为金枪鱼比佩拉姆鱼年长一岁。金枪鱼和鲭鱼大约在埃拉菲波赖昂月（二到三月）交配，并在亥可塔马滨月[1]（六到七月）开始产卵；它们将卵产于一个袋状囊中。金枪鱼幼体生长迅速。雌金枪鱼在黑海产卵后，有些人将从卵而出的幼体称为“斯科蒂拉”，而拜占庭[2]人将其称为“速生者”，因为其幼体在出生几天后便长得相当大；这些鱼在秋季和小金枪鱼一起从蓬托斯游出，并在来年春季像佩拉姆鱼一样游回蓬托斯。鱼类通常以较快的速度生长，尤以蓬托斯水域里的鱼类生长显著：例如，阿米亚金枪鱼的增长每天都有变化。

我们必须牢记，同一地区的同一种鱼在其交配、受孕及分娩时间上并不全部相同，另，其最喜好的天气也存在差异。例如，有些地方的乌鸦鱼在麦芒时节[3]产卵。这里的陈述都是大多数情况所观察的结果。

海鳗也会产卵，但并非所有地方均可看到其产卵现象，由于表面油脂的影响，有些鱼卵不可辨识；海鳗所产的卵像蛇一样身体狭长。但是，如

〔1〕埃拉菲波赖昂月、亥可塔马滨月皆为雅典历称谓。

〔2〕拜占庭是古希腊时期的希腊移民城市，即今土耳其伊斯坦布尔。

〔3〕麦芒时节通常指麦收的季节。

果把海鳗卵放在火上，就可看到其本质情况；因为此时其表层油脂熔化蒸发，而鱼卵则跳动并爆裂伴有噼啪声。此外，如果你触摸它们并用手指捻搓，会感觉到其体表脂肪光滑，而鱼卵粗糙。一些海鳗有脂肪而无任何卵体，另外一些海鳗则没有脂肪而有这里所说的卵。

18 胎生陆地动物的交配与妊娠

对于空中飞行或水中游动的动物，以及那些行走在陆地而卵生的动物，其交配、妊娠和其他相关情况，前文已作详细论述。现在我们将研究剩下的胎生陆地动物及人类在这方面的有关情况。

关于两性交配所作的描述，有些部分适用于特定种类的动物，有些普遍适用于所有动物。所有动物都会因性欲而兴奋并从中得到快感。雌性在分娩以后、雄性在交配期间，易于暴躁：例如，交配期的公马互相撞咬，将骑手甩下，并追逐他们。野公猪虽然这时候因交配而体力衰弱，但却对外异常凶悍，并且以较为极端的方式相互争斗，且在体表武装上类似于甲胄的东西，即它们通过摩擦树木或用烂泥不断涂覆身体，然后在阳光下晒干等方式来加厚其外皮。它们怒气横生、互相打斗以将对方驱逐出自己的领地，往往最后两败俱伤。同样的情况也发生在雄牛、雄绵羊和雄山羊身上：因为，虽然平时它们一起采食、一起休息相安无事，但在繁殖期间，它们便彼此远离并互相打斗。当雄骆驼在交配期时，如果有人或骆驼靠近，它会立即变得较为暴躁；倘若此时遇到马，雄骆驼会随时准备与其作战。野生动物与此情况类似。熊、狼和狮子在这个时候对其遇到的动物都会表现得异常凶猛，但是这些动物的雄性平时并非群居，所以相互间的争斗会少一些。雌熊和雌狗在产子之后均会变得较为凶猛。

雄象在交配期间行为极为野蛮，据说，正因为此，在印度，驯象师从不允许雄象与雌象交配；倘若此时交配，雄象会因野性疯狂而将驯象师的住所轻而易举地摧毁，并破坏周围一切。他们还指出，丰富的食物能够将雄象驯服使其归于安静。当雄象行为野蛮时，驯象师便将外来的象引到发狂的雄象前，让新来的大象惩罚和打击它，进而使其慢慢归于安静。

那些不在特定季节经常交配的动物，例如驯养的猪和狗等动物，由于其性交过于频繁，所以那种野蛮行为较之于其他动物而少见。

在雌性动物中，母马是性欲最强的，其次为母牛。据说母马“性狂热”；这一术语人们多用来羞辱那些滥情浪荡的女性，因为她们在性欲方面颇为随意。母猪见到公猪也会有这种现象。母马发情时如果没有与公马交配，母马便会在这个时候“风孕”〔1〕，正因为此，在克里特岛〔2〕，人们永远不会从母马旁移走公马；当母马发情而不见公马时，它会发狂而离开马厩。在这种情况下，母马总是向北或向南奔去，而不是向东或向西。当母马暴躁未消前，它们不允许任何人接近，除非它们疲惫不堪或到达了大海。无论对于以上哪种情况，它们体内都会释放某种称为“尿囊小体”的物质，这种名称最初是指新生马驹体内的一种促生长物质。其类似于母猪卵巢分泌物。这种物质对于刺激雌性发情有奇效。发情时期，母马彼此聚集倚靠，不断摇摆尾巴，其嘶声异常，从生殖器官中流出类似雄马精液的液体，但比精液稀薄得多。有人称此为尿囊小体，而不是马驹身上的生长物质；他们说这种物质极难获得，每次仅渗出一滴。在发情的时候，母马也会频繁排尿，并互相嬉跳。关于马的发情现象就介绍这么多。

发情时，母牛会奔向公牛；在它们性兴奋冲动时牧民们无法将其控制，也无法在郊野将其捉住。母马和母牛在发情时生殖器官会肿胀，同时频繁排尿。此外，母牛发情时会追逐爬跨公牛，并常伴于公牛左右。对马

---

〔1〕风孕：指马在风中受孕，西方一些国家在其古籍中有所记载。这样的传说，最先源于荷马的《伊利亚特》。

〔2〕克里特岛位于地中海东部，是希腊的第一大岛。

和牛而言，初产雌性最早发情；如果天气温暖，身体健康，其性欲会更加旺盛。倘若将母马鬃毛剪去，其性欲稍减，状态萎靡。在交配前，仅需将公马与母马混饲一个马厩几天，公马即可通过气味来识别各个母马。如果有其他母马混入，公马会口咬脚踢驱走闯入者。公马带领着自己的母马群而不与其他马群相混而游牧于同一个地方。每匹公马带领约三十匹母马，有时数量会稍微多些；如果有外来公马靠近，它会将母马围到一个圈中，并围绕母马群跑圈，然后朝外来公马奔去；如果圈中母马有所移动，它便会咬出圈母马，并将其赶回去。在繁殖期，公牛开始与母牛一起吃草，并与之前一同吃草的其他公牛打架，这种情况牧民称之为“拒群”。在伊庇鲁斯常有公牛消失三个月而不见的现象。一般来说，雄性动物在繁殖期之前，不会或很少与其同类雌性混合饲养；在性成熟后，均会继续分开饲养。母猪在性兴奋时（发情时），甚至会攻击人类。

于母狗而言，性兴奋时的状态可被称为“发情”。此时其性器官肿胀，同时潮湿有黏液。母马在此期间，生殖器会滴下白色液体。

雌性动物都会发生经血排泄，但均没有人类中的女性经血量多。繁殖季节，在雌绵羊和雌山羊未交配受精之前，仍有月经迹象；交配初期也有经血显现，然后停止一段时间不再排泄，直到分娩；临近分娩时，又有血排出。牧羊人通过这种现象便可预测哪只母羊即将生产。分娩后雌性动物会排泄大量经血，刚开始颜色较浅几乎没有血色，但后期颜色逐渐加深。事实上，由于母牛、母驴和母马躯体庞大，其经血量也较多，从躯体比例而言，母羊排量相对较少。例如，母牛在发情初期，其外阴会分泌一小部分液体，有时量很少；而其外阴黏液分泌物最多时，最适合公牛爬跨进行交配。在所有四足动物中，母马分娩最为容易，且分娩后排泄最少，出血量最少；这是从动物的体形比例方面介绍上述情况的。母牛和母马的经期通常每隔两个月、四个月和六个月出现一次；但是，除非人们久于饲养而熟悉这些动物的习性，否则很难得知这种情况。正因为此，很多人都妄加论断认为这些动物没有经期发生。

骡子虽不发生经期，但雌性的尿液比雄性的尿液略浓。通常情况下，四足动物的膀胱排泄物——尿液，比人尿要浓些，并且雌绵羊和雌山羊的尿液比雄绵羊和雄山羊尿液浓；但是，雄驴的尿液较之于雌驴尿要浓，雄牛的尿液比雌牛的尿液更加刺鼻。所有四足动物分娩后的尿液比分娩前要浓，特别是那些平时排尿较少的动物尤为显著。在繁殖季节，动物乳汁多呈化脓状，但在分娩后其奶质状况越来越好。在妊娠期间，雌绵羊和雌山羊采食量增加，日趋肥胖；奶牛的情况也是如此。事实上，所有四足雌性动物在妊娠期间都会发生上述变化。

一般来说，动物的性欲于春季最为旺盛；然而，各物种的交配季节不尽相同，通常饲主根据最佳哺育季节而调整动物的交配时间。

家养母猪妊娠期约为四个月，一胎最多产仔二十只；而且，顺便提及，如果产仔数量过多，母猪就无法保证照顾到每只幼崽，幼崽存活率会受到影响。随着母猪年龄渐老，其仍能生育产仔，但对公猪逐渐失去兴趣；虽母猪交配一次后便可受孕，但饲养者必须让公猪与之交配数次，因为老母猪在性交后往往会因繁殖疾病而影响受孕成功率。所有母猪都会发生这种情况，但有些母猪会因此将精液排出。在妊娠期间，一胎中因受伤或为侏儒的幼崽统称为“后胎”：这种损伤可能发生在子宫的任何部位。母猪产仔后，以最前面的乳头哺乳最先出生的幼崽。母猪发情时，不能立刻靠近于公猪，只有当其耳朵下垂之后，方可进行配种，否则就会发生返情现象；如果在母猪发情良好的情况下进行配种活动，如前所述，一次交配便可受孕成功。公猪在配种期间，应该用大麦饲养，母猪在分娩期间，应该用煮熟的大麦饲喂。有些母猪在产最初几胎时，幼崽体况较好，之后则每况愈下；然而，有些母猪产仔情况会随着其年龄和体形的增长而得到改善，优于之前。据说，倘若母猪眼睛受损，肯定会很快死去。大多数猪的寿命为十五年，但是有些猪差不多能活到二十岁。

19 绵羊和山羊的妊娠

雌绵羊与雄绵羊交配三四次后方可怀孕。如果交配后下雨，雄绵羊会再次与雌绵羊交配；这种情况也适用于山羊。雌绵羊通常一胎产两只羊羔，有时是三到四只。雌绵羊和雌山羊的妊娠期均为五个月；因此，当其生存环境阳光充足，舒适以及得到良好饲养时，一年可产两胎。山羊寿命为八年，绵羊寿命为十年，但大多数情况下不会这么长；然而，领头羊寿命最长，它可存活十五年。在每一羊群中，牧羊人都会训练其中一只公羊为领队。当牧羊人呼唤其名字时，领头羊便会带领羊群前进：为了得到合适的领头羊，牧羊人在其较小的时候就开始培养训练合适的公羊。埃塞俄比亚的绵羊能存活十二年或十三年，山羊能存活十到十一年。就绵羊和山羊而言，其一生均可交配繁殖。

绵羊和山羊均可产双胞胎，可能是由于牧草肥美之故，可能是因为公羊本身是双胞种，也可能是由于母羊本身为双胞种。这些动物产仔有雄有雌；这方面的差异取决于它们饮用的水和雄畜。如果它们在北风盛行时进行交配，就容易产下雄性个体；如果在南风盛行时交配，则容易产下雌性个体。如经产雌羊在刮北风时进行交配，雌羊可能会产下雄性个体。如果将惯于早晨与雄绵羊交配的雌绵羊晚些时候与雄羊交配，雌羊会拒绝其爬跨。羔羊出生时，其体毛毛色取决于雄羊舌头下血管的颜色为白色还是黑色；如果血管是白色，羔羊体毛则是白色，如果血管为黑色，羔羊体毛则为黑色；如果血管为黑白相间，则羔羊体毛亦是黑白相间；如果血管为红色，则羔羊毛色为红色。雌羊中喝盐水的，会最早开始交配；在分娩前后，应于雌羊的饮水中添加盐，春季饲喂也应加盐。对于山羊而言，牧羊人不培养领头羊，因为山羊善于蹦跳，较为活泼，很难保持安静且常常四处闲荡。如果在交配季节，羊群中的长者急于求偶交配，牧羊人便认为这对羊群来说是个好兆头；如果最先急于交配的是年轻的羊，则预示着羊群会衰落。

20 狗类的交配与妊娠

狗有几个品种。其中，拉哥尼亚[1]猎犬在八月龄时便适合繁殖：大约在这个年龄时，一些狗开始抬起后腿进行排尿。母狗经过一次交配即可完成受孕。此结论从以下情况即可清楚证实：公狗瞒过主人偷偷与母狗交配，在公狗爬跨一次后母狗即已受孕。拉哥尼亚母狗的妊娠期为六十日：或者多一到三天，或者少一天；幼仔在出生后十二天睁开眼睛。母狗于产后六个月再次发情，但没有早于六个月的。有些母狗的妊娠期为七十二天；其幼仔在出生后十四天睁开眼睛。其他母狗的妊娠期为整整三个月；其幼仔在出生后七十天睁开眼睛。这些母狗再次发情的时间相同。母狗经期持续七天，此时生殖器肿胀；在这段时间内，母狗不可接受交配，而在经期后七天内进行交配。通常情况下，母狗的发情持续期为十四天，但偶尔会有十六天。母狗产胎与其分娩排泄物同时发生，其排泄物厚而黏稠。（就其母体框架大小而言，胎产排泄物的量并不算多。）

母狗通常在分娩前五天开始泌乳；有些前七天，有些前四天；在其产后乳汁即可用以哺乳幼崽。母拉哥尼亚猎犬在交配后三十天便开始泌乳。乳汁起初较为浓稠，但之后逐渐变稀薄；除了母猪和野兔之外，母狗分泌的乳汁比其他任何雌性动物的乳汁都要浓稠。母狗达到完全成熟的一大标志，是它开始具有交配育种能力；也就是说，正如成熟女人一样，此时其胸部乳头发生肿胀，乳房为软骨结构支撑。然而，这一乳房发育过程只有专业人员才能发现，因为母狗乳房的发育变化较为轻微且不易察觉。前文所述的情况适用于雌性个体，公狗不会出现这些乳房变化。通常情况下，公狗会在六个月大的时候抬起后腿进行排尿；有些狗于八月龄时出现此情

〔1〕拉哥尼亚：也称拉科尼亚，是希腊伯罗奔尼撒半岛东南部分的区域，在公元前190年以前，拉科尼亚一直是斯巴达的核心地区。

况，有些狗则在六月龄之前便有此行为。一般来说，当狗做此动作时，人们便认为它们已步入成年阶段。母狗排尿时会呈下蹲姿势；母狗中抬腿排尿者极为少见。母狗每胎最多产崽十二只，但通常是五到六只；偶尔会只产一只。母拉哥尼亚猎犬通常每胎产崽八只。拉哥尼亚成年猎犬一年四季均可进行交配繁殖。在拉哥尼亚猎犬中存在一种独特现象：公拉哥尼亚猎犬在辛苦劳作后比闲荡慵懒时更容易性兴奋而乐于交配求偶。

公拉哥尼亚猎犬寿命为十年，母拉哥尼亚猎犬为十二年。其他品种的母狗通常存活十四年或十五年，但有些能活到二十岁。因此，某些评论家认为，荷马的代表作《奥德赛》诗篇中尤利西斯[1]的狗在二十岁时死去是较为准确的。由于公拉哥尼亚猎犬一生较为艰辛，其寿命不如同类母狗长，与其他品种相比，寿命的长短与性别雌雄关系不大，但通常情况下，公狗的寿命较长。

除了所谓的“犬齿”之外，拉哥尼亚猎犬其他牙齿不会脱落换齿；其四个月大的时候，会更换犬齿。由于它们只更换两枚犬齿，人们不易看到其换齿过程，因此很多人便对这个事实有所怀疑，认为拉哥尼亚猎犬不会进行换齿；其他人在看到两枚犬齿脱落之后，便妄加推断认为该动物在依次完成所有牙齿的更换。人们通过检查狗的牙齿来辨别狗的年龄；年轻的狗牙齿洁白而锋利，老狗的牙齿略黑且稍钝。

21　牛类的交配与妊娠

公牛爬跨一次母牛即可完成受孕，但由于公牛体壮、沉重且较为活跃，

〔1〕尤利西斯（Ulysses）是罗马神话中的英雄，对应希腊神话中的奥德修斯，是希腊西部伊塔卡岛国王，曾参加特洛伊战争。出征前参加希腊使团去见特洛伊国王普里阿摩斯，以求和平解决因帕里斯劫夺海伦而引起的争端，但未果。

母牛往往不胜其力，爬跨时很容易将母牛压倒；如果一次交配失败，母牛必须休息二十日后方可再行交配。年龄稍大的公牛拒绝一天内与同一头母牛多次交配，必须相隔一段时间方能再次交配。年轻公牛由于精力旺盛，能够在一天内多次与同一头母牛进行交配，并为许多母牛授精。公牛是各种雄性动物中最不淫荡好色的。打斗中取胜的公牛拥有与母牛交配的资格；当它交配后正疲惫不堪时，被它刚打败的对手会再来挑衅，此时之前的败者会占上风。公牛和母牛在大约一岁龄时便可能具备育种条件：但是，通常在二十月龄前后可受孕，普遍情况下，两岁龄时进行交配繁殖最佳。母牛的妊娠期为九个月，在第十个月产犊；有些人认为母牛的妊娠期足足十个月，一天不多一天不少。在预产期之前产下犊牛多因流产而发生，这些犊牛因出生过早皆不能存活，因为它的蹄子还没有发育完善。通常母牛每胎只产一头犊牛，很少会产两头；成熟母牛一生均可与公牛交配进行繁殖。

母牛的寿命约为十五年，倘若公牛被去势阉割也可存活十五年；但如果被阉割的公牛饲养环境良好且体格健硕可存活二十年甚至更长时间。牧民将阉割后的公牛驯服，使其在牧群中承担类似“领头羊”的职责。 这些领头牛的寿命均较长，因为它们不用艰辛劳作，还可以尽情享用优质牧草。公牛在五岁时精力最为旺盛，评论家认为荷马对此阶段公牛的描述即“五岁牛”或“九季牛”，颇为确切，这两个词意义相似。牛在两岁时换齿，牛齿跟马齿更换过程类似，并不是全部一起脱落，而是依次更换。当动物患有足痛风时，因脚部肿胀疼痛，不会脱蹄。母牛分娩后其乳汁可以哺育后代，在分娩之前没有泌乳，初乳凝结时像石头一样坚硬；除非事先用水稀释，否则极易凝固。公牛年龄小于一岁时不会发生交配求偶行为，如果发生此情况即为不祥之兆：曾经有例为证，公牛与母牛在仅四月龄时就进行交配。母牛一般在四月至六月间开始与公牛交配；然而，有些母牛直到秋季仍可受孕。当大批母牛同时与公牛交配受孕时，这被视为暴风雨天气的先兆。母牛像母马一样常聚集吃草，但彼此间靠得不及母马群那样紧密。

22 马类的交配与妊娠

于马而言，公马和母马在两岁龄时便有交配育种能力。然而，两岁龄时便性成熟者实属罕见，早育所产马驹躯体瘦小而孱弱；通常，马的性成熟年龄为三岁，从三岁到二十岁，两性精卵质量均愈来愈好，且后代质量得到持续改善。母马的妊娠期为十一个月，然后于第十二个月产下小马驹。公马使母马成功受孕的日子并不是一成不变的固定天数：可能是一到三天或更多天。公驴的交配较之于公马更加迅速且容易使母驴受孕。公马的交配行为并不像公牛那般费力。公马与母马是仅次于人类之后性欲最为旺盛的动物。倘若饲喂年轻马匹以丰盛食草，其繁殖机能可以提前被激发。母马通常一胎只产一头马驹；偶尔也会产两头，但绝不会超过两头。据说，曾有匹母马产下两头骡子：但这种情况极为罕见且被视为不祥之兆。

马在两岁半时最适合交配育种，但完全性成熟应当是其不再换齿后，至于先天不育则不在此列；然而，必须补充说明的是，曾有一些马在换齿过程中仍可使母马受孕。

马有四十颗牙齿。当它长到两年半时，换齿四颗，其上颚和下鄂中各换两颗。经过一年间隔后，它以同样的方式再次脱落四颗牙齿，再隔一年脱落另外四颗；到了四岁零六个月后，它就不再换齿。据说，曾有一匹马一次性换掉全部牙齿，另一特例，有匹马除最后四颗牙齿外，其余全部一次性脱落——但这种情况非常罕见。当马匹长到四岁半时，正值壮年，处于最佳繁育阶段。

马无论雌雄，均以年龄较大者生殖力为强。公马会爬跨其所生的雌马与之交配，母马也会与其所产的公马进行交配；事实上，以这种近亲方式交配的马群尤为纯净近乎完美。斯基泰人对胚胎在子宫内即将转动的母马进行骑乘，他们声称以此方式母马会更轻松地分娩。通常，四足动物分娩时会呈卧躺姿势，因此其幼仔都会从子宫中横向排出。然而，母马分娩时，常以直立姿态，并以此姿势产下小马驹。

□ 马骡

马骡也简称为骡，是指公驴和母马杂交生出的后代。其体形偏似马而叫声似驴；颈上缘毛、尾毛及耳长则介于马、驴之间；蹄小、踵高而坚实，四肢筋腱强韧。马骡被认为是一个具有杂种优势的典型案例——拥有许多比父母代更好的性能：比马更高大，拥有比马更好的耐力，对饲料的要求不及马高，且食量也小于马。此外，相较于马，马骡的寿命更长，故其被用作畜力的年限也更长。

马一般存活十八年至二十年；有些马可以活到二十五岁甚至三十岁，如果对马进行精心饲养照顾，它可能会活到五十岁；然而，当马达到三十岁时，就被认为是特别老了。母马通常生活二十五年，尽管有特例证实母马最长者可活到四十岁。由于公马育种任务繁重，通常其寿命不及母马长；马饲养于私人马厩者，其寿命长于群养马匹。母马在五岁时体长和身高达到最大，而公马则需要到六岁龄；接下来的六年，它们的身体日趋肥硕逐渐达到最大，直到二十岁时停止。母马成熟早于公马，但在子宫中，恰如人的胚胎那样，其发育情况正好相反，雄性发育早于雌性；所有一胎多产的动物均存在这种现象。

据说母马哺育小骡驹六个月后便不再让其吮吸乳汁，因为骡驹长大后吃奶拉扯过于猛烈会使母马疼痛。倘若哺育的是一头普通的小马驹，母马则会允许其吸吮更长时间。

马与骡在换齿后，体况最佳，正值壮年。当其完成全部换齿后，很难区分它们的年龄：据说在换齿前其牙齿上带着年龄印记，换齿之后，这些标记就全然没有。然而，实际上，即使在它们换齿后，仍可通过其犬齿较轻易地识别其年龄：对于常受骑乘的马而言，其牙齿已被栓铁磨损；未经骑乘的马匹，牙齿较大且松动；于年轻的马而言，牙齿锋利而瘦小。

成年公马一年四季皆可交配繁殖；成年母马可以全年受孕，但是如不加以羁困或用其他强制措施将其控制，它不会随时接受交配。由于公马与母马之间没有较为固定的交配时间，因此，母马有可能会在哺乳困难、不适合育种的季节产下小马驹。在奥普斯[1]的一个马厩中，有一匹公马在四十岁时仍用以配种：在配种时，人们必须辅助将其前腿举起。

母马在春季时最先接受公马爬跨交配。母马产驹后，不会立即受孕，只有经过相当长的时间后才会再度妊娠；事实上，如果将其产后配种时间延长四至五年，所产马驹体况会更好。无论如何，绝对有必要间隔一年时间让母马产后充分恢复体况。母马会间歇性繁殖；母驴会没有间歇地不断繁殖。有些母马先天不育，有些能受孕但无法将胎驹带到足月；据说流产母马的胚胎有一种表征，如果将其胎驹解剖，会发现其肾脏周围有其他肾形物质，看起来像是有四个肾。

分娩后，母马会立刻吞下胎衣，并咬掉小马驹前额上称为尿囊小体的物质。这种物质比干无花果要小一些；其形状宽扁且圆，外观呈黑色。如果有人在母马面前先行取下这一物质，一旦母马闻到它的气味，它便会粗野地疯狂寻找此物。正是由于这个原因，卖药小贩往往高价搜寻此物质，并将其存于店中。

如果母马被公马爬跨后再接受公驴交配，则母马体内先前形成的胚胎会遭到破坏。

（由于马生性暴躁且难于安定，养马者不会像养牛者那样于马群中选出一匹马作为领队。）

23 驴类的交配与妊娠

驴无论雄雌，皆具有繁殖能力，并在两岁半时开始换齿；随后在六个

[1] 奥普斯：古希腊城市名。

月内换掉第二组牙齿，再六个月换掉第三组牙齿，同样再过六个月换掉最后一组牙齿。这第四组牙齿被称为年龄齿。

据说，母驴一岁龄时，即可受孕繁殖并哺育幼驹。与雄性交配后，如若不从外界阻止，它会排出可以生殖的精液，因此，饲主通常在其交配后稍微鞭打并驱赶使其免于排精。母驴在妊娠后第十二个月产驹。通常母驴每胎产一驹，偶尔会产双胞。前文有述，母马先与公马交配后，其胚胎会被后交的公驴所损伤；但是，在母马先与公驴交配后，公马再与其交配，则母马所孕前期胚胎不会遭到破坏。母驴在妊娠期第十个月开始泌乳。产驹后七日，母驴开始接受公驴爬跨，如果此时与公驴交配必会一次受孕。然而，在随后日子里进行配种，母驴也会受孕，但其成功率难以保证。母驴临产前倘若面前有人或在白天时均不会产驹。临产前，饲主必须将其带到阴暗遮蔽处方可顺利产驹。如果母驴在换掉第四组牙齿（年龄齿）之前就已经受孕，它便终身可育；但如果年龄齿更换前没有受孕，那么其余生都将不孕。母驴寿命长达三十多岁，活得比公驴时间长。

公马与母驴杂交或公驴与母马杂交后，其母体流产的可能性比与本种交配要大得多。在杂交的情况下，母体的妊娠期长短取决于雄性，如果配种者为公马，则妊娠期同孕育马驹的时长，如果配种者为公驴，母体妊娠期则和孕育驴驹相同。在体形大小、外观面貌和精神活力方面，相较于公马而言，小马驹更像母体。如果这种杂交形式持续进行而无间断，母体很快就会变为不育；因此，育种师[1]在其两次繁殖期间，通常使其有所间歇。母驴和公驴倘若没有吸吮母马乳汁，公马或母马均不会与之交配。鉴于此，育种师常让驴驹接受母马哺育，这种驴驹在畜牧学专业角度被称为“马育驴”。这些驴经此培养后，能在牧场上像公马一样爬跨交配母马。

---

〔1〕育种师：生物学中有很多门类的育种师，这里指的是专事动物育种的育种家。

□ 驴骡（駃騠）

驴骡也即駃騠，是指公马和母驴杂交生出的后代。其体形偏似驴，比马骡稍窄；其生殖力和外貌形态与马骡无大差异。驴骡耐粗饲，与马骡类似，其适应性和抗病能力强、挽力大、持久（不及马骡），但更擅长于奔跑。

24 骡子的交配与妊娠

公骡初次换齿后，即可与雌性交配，在七岁龄达到完全性成熟时具有授精能力；倘若此时公骡与母马交配，就会生下一种称为“駃騠”的动物。七岁以后，公骡不再会与雌性交配。据说，母骡可以受孕，但随后不会进行分娩。在腓尼基，母骡是可以与公骡交配而产驹的：但该驹虽与骡相似，却不同于普通骡。倘若母马在妊娠期间生病，其分娩时就会产生駃騠这种发育不良的驹，这种情况类似于人类中的侏儒以及猪的“后胎”；另外，与侏儒的情况一样，駃騠的性器官异常大。

骡子能生活很多年。记载称，有的骡子寿命长达八十岁，它生活于建造雅典圣殿之时；由于高龄，主人对其不加栓羁，但让其继续帮忙拉车，并与其他马匹并肩而行，以激励其他马匹向它学习；因此，当地通过了一项公共法令，宣布此骡行经任何面包店时，面包师均要好好款待它，不得驱逐。母骡较之于公骡衰老得慢。有人说，母骡的尿液中含有经期排泄物，由于公骡习惯嗅此排泄物，其衰老相对快些。关于这些动物的生产方式就介绍这么多。

25 四足动物的老幼区分

育种师和驯养师可以区分四足动物的老幼。将其颌骨上的皮肤向后拽拉，如果皮肤能立即恢复原位，即为年轻动物；如果长时间皱缩而不能恢复，即为老年动物。

26 骆驼的妊娠

骆驼的妊娠期长达十个月，且一胎只产一驼，绝不多产；小驼一岁龄时，饲养者使其脱离母体而独立。这种动物寿命较长，可超过五十岁。母骆驼春季产幼驼，哺乳直至其再次受孕。驼肉和驼奶口味俱佳。人们多将驼奶与水以二比一或三比一比例混合后饮用。

27 大象的妊娠和分娩

象无论雄雌，于二十岁龄时均已适配。有记载称，雌象的妊娠期为两年半；另有记载称，其妊娠期为三年：两记载出现差异的原因在于没有人曾亲眼目睹象的交配过程。雌象在临产时，常以后蹲姿势产下小象，而且分娩过程较为痛苦。小象出生后会立即用嘴而不是鼻子吃奶；小象落地即可行走，而且视力较好。

28 野猪的繁殖

雌野猪在初冬时节与雄野猪交配，春季时则藏于峡谷树木中的遮掩之处等待分娩。雄野猪通常会陪伴雌野猪三十天。野猪的产仔数与妊娠期和家猪情况相同。野猪无论雄雌其叫声相似；差异在于，雌猪经常发出咕噜声，而雄猪则少叫。被阉割的雄野猪体形能长到较大并且最为凶猛。这一情况荷马曾有介绍：

“他养了一头阉割雄野猪：它看起来不像渴求食物的野兽，而像覆盖森林的岬。”

公野猪在幼年时由于睾丸附近瘙痒，常于树干上摩擦，最终导致睾丸损伤，成为阉猪。

29 鹿类的繁殖

如前所述，雌鹿通常被迫与雄鹿交配，因为雄鹿阴茎较为僵硬，雌鹿经常无法忍受而不愿配合。然而，雌鹿偶尔也会像雌绵羊受配于雄绵羊一样与雄鹿交配；当它们处于发情状态时，雌鹿常会相互避开。雄鹿的交配对象并非一成不变，与一只雌鹿交配不久后它便与其他雌鹿交配。大角星出现时（九月至十月）为其繁殖季节。雌鹿的妊娠期为八个月。雌鹿于交配后几天内便可受孕；一头雄鹿可以给多个雌鹿受精。虽然曾有雌鹿胎产两头的特例，但通常情况下，每胎产子一头。为了防止野兽偷袭，雌鹿常将小鹿产于猛兽罕至的高山道路旁边。小鹿生长迅速。雌鹿平常不会行经；它只在分娩时才排泄出黏液状的物质。

雌鹿将小鹿带到其藏身的洞穴：这种洞穴只有一个入口，它在洞内可以躲避其他猛兽的攻击。

有关鹿的长寿有很多精彩的传说，但这些故事从未得到证实，从其短暂的妊娠期和小鹿生长的快速性看来，这种动物寿命不会太长。

在小亚细亚[1]阿盖鸠沙有称为“艾拉弗恩”的鹿山，亚西比德[2]曾在此遭遇暗杀。这里的雌鹿耳朵均开裂，所以，当其迷途于山林中时，人们便可据此标志得知它是从鹿山出来的；而且，这种鹿在胚胎阶段时就已经有这样的标记了。

---

〔1〕小亚细亚又名西亚美尼亚，是亚洲西南部的一个半岛，今称安纳托利亚。

〔2〕亚西比德（Alcibiades）：古雅典将军、政治家，苏格拉底的生死之交。

雌鹿同母牛一样有四个乳头。在雌鹿受孕之后，雄鹿便彼此分散，由于雄鹿性欲较为旺盛，自己便在地上挖出一个个洞，并不时发出呦呦鹿鸣；所有这些表现都像山羊一样，且其前额黏湿且发黑，雄山羊性欲旺盛无法发泄时也会作此行为。雄鹿通过这种方式打发时间，直到下雨时才纷纷重回牧场吃草。鹿出现这种行为是由于其性欲旺盛和肥胖所致。在夏季，由于其体形过胖而无法奔跑，实际上，在这期间，猎人们在捕猎追逐的第二或第三程时便可将其追上。另外，由于天气炎热，肥鹿易呼吸困难，它们总须在奔跑时停下补水。在发情季节，雄鹿肉像雄山羊肉一样腥膻味十足，不宜食用。在冬季，鹿变得较为瘦弱，但在春季临近时，变得较为活跃，此时跑得最快。在奔跑时，鹿不时驻足停下来等待猎者，待其临近时，它会再次奔跑。这种习性的出现似乎是由于其体内的痛苦所致：它的肠道纤细和脆弱，如果你稍加击打，其肠道便很容易破裂，虽然其外部无受伤表征，实则内部已受损。

30 熊的繁殖

如前所述，熊的交配不以公熊爬跨雌熊方式进行，而是雌熊平躺于公熊之下。雌熊的妊娠期为三十日。雌熊产仔有时一只，有时两只，最多为五只。在所有动物中，以胎儿与母体体形大小比例而言，新生小熊体形最小；新生小熊只比老鼠大些，比黄鼠狼小。新生小熊体表光滑且目盲，其四肢和大部分器官还没有完全成形。熊的交配发生于埃拉菲波赖昂月（二到三月），并在大约冬蛰[1]时期产下小熊；大约在这个时候，雌熊与公熊体

[1] 冬蛰是指某些动物在冬季，为了适应冬季的不良环境条件（比如食物缺少、寒冷等），最大限度地降低生命活动的频率和烈度的一种状态。蝙蝠、刺猬和一些极地动物等都要冬蛰，也叫冬眠。

况最为肥胖。雌熊哺育小熊，它在产后第三个月从冬蛰地出来，那时外面已是春天了。顺便提及，雌豪猪的冬蛰及妊娠天数与雌熊一样，分娩情况也与雌熊相似。雌熊妊娠时，很难将其捕获。

31 狮子的繁殖

前文曾述，狮子以后向姿势交配，这些动物是向后排尿的。它们不是一年四季均可交配生产，而是每年只生产一次。母狮于春季产仔，通常胎产两只幼崽，最多六只；但有时只有一只。关于母狮分娩排出子宫的故事纯粹虚构，这仅仅是为了解释其繁殖率较低而编造的托词：众所周知，狮子为珍稀物种，许多国家都没有。事实上，整个欧洲，仅可在阿西罗河与内萨斯河[1]之间的地带可以找到其踪迹。新生小狮体形极小，即使出生两个月后几乎不会走路。叙利亚雌狮终身可产五胎：第一胎有五只幼仔，然后为四只，之后为三只，随之为两只，最后为一只；在此之后，雌狮余生不再生产。雌狮没有鬃毛，这种附属物为雄狮所特有。狮子只会更换四颗犬齿，上颚与下颚各两颗；狮子在六月龄大时即开始换齿。

32 鬣狗的生殖器官

鬣狗体毛颜色类似于狼，但较为蓬松，并且沿着脊椎长有一排鬃毛。关于鬣狗的生殖器官，曾有记载，每只鬣狗都具有雌雄两种生殖器官，这种说法是不正确的。事实上，雄鬣狗的生殖器官与狼和狗相同；其类似于

[1] 阿西罗河与内萨斯河位于色雷基。色雷基是巴尔干半岛的一个地区，占据保加利亚很大一片区域，其位置在巴尔干山的南边，爱琴海以北，西邻马其顿，东滨黑海，东南是土耳其海峡。

雌性生殖器官的结构位于尾部下方，虽然在某种程度上形似于雌性器官，但却无管道，排泄废物的肛门位于该结构的下方。雌鬣狗尾部下方具有类似雄性生殖器官的结构，但无管道；其下为肛门，再下面才是真正的雌性生殖器官。雌鬣狗像所有其他同属雌性动物一样，均有一个子宫。雌鬣狗极为少见。至少曾有一个猎人说过，他抓到的十一只鬣狗中仅有一只为雌性。

□ **鬣狗**

鬣狗属食肉目鬣狗科，是一种中等体形的陆生哺乳动物，其体形似犬，长颈，后肢较前肢短弱，躯体较短，肩高而臀低，颈后的背中线有长鬣毛，牙齿大而粗壮，全身毛呈棕黄色或棕褐色，有许多不规则的黑褐色斑点。鬣狗栖息于热带和亚热带的稀树草原和荒漠地带，通常独居但群体狩猎，为肉食性动物。

33　野兔的繁殖

如前所述，野兔以后向姿势交配，因为它是向后排尿的动物。雌兔一年四季均可交配繁殖，妊娠期间仍能接受交配而复孕，每月均可产仔。它们不会同时一次性产下所有幼崽，而是根据具体情况适当调整分娩间隔，间歇式产仔。雌兔于分娩前泌乳；产后可立即接受雄兔交配，哺乳幼崽时仍能受孕。其乳汁黏稠度类似于猪乳。兔崽初生时目盲，其幼崽生长情况与大部分多趾类动物一样。

34　狐狸的繁殖

雄狐爬跨于雌狐背部进行交配，雌狐所产幼崽犹如小熊。实际上，狐

□ 猫鼬

猫鼬也称狐獴、海猫，是一种躯干修长，四肢匀称的哺乳动物，其后足仅具四趾，趾间有蹼，擅长挖洞。猫鼬为昼行性动物，常栖息于草原和开阔平原，主要以昆虫为食，不过有时也会吃一些小型哺乳动物和植物。此外，猫鼬是一种社会性极强的动物。

狸幼崽较之于小熊形状更显模糊且不易辨别。分娩前，雌狐会躲到隐蔽处待产，因此很难捉到妊娠中的狐狸。分娩后，雌狐给予幼崽温暖，并舔舐它们，使其慢慢成形。雌狐每胎至多产崽四只。

35 狼，猫科动物的繁殖

在妊娠及分娩时间、胎产仔数及新生崽目盲等方面，狼与狗均较为相似。狼的两性在专门的时间段进行交配，雌狼在夏初产崽。关于雌狼分娩有一个记载，即它每年临产必在某个固定的十二日内。这种说法近乎于神话，人们便以神话的形式给出了理由，即当勒托[1]从希伯尔波利安的土地迁移到提洛岛[2]时，历经十二日，其间勒托变形为一只母狼的形象，以逃避希拉的惩罚。这种说法是否正确不得而知；我只是按照普遍的说法将其引述于此。雌狼终身只产一胎，这种说法亦为虚构，目前没有更多关于此情况的记载。

猫与猫鼬产仔数与狗相同，所吃食物亦为相似；其寿命约为六年。黑豹初生幼仔与狼的一样均为目盲，雌豹每胎最多产仔四只。灵猫的受孕细

〔1〕勒托（Leto）：希腊神话中的泰坦女神。

〔2〕希伯尔波利安是传说中的极北国。提洛岛是爱情海中基克拉泽斯群岛中最著名的一座岛屿。

节与狗相似；其幼崽亦目盲，雌灵猫每胎可产仔两到四只。灵猫体长个矮；其腿虽短小，但由于身体较为柔软且善于跳跃，实际上较为敏捷。

□ **胡狼（犬科）**

胡狼属裂脚亚目犬科，其体形与豺类似但稍小，嘴长而窄，有42颗牙，犬齿弯曲。它们主要栖息于有林的山地、丘陵，通常猎杀细小至中等体形的动物为食，偶尔也会捕食体形大于自身的有蹄类动物。

36 “半驴”

在叙利亚发现了一种称为“半驴”的动物。这种动物不同于马和驴的混交产物，但与其又有相似之处，正如野驴之于家驴，其名字便由此而来。像野驴一样，这种半驴奔跑速度非常快。这种动物可以互相交配，有例为证，即在法尔纳巴佐斯〔1〕之父法纳西斯时期〔2〕，人们将一定数量的半驴带入弗里吉亚〔3〕，至今那里仍有半驴

□ **香猫（灵猫科）**

香猫也称小灵猫，属裂脚亚目灵猫科，其全身灰黄或浅棕色，背部有棕褐色条纹，体侧有黑褐色斑点，颈部有黑褐色横行斑纹，尾部有黑棕相间的环纹。香猫多栖息在热带、亚热带低海拔地区，主食老鼠、小鸟、蛇、蛙等动物，偶尔也食野果、树根、动物、种子等，属杂食性动物。

〔1〕法尔纳巴佐斯（公元前5世纪末—公元前4世纪初），波斯军人和政治家，在大流士二世和阿尔塔薛西斯二世时期，为达西利乌姆的世袭总督。

〔2〕法纳西斯是法尔纳巴佐斯的父亲，今无从考证。

〔3〕弗里吉亚：安纳托利亚历史上的一个地区，位于今土耳其中西部。

□ 跳鼠

跳鼠即啮齿目跳鼠科，其为中小体形，头大且眼大，吻短而阔，须长。跳鼠主要食植物的种子和茎叶，为害农作物、蔬菜和瓜类，有时也捕食昆虫。跳鼠的后肢尤其长，为前肢长的3～4倍，其尾巴也甚长，可用于空中保持平衡并转向，故适于跳跃，一步可跳达2～3m或更远，因而得名跳鼠。

存在。最初引入的九头半驴，现今还有三头尚存。

37 鼠类的繁殖

关于鼠的繁殖现象，其胎产小鼠数量之多与繁殖频率之快令人瞠目结舌。有一次，一只妊娠母鼠偶然间被封闭于一个小米罐里，过了不久，揭开罐盖，在里面发现了其繁殖的一百二十只老鼠。

田鼠在乡野的繁殖速度以及破坏力均令人震惊、难于言表。在许多地方，田鼠的数量多到令人无法估量，它们啮食玉米等庄稼作物，只留给农民很少一部分。其破坏迅速而严重，以至于小农发现庄稼成熟准备次日收割，第二天早上，其带着镰刀下地时会发现整块地的作物已全被吞噬。它们的群体消失现象也无法解释：几天之后就不会发现任何田鼠。然而，在庄稼收成之前的一段时间里，人们通过烟熏、掘洞、捕捉以及放出猪群来打击它们（猪用鼻子拱土将鼠穴拱翻）等方式来控制鼠群数量，但效果甚微。狐狸也会捕杀它们，特别是野生雪貂尤为善于捕鼠，但这些均无法阻止田鼠的多产与快速繁殖。当鼠群数量巨大时，除了下雨，没有什么办法能成功减少其数量；大雨过后，它们会迅速消失。

在波斯[1]的某个地区，当解剖一雌鼠时，发现其体内的雌胎似乎亦已

〔1〕波斯是伊朗在欧洲的古希腊语和拉丁语的旧称译音，是伊朗的古名。

怀孕。有些人断言并确信其说法，即雌鼠舔盐后即可受孕而无需与雄鼠发生交配行为。

埃及的小鼠犹如刺猬一般体表覆以棘刺。还有一种老鼠通过两条后腿行走；其前腿短小，后腿较长；这种鼠数量极多。除了上文介绍的老鼠外，鼠的种类还有许多，此处未作论述。

第七卷

本卷是否为亚里士多德原著，存在争议。考证第七、八节，论述的内容为卵生动物、胎生动物的内容，可知其符合全书的结构和语境。本卷大部分章节与第三卷、第四卷论述生殖的内容相似。其余章节，疑似出自希波克拉底学派的著作，比如第十节、第十二节取自妇孺科医书；第三节显然来自于医生著述。

灰狼

1 人类的成长过程

关于人的成长，首先是在母体的子宫内。下文将描述人类自出生直至老去所特有的自然过程。有关男性与女性间的差异及其所具有的器官，前文已有描述。于大多数男性而言，十四岁便开始生精；同时，阴私处开始生出阴毛，克罗顿[1]的阿尔克迈翁将此比喻为植物的先开花、后结籽现象。大约在同一时间，其声音开始变化，变得粗糙而不均匀，既不像以前那样尖锐，也不像以后那般深沉，亦不像任何平和均匀之声，而是像弦乐器磨损失调而发出的声音；其声音被称为雄山羊的咩咩声。沉溺于情欲的人其声音最先发生明显变化；但对于自制力较强的人，声音不会立即转为成年后那样。如果有人能像致力于音乐的儿童一样保持自制，努力阻止破声，其声音便能持续很长时间而不破，而且之后的声音变化较小。另外，此时女性乳房隆胀，阴私器官长大变形。（顺便提及，在此阶段，凡试图通过摩擦来射精的人往往会感受到痛苦及性快感。）女性在同一年龄时，其乳房隆胀，所谓的月经开始出现；经期排出物犹如新鲜血液一般。另外，女性在经期还会排出一种白色物质，女孩较小时便有此现象，特别是当她们的饮食主要为流质物时，这种白色排泄物更易发生。大多数情况下，当乳房长

---

〔1〕克罗顿位于意大利南部，公元前六世纪纪时，属希腊殖民地，盛产运动员，古希腊运动员米勒是其中的代表之一。此地在当时的医学领域也享有盛誉，克罗顿的医生被认为是“最好的医生”。

到两个手指宽的高度时，女孩便会月经初潮。女孩大约在这个时候变音而发出较为深沉的声音；一般来说，女音高于男音，女孩音高于老妇音，就像男孩的声音高于成年男人的声音一样；女孩的声音较之于男孩更尖锐，女孩的吹箫声也会比男孩吹得更为高亢。

这个年龄段的女孩需要更多关爱。在此阶段，由于其性器官不断发育成熟，她们会受原始性冲动的影响；因此，除非她们能够抵制因自身发育所带来的不可避免的性冲动，否则，即便是未达纵欲之人，也会养成一些影响终身的不良习惯。对性欲无所顾忌的女孩会变得越来越纵欲无度；男孩也是如此，除非他们不为各种诱惑所动；此时其身上的性器官会变得隆起膨胀，并造成局部的身体感应，除此之外，关于之前纵欲带来的快感回忆亦会激发其再生欲念。

有些男人，由于先天性生理缺陷，没有生殖能力；同样，有些女人也会因先天原因而不能生育。在青春期，男女体格都易发生改变，变得更加健硕或更加孱弱，或变瘦，或变胖，或精气十足；因此，在青春期之后，一些之前瘦弱的小伙子竟变得肥硕而健壮，有些人情况则恰好相反；女孩亦然。男孩或女孩身体充满多余物质时，这种多余物质会以精液或月经的形式排出，其体质和健康会因排出了影响健康和营养物质吸收的物质，而有所改善；但是对于某些相反的体质，精液与月经的排出则有损于其健康。

此外，于处女而言，其乳房大小存在个体差异，因为有些很大，有些很小；通常情况下，乳房的大小取决于其儿童时期身体是否存在前文所述的多余物质。女人接近成年，其一大标志即是乳房的变化，此时体内盈余液质越多，乳房就会隆胀得越大，几乎近于爆裂状态；此时其乳房长到最大容积，余生便不再扩充。于男性而言，凡是气质红润，身体光滑有弹性，不属于多腱型，则在年轻与年长时，乳房不断增长，甚至接近于女性乳房；另外，男人肤色黝黑的，其乳房常较之于肤色白者大些。

从青春期开始到二十一岁，男性产生的精子缺乏授精能力；二十一岁之后便可生殖，但是年轻男女所产子嗣多体格矮小且孱弱，这种现象与普通动物过早生产的情况一致。女性较年轻时很容易受孕，但妊娠后，往往难于分娩。

男性性欲无度者与女性多产者，其体格往往因无法发育完全而早衰；当妇女生下三个孩子后，生长机能似乎就会停止。平时轻佻的女性在生育几个孩子之后，性格会变得更加稳重和贤惠。

女性二十一岁之后便完全适于生育，而男人的精力还会继续增长。当其精液稀薄时，生殖能力下降；当精液呈颗粒凝结状时，常可受孕而生男童，当其稀薄而无凝结时，常生女童。另外，男性在此阶段开始长出胡须。

2 女性的月经

女性的月经初潮发生于月底；因为女性经期开始于月亏之时，行经后与月亏后一样再度充盈，即女性的行经周期与月亮的盈亏较为吻合，因此，自作聪明的人便认为月亮和女性一样为阴性的。（有些女性，月经周期较为规律且正常，每第三个月经血量较大，其余两月经血量较少。）有的女性经期较短，这种烦扰多持续两到三天，且易于恢复；有些人的经期相对较长，则较为痛苦。月经期间，女性身体普遍不舒服；其经血排出有时较快，有时则较为缓慢，但在经血未完全排出前，无论快慢，其身体不适一直持续。在许多情况下，行经开始、经血排泄前，其子宫内常发生痉挛和声响，直到经血排出为止。

正常情况下，经期症状恢复后，女性就可以受孕，如果女性没有上述行经现象，大多都会不孕。但是，这种规律也并非没有特例，有些女性虽没有行经，但也能受孕妊娠；其经期分泌物积累于体内，分泌量相当于那些正常生育女性行经后留存于体内的残留量。另外，有些女性在行经时即可受孕，在经期结束后子宫口即行关闭。曾有例证，有些女性在妊娠期间行经仍然发生，直到其临近分娩时才停止月经；于此情况下，所产子嗣体况较差，或难于存活或较为孱弱。

由于年轻女性性躁或禁欲过长而后纵欲过度，子宫会发生下垂现象，同时在受孕前，月经每月出现三次；受孕后子宫会收缩恢复至原有部位。

如前所述，女人的经期排出物比任何其他雌性动物都多。对于那些不产活物的动物（产卵动物）而言，这些物质是不存在的，这些多余物会转化为其体内物质；另外，这些动物的雌性个体有时比雄性大；而且，这种物质有时用于盾牌或鳞片，有时可用于美化羽毛，于胎生四足动物而言，这些物质会变成毛发与皮肤（唯独人类皮肤光滑）和尿液，其尿液量大而浓。唯独女人，其体内多余的物质不会变成前文所述的各种物质，而直接排出体外。

男人也有类似之处：与其体型成正比，男人产生的精液较之于任何其他动物为多。（在所有动物中，人的皮肤最为光滑，其原因正在于此。）大多数人不会过于肥胖，皮肤白皙的人比黝黑皮肤的人亦为多。女人情况类似；因为在其体格健壮之时，大部分的身体分泌物会滋养身体。在两性交配时，肤色白皙的女性比黝黑者分泌物多；此外，多汁和辛辣的食物有助于分泌物产生。

3 女性受孕，流产

女人受孕的一大标志，即性交后阴私处干燥。如果阴唇较为平滑，则精液容易滑落，难于受孕；如果阴唇较厚，受孕也困难。但如果施以指诊时，感觉阴唇较薄，粗糙且黏连，那么受孕就较为容易。因此，如果想要受孕，我们应将阴唇调整到前文描述的状态；但如果想避孕，就应使阴唇处于相反的状态。因此，对于因阴唇平滑而难于受孕者，有些人便用雪松油或铅油或乳香膏与橄榄油进行混合调拌，然后将该混合物涂抹于精液射入子宫的那部分。如果精液能在子宫内停留七日，那么可以确定女性已经受孕；因为胚胎破坏通常发生在此期间。

在大多数情况下，妊娠开始后一段时间内经血仍然排出，如是女婴持续时间大约为三十天，如是男婴则持续大约为四十天。分娩后其经血的排泄也常常经历相同的天数才停止，但因个体差异时间不全相同。受孕后，经过上述日子后，经血不再像往常一样经生殖器官排泄，这些物质向乳房部位转移而成为乳汁。乳房初次泌乳时，其初乳量较少，散布于乳房表面而呈蜘蛛网丝状条纹。妊娠开始后，其两肋区域会出现某种感觉，有些人此部位会快速隆胀，特别是对于瘦人而言，腹股沟也会发生上述变化。

如若孕男婴，在妊娠后第四十日后于其子宫右侧会感受到胎动，但如果是女婴，则于九十日后在子宫左侧可感觉到胎动。但是，这种说法并非定论，因为有许多例外的情况，男婴左侧胎动、女婴右侧胎动的现象均有发生。总之，这些和所有类似的现象，通常会有差异，只是偏差的程度不同而已。

在此阶段，胚胎开始分化成不同的部分，在此之前是混作一团没有区别的肉状物质。

胚胎破坏通常发生于怀孕后的第一周内，而流产则多发生在妊娠后第四十日；胚胎在这四十日的时间里遭到的破坏最多。

如果男胎在妊娠后第四十日流产，此时将其置于冷水中，它会成团地被包裹于胎衣中，如果将其置于任何其他液体中，它会溶解并消失。如果将这层膜拉起，胚胎会显露出来，大小如大蚂蚁一般；此时四肢、阴茎和眼睛均清晰可见，同其他动物胚胎一样，眼睛所占胚胎体积比例较大。但是，如果女胎在头三个月内遭受流产，那么胚胎仍是一团而无分化；如果第四个月时发生流产，此时胚胎已经分化而迅速成形。总之，在子宫内，女胎的完全分化发育慢于男胎，并且女胎需历经十月才能发育完全而分娩。但出生后，女性从青年期至成年期再到年老，其成长发育均比男性要快，这点前文已述，对于多产的女性而言，尤其如此。

4 妊娠期，双胞与多胞

大多数情况下，当子宫受孕后，子宫口会保持关闭状态七个月；但在第八个月时子宫口打开，此时如果胚胎发育良好，会在第八个月下移。但是倘若这些胚胎到第八个月时发育状况欠佳，仍不能呼吸，那么其母体不会将其下移分娩，子宫口也不会打开。胚胎发育过程中没有上述下移变化，是胚胎无法存活的一大征兆。

受孕后，女性会感觉到身体各个部位都有负重感，比如，妊娠期间她们经常会发生眼前发黑、头疼眩晕的感觉。于妊娠期，这些症状迟早出现，有时早在怀孕后第十天就出现，其发生早晚主要取决于母体内盈余体液的多少。大多数女性在妊娠期间都会遭受恶心和疾病的折磨，尤其是前文刚提到的那些症状，在行经停止之后和盈余物质尚未转向乳房之前，其症状最为严重。

此外，有些女性在妊娠初期最为难受，有些则在胚胎发育后期；还有些女性，在妊娠末期常会发生痛性尿淋沥症。一般来说，怀男胎的女性相对容易摆脱痛楚，进而保持比较健康的容貌，但身怀女胎者则相反；此时其容貌会较为苍白，身体更为难受，有些女性甚至会遭受腿部肿胀和身体疹斑的痛苦。然而，以上是一般情况，仍有例外存在。

妊娠期的女性充满各种欲想，且情绪多变，有些人称之为“多欲症”；对于身怀女婴的母亲来说，其欲望会更加强烈，即便她得到想要的东西时，仍不会满足。

在少数情况下，有些女性在妊娠期间感觉较好，最难受的时期是在胎儿开始长头发时。

女性在妊娠时，头发易于脱落而变薄，但另一方面，平时不生毛发的部位此时却又有生毛的倾向。通常情况下，男婴在母体子宫内较之于女婴而更爱活动，并且也比女婴早些出生。临产前，如是女婴，母体分娩过程较为迟缓且疲弱，如是男婴，分娩则较为剧烈且疼痛时间较长。如若孕妇于分娩前不久进行房事，则后期分娩会相对较快。有时候，分娩并未真正开始时，孕妇好似感受到分娩之痛，实际上这是胎儿调转头部的结果。

实际上，所有其他动物都有其各自的妊娠时间，即同种动物间其妊娠时长相同。但在妊娠期方面，唯独人异于其他动物而呈多样性；其妊娠期为七个月或八个月或九个月，更为常见的为十个月；而有些则长达十一个月。

胎儿不足七月龄而分娩的，无论如何均无法存活。分娩后可以存活的婴儿中七月龄为最早，但这样的早产儿大多体况较为虚弱，因此，按照惯例，人们将婴儿包裹于羊毛襁褓中——其中许多孩子身体诸如耳朵或鼻孔等天生有孔的部位尚未发育完善，在外看来好似无孔。但随着婴儿身体逐渐长大，其身体各器官发育逐步完善，许多这样的婴儿最终可以正常成人。

在埃及及其他一些地方，妇女均较为多产，她们可以毫不费力地生育和抚养许多孩子，而且出生的孩子即便畸形亦可存活，但在这些地方，八月龄胎常可产活婴且茁壮长大。但在希腊，这些婴儿多数死亡，仅留一小部分得以存活。这是一般经验，当这样的婴儿幸存下来时，其母亲就很容易将其认为是较早时期意外怀孕的产物，其原本并不是八个月大的婴儿。

妇女在妊娠后第四个月和第八个月最为难熬，如果在此期间发生死胎，母亲一般也会遭受重创；因此，八月龄的胎儿发生夭折而不保，她们自己也面临极大的生命危险。同样地，明显晚于十一个月而分娩的婴儿也有可疑之处；这可能是由于母体受孕的具体时间存在记忆偏差所致。也就是说，子宫经常充气，在随后的某个日子进行性交而受孕，但她们误将前一种子宫充气情况当成了受孕发生，因而时间上就成了十一个月的妊娠期。

因此，人类区别其他动物而拥有变化范围较大的妊娠期。此外，有些动物每胎产仔一个，有些动物每胎产仔较多，于人类而言，有时产儿一个，有时则多个。通常情况下，在大多数国家中，妇女每胎分娩一个孩子；但在某些国家和地区，妇女们多产双胞胎，埃及尤甚。有时妇女会一次生下三个甚至四个孩子，如前所述，这种现象在世界某些地方多有发生。曾有许多实例可证，有的妇女最多一次生下五个孩子。曾有记载，有的妇女四胎一共生下了二十个孩子；每胎生五个孩子，并且大多数孩子都可以健康成长。

于其他动物而言，如果所生下的双胞为一雄一雌，或均为雄双胞或雌双胞，其存活率无异；但倘若人类所产的双胞为一男一女，则此双胞存活率较低。

在所有动物中，女人和母马是在妊娠期间仍可接受雄性交配的动物；于其他动物而言，一旦妊娠则会远离雄性，除了那些能够复妊的动物，如兔子等动物为例外。与那些复妊动物不同，母马一旦受孕后则不能再次受孕，通常情况下，一胎只产一只小马驹；于人类而言，妊娠期间能够复妊的情况极为少见，但偶尔也有发生。

在已妊娠多日后再次复妊，复妊胚胎多不健康，之后的胚胎会引起母体疼痛，同时还会对早期形成的胚胎有所损伤；顺便言及，曾有实例，不少于十二个先成胚胎因复妊破坏的影响而被排出体外。但是，如果复妊胚胎间隔初胎时间较短，那么母体就可同时妊娠并产两婴，这种现象有如神话传说中的伊菲克勒斯和赫拉克勒斯[1]那样产下类似双胞的孩子。以下实

---

〔1〕伊菲克勒斯：希腊神话中底比斯国王安菲特律翁与妻子阿尔克墨涅所生的儿子，也是赫拉克勒斯同母异父的双胞胎弟弟。

赫拉克勒斯：古希腊神话中伟大的英雄，主神宙斯与阿尔克墨涅之子，他神勇无比、力大无穷。

例则较为引人注目：某个通奸的女人生下两个孩子，其中一个长得像其丈夫，另一个则像通奸的情人。

还有一例，有个身怀双胞胎的妇女随后复妊第三个胎儿；并且随着分娩期的临近，最先受孕的双胞胎发育较好且顺利产出，但跟随分娩的第三个胎儿仅发育五个月；最后一胎出生后即无法存活。又有一例，有个妇女先生下一个七个月的婴儿，然后紧跟着是两个妊娠足月的孩子；其中先出生的死亡，另外两个得以存活。

有些妇女在最初胚胎快要流产时复妊，这样初胎流产后，她们会保下复妊所得胎儿。

如果妇女在妊娠第八个月后与丈夫同房，大多数婴儿出生时体表会覆以黏液。通常在出生婴儿体内也发现了母亲常吃的食物。

妊娠期间女性进盐过多时，其所产婴儿很容易发生缺少指甲或趾甲的情况。

5 泌乳，生殖能力年限

孕妇于妊娠期前七个月所分泌的乳汁不宜哺乳；但婴儿出生，适合生活后，母乳即可哺育婴儿。母体分泌的初乳味道偏咸，其情况与绵羊乳汁相似。大多数孕妇在妊娠期间都对酒精较为敏感，并会影响胎儿发育，如果期间饮酒，她们就会易于懈怠且呈虚弱之状。

月经和精液的发生起始与结束时间同女性受孕、男性授精能力的始终时间各相匹配；女性月经初潮和男性初有精液时其生殖能力均有欠缺而不成熟，当年老时无论男女其卵子和精子的生殖能力均会下降。关于男女具有性能力的初始时间前文已有论述。至于月经终止年龄，大多数女性则在四十岁后停经；但是有些人会延续更长时间到五十岁才停经，并且曾有例证，五十岁的妇女仍能生育。但超过五十岁仍生育的情况，前所未闻。

6 生殖能力与畸形

大多数男性在六十岁之前仍具有生殖能力，如超此限，可延续到七十岁；曾有例证，七十岁的男子仍具有授精能力。于许多男人和女人而言，有时无法彼此相配而生育，但换与他人又可生育。关于生子性别为男为女，其情况亦类似：因为有些男女彼此相配专生男孩或专生女孩（视情况而定），但换与另一异性相配后，则生子性别恰又相反。随着年龄的增长，夫妇生育子女的性别亦会发生变化：因为有时夫妇年轻时多生女婴，其后慢慢转为男婴；另外有些夫妇则情况恰好相反。对其生育机能而言，情况也是如此：有些人年轻时不育，但后期年老时却可育；有些人年轻时可育，以后便不可再育。

有些女性不易受孕，但一旦怀孕，就可顺利产下健康婴儿；而有些则易于受孕，但却难于分娩成活。此外，有些男性和女性专生男婴或专生女婴，例如赫拉克勒斯的故事，据说他有七十二个孩子，但仅有一个为女婴。那些必须靠药物调理或其他外界辅助方能受孕的妇女，通常情况下易生产女婴，而男婴较为少见。

于男性而言，每次性活动之初都精力充沛且强健，射精之后则慢慢变弱，进入不应期，而后会再次恢复活力。

父母身体畸形产下婴儿也多为畸形，比如，父母跛足子代亦跛，父母目盲子女亦然，一般来说，孩子通常会继承父母的某些特质，出生时随父母一样拥有类似粉刺或疤痕的标记。众所周知，这些标记会传承三代：例如，有个男人右手臂上有块痣，他儿子则没有，但他的孙子却在同一个地方有这个标记，虽然具体情形不是很清楚。

然而，这种情况很少；但如伤残人士所生的孩子多数健全，关于遗传，其实没有过于硬性不变的规定。孩子在长相上大多与其父母或祖先相似，但有时彼此间也毫无相似之处。但父母的特征有时可能会经过几代人之后才表现出来，曾有一例，有一个伊利斯的女人，她与黑人通奸；她的女儿肤色白皙，她的外孙却是黑人。

通常情况下，女儿外貌随母亲，男孩随父亲；但有时候却恰恰相反，男孩随母亲，女孩随父亲。孩子们可能身兼父母的诸多特征于不同方面。

双胞胎多数彼此之间相似，但也有互不相似的实例。曾有一女，在生完孩子一周后与丈夫同房，继而怀孕并生下第二个孩子，这个孩子与第一个孩子较为相像。有些妇女生的孩子颇像自己，有些则像其丈夫。

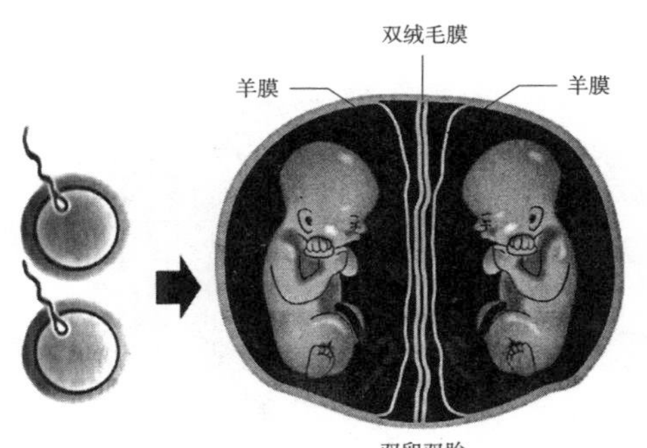

□ **母亲腹中的双胞胎**

双胞胎是指胎生动物一次怀胎生下两个个体的情况，一般可分为同卵双胞胎和异卵双胞胎两类。就人类生育的通常情况而言，在每一次月经周期，女性的卵巢只会释放一粒卵子，卵子在受精后只发育成一个胚胎；在一些特别情况下，单一的一个受精卵会分裂成两个，进而形成两个胚胎，这即是同卵双胞胎；在另一些特别情况下，女性的卵巢会释放两粒卵子，因而卵子在分别受精后会产生两个胚胎，这即是异卵双胞胎。

7　受孕及发育

男性输卵管在排出精液之前，预先排出空气，气流带动进而射出精液；除气压外，没有任何东西可将液体射出一定距离。精子抵达子宫后会在那里停留一段时间，之后在其周围形成一层薄膜；当胚胎还未发育成形就流产时，其胎体如同失去外壳而在膜内的卵；膜上布满静脉。

无论是飞禽走兽还是游鱼，总之所有动物，无论脱离母体时是一活体抑或一卵，其发育过程均为一致：区别在于脐带，有的系附于子宫，如胎生动物，有的系附于卵中，还有些比如某些鱼类其脐带于子宫和卵体均可系附。

另外，有些是膜囊包裹着卵，而有些则为绒毛膜所包裹。动物胚胎最

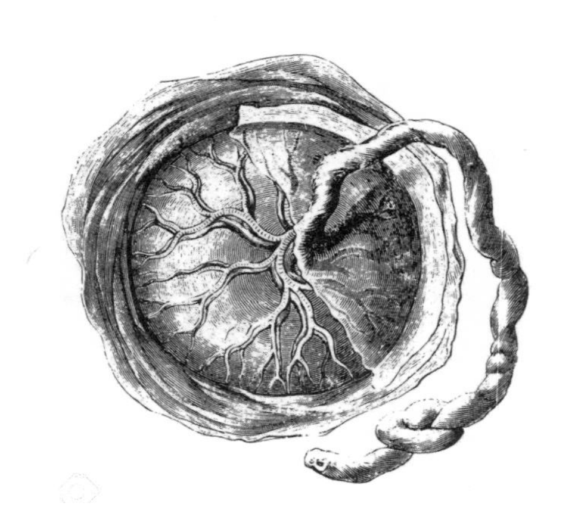

□ 胎盘及脐带

脐带是胎儿和胎盘之间的联系结构，形状如绳索，表面光滑透明，内含结缔组织和脐静脉、脐动脉。脐静脉沿着胎儿腹壁内面通过肝的血窦、脐动脉与胎儿主动脉相通连。

先在其最内层的包膜内发育；又有另一薄膜围着内膜，外膜大多附着于子宫，但有一部分与子宫分离，其膜内具有液体。内外膜中间的物质是一种血水状的液体，产妇常称其为“产前羊水”。

8 脐带与胚胎

所有动物，或一切有脐带的动物，均经由脐带获取营养而生长。并且，其脐带均系附于拥有胎盘动物的胎盘上，有光滑胎盘的动物，则又有一血管系附于子宫。关于胚胎在子宫内的姿态，多种多样：四足动物伸展四肢躺着；无足动物，例如鱼类，作侧躺姿态；双足动物，例如鸟类，则蜷曲身体而躺；人类胚胎也是蜷曲躺着，其鼻子贴于两膝之间，眼睛靠着膝盖，耳朵于两侧自由舒展。

所有动物胚胎最初均为头部朝上，但生长到将要分娩之时，头部开始向下转移，所有动物的分娩均为头部先出，但也有特例情况，有些动物是脚先出来，或背部弯曲而出。

当四足动物幼体接近分娩之时，其体内含有液体与固体废物，固体废物位于肠的下部，而尿液则在膀胱中。

那些子宫中有胎盘的动物，随着胚胎的不断长大，胎盘越来越小，最后完全消失。脐带似鞘，其内包裹血管，血管系附于子宫，凡有胎盘者，脐带则由胎盘导出，无胎盘者则从子宫血管导出。于体形较大的动物而言，例如，牛的胚胎，其血管数量为四条；于小型动物，数量则为两条；

很小的动物，如禽类，其血管只有一条。

在进入胚胎的四条血管中，有两条沿着大静脉的方向，在通常称之为“肝门”的地方进入肝脏，另外两条则沿着主动脉方向到某一点后便一分为二。在每对血管周围都有包膜，脐带则像鞘那样将这些包膜进行包裹。随着胚胎的不断生长，血管会相对变小变细。待胚胎成熟之时，它会下降进入子宫空腔，在此可觉察到其运动；有时会在腹股沟附近转动。

9 分娩

当女性分娩时，其痛苦发生于身体诸多部位，并且在大多数情况下为左大腿或右大腿阵阵剧痛。于腹部区域剧烈阵痛的女性其分娩最快；而从腰部开始疼痛者一般难于分娩；只有腹部疼痛者，其分娩较快。如果即将出生的孩子为男婴，预先流出的胎液则为灰白色，但若是女孩，其胎液为血红色，在有些分娩实例中，这两种现象都不会发生。

有些动物，分娩时并不伴随疼痛，母畜虽看起来有些难受，但其疼痛程度不大。于女性而言，其分娩疼痛较为严重，尤其是那些久坐不动及胸闷气短的人，其疼痛程度尤甚。如果在分娩过程中，孕妇屏气不足，很容易造成难产现象。

分娩过程为：胎儿开始移动，羊水膜破裂，羊水排出；紧接着子宫外翻，胎儿产出，胎衣从子宫内被拽出。

10 婴儿

助产妇的一大职责即是帮助剪断肚脐，这项工作需要技术且应小心谨慎操作。当碰到产妇难产时，不仅需要助产妇娴熟的双手，更需要她的智慧，以此来应对各种突发情况，然而，脐带打结工作尤为重要。如果

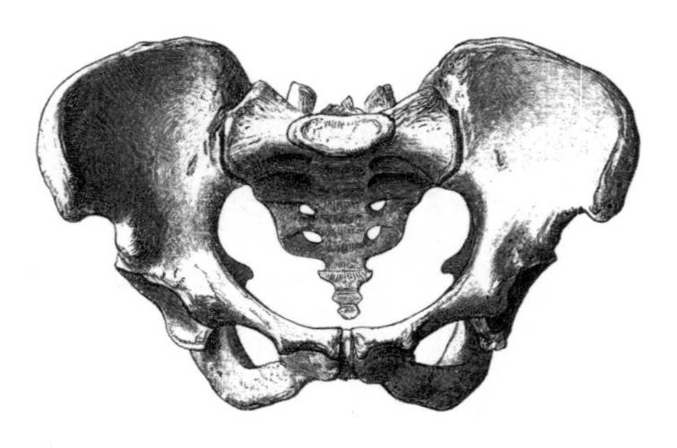

□ 骨盆

骨盆即连结脊柱和下肢之间的盆状骨架，是由后方的骶骨、尾骨和左右两髋骨连接而成的完整骨环，位于脊椎末端，连接脊柱和股骨，与四足动物的后肢、双足动物的下肢相连。骨盆可以将人体体重传递到下肢，并作为游离下肢的活动基础支持保护腹盆内的器官。

胎衣已经完全排出，这时可用羊毛线将脐带进行打结，胎衣位于线外，然后即行剪除；脐带打结后，以后会慢慢愈合，剩余部分则会自行脱落。（倘若脐带没有扎紧，婴儿便会失血而亡。）但是，如果婴儿已经出生，而胎衣尚未完全排出，则先将脐带结扎，而后将其剪断。

以下这种现象很常见，即当孩子出生后较为虚弱，好似一死胎，此时脐带还未结扎，血液汇集于脐带及其周围。于此情形，有经验的助产妇此时会将这些脐带里汇集的血液挤回到婴儿体内，那么，处于生死边缘的婴儿会立即恢复生命。

正如前文所述，所有动物都是以头部先行进入世界，于人类而言，婴儿们则双手前伸紧贴体侧而分娩。伴随着啼哭声，婴儿们进入人世间，一出生便将其双手举向嘴边。

此外，婴儿有时刚产下就立即排泄粪便，有时会稍晚，但均会在第一天内进行排便；与婴儿的体型相比，这种废物较多；助产妇常将其称之为“胎便”。胎便颜色起初呈深红色，状似沥青，当婴儿吃乳后，粪便会慢慢变为乳白色。在婴儿出生之前，并不作声，即便在难产时，头已伸出，而身体其余部分仍在母体内时，婴儿仍不发声。

如果分娩之前，羊水流出过早，则很容易发生难产。但是，如果婴儿出生后母体仍有少量血水排出，并且发生于产后较短时间，且不会持续到第四十天，在这种情况下，母体多能更好康复，且能较快再次受孕。

婴儿出生四十天内，在醒着的时候，他既不会笑也不会哭，但在夜晚，他有时又哭又笑；在此期间，其多处于睡眠状态，即使人为触碰，也不会理会。随着其逐渐长大，其清醒的时间会越来越长；此外，还伴有做梦的迹象，但如若能记得梦中的景象，还需要很长时间。

于其他动物而言，骨骼之间没有明显差异，但都是按一定规则而正式形成的；但婴儿的前颅骨最初是软的，需要一段时间后才能硬化成为硬颅骨。顺便提及，有些动物出生时便有牙齿，但是婴儿要在出生后第七个月才开始长牙；一般，前牙先出，有时是上颌门牙为先，有时则是下颌门牙最先长出。一般乳汁越热，婴儿的牙齿就长得越快。

11 乳汁

女性分娩并已排净血水后，其乳汁开始大量分泌；有些女性，不仅乳头分泌乳汁，而且乳房的其他各部位也有乳汁产生。曾有少例：有的甚至腋窝亦可泌乳。一段时间之后，如若孕妇乳房缺水，或乳汁积累过多，都会出现乳房硬块，这些硬块被称为“结节”。整个乳房好似多孔海绵，如果一个女人碰巧喝下一根头发，她的乳房就会疼痛，这被称为“毛发病”；只有头发自行排出或被婴儿吃奶时吸出，疼痛才会停止。妇女的产后泌乳期一直持续到再次受孕；妊娠后其乳房便会停止泌乳而干涸，人类与四足动物于此情况相同。通常情况下，只要有乳汁分泌，月经就不会发生，尽管曾有人在哺乳期间行经的特例，但终归还是极少数。一般而言，其体液不会同时流向多个方向；例如，患有痔疾的人其月经量就会减少。另外，有些妇女因患有静脉曲张，当体液在进入子宫前会先行渗漏于骨盆区域，其经血也会相应减少。有些妇女在月经不畅时，其血液会经由口中排出，与上述症状作比，这种现象并不糟糕。

12 孩童痉挛

孩童通常容易发生痉挛，特别是那些经由体格健壮的乳娘所哺育的孩子，因为其乳汁过于丰厚。酒精能够刺激痉挛，于婴儿有害，其影响，红酒比白酒更为严重，酒未经稀释，其影响尤甚；因食物而引起的胃肠胀气和便秘患者不宜饮酒。大多数婴儿死亡发生时间集中于出生后的最初七日，因此人们多于七日后才给孩子起名，因为其后的日子婴儿多能存活。发生于月盈之时的痉挛最为糟糕；顺便提及，当痉挛部位位于婴儿背部时，这是一种危险的征兆。

第八卷

本卷考证动物的精神状态、饮食习惯、生活习性和气候环境的关系；介绍各种动物病症及其治疗的情况；梳理动物变种与地区变化的隐秘关联；例举动物习性的变异乃是由地理差异所致；简括鱼类的年龄识别以及鱼类、介壳动物、软甲动物的变色求婚和孕期体质变化。

灰熊幼崽

1　动物的精神状态与生活方式，动植物的区分

关于动物的物理特征及其繁殖方式，我们已有研究。现在开始研究其习性与生活方式，这些方面因动物的性格和食物的不同而存在差异。

绝大多数动物具有精神状态的迹象[1]，这些性质于人类而言更为显著。如上言及，动物彼此间在生理构造上存在相似之处，我们从一些动物身上也可看到其精神状态，有的较为温顺，有的相对凶猛，有的野性十足、脾气暴躁，有的勇猛自信，有的懦弱胆小，有的精神旺盛，有的卑劣狡猾；就智力而言，也可看到其具有聪慧的特质。关于前面所列举的这些品质，人类与之相比照，在某一品质方面仅存在或多或少的差别，即人类可能在某项品质方面与动物存在多多少少的数量差别；另外的一些品质，

---

〔1〕关于动物的精神生活，一些学者认为动物与人一样，都具有感觉、情感等方面的精神活动，而另一类学者则认为，精神生活是人与动物的区别。现实中动物的一些行为，又的确表现出精神活动的迹象。比如狼群的集体行为，大象被激怒后的报复行为等，都是有精神活动的行为。事实上，人与动物在精神上的活动，没有本质的区别，只有程度上的差异，即人的精神生活状态更高一些。

“精神性质”在古希腊时期由柏拉图提出，其原意为“气息”，后转化为生命中存在的“灵魂”，相当于现代词汇中的“精神”“心理”等术语。在亚里士多德看来，生物界的灵魂分为三级：第一级是获取食物与繁殖的灵魂，自然界中的草木花卉属于此列，也就是指现代术语中的植物界；第二级出自于感觉与体质活动之灵魂，动物界的鸟兽鱼虫皆属此类生命；第三级，也是最高级，即理智与精神之魂，人类当属于此，再无其他。但是，人类身上均有动物所具有的特性，比如食色性，而低级动物在获取食物时，也会表现出若有所思的状态。所以，高级灵魂涵盖低级灵魂，低级灵魂则潜存着高级灵魂的萌芽。

另外，亚里士多德还重视万物皆一体之说，认为世界上一切生物，即使生活状态是千差万别，都可归于一统，也即是亚里士多德所说的“相通而延续之总序”。至达尔文“进化论”时代，生物学总则确立，“万物统谱”至今已经完善。因此生物学的分级完善，由亚里士多德开源，其实属现代生物学的前驱。

动物虽然不能和人类相提并论，却仍可以加以对比，比如，人拥有知识、技术、智慧和机敏，而某些动物也存在一些类似于这些品质的天赋和本能。通过动物幼年期的诸多表现，这种情况的真实性便更加容易理解：孩童在精神状态上与一些动物无异，其品格在成年期会被固定养成，他具有的诸多品质在孩童时便可找到踪迹；因此，人们可以有充分的理由相信，人与动物在精神品格方面，有些相同，另一些相似，还有些则可相互比拟。

自然的发生发展从无生命状态的事物到有生命的动物，呈渐进式发展，以至于很难确定彼此分界的确切线，也不能确定生命体间的中间形式属于哪一侧。因此，从无生命界进入有生命界，首先则属植物，而植物界各种属间所具有的生命力很明显存在高低之分；简而言之，与动物界相比，整个植物界可被认为没有生命，而当与其他物质实体相比时，植物界则可被认为拥有生命。实际上，如前所述，在植物界中，存在级别不断上升的现象，进而逐步过渡到动物界。在海中，就有一些生物，人们无法将其明确地归类为动物还是植物。比如，有些生物有根，如若将其拔出，它便会消亡；江瑶〔1〕便为一例，它植根于特定位置，倘若将其拔出，有些就会死亡，其下的竹蛏因江瑶的拔出亦难于存活。从广义上讲，如果将整个介壳动物与其他可以运动的动物对比，它们均与植物存在相似之处。

就感觉〔2〕而言，有些动物，没有显示出任何迹象，而其他动物则表现得较为微弱。此外，在这些动物体中，如所谓的海鞘类以及海葵等，其体质质地犹如肌肉；但海绵在各方面都像植物一样。因此，在整个动物等级序列中，各种属之间在生命力和行动力〔3〕方面确实存在着等级高低的

---

〔1〕江瑶：一种海蚌，壳略呈三角形，表面苍黑色。

〔2〕感觉是客观事物刺激作用于生物感觉器官所产生的，对事物个别属性的反映。人对客观事物的认识是从感觉开始的，它是最简单的认知形式。

〔3〕生命力：指生物体维持生命活动以及生存发展的能力。行动力：指动物的活动能力。

差别。

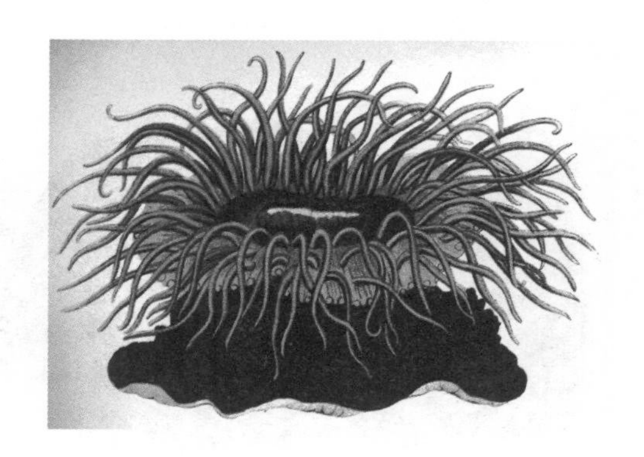

□ **海葵**

海葵指海葵目生物，是一种长在水中的刺胞动物。其构造非常简单，口盘中央为口，周围有触手，触手上布满刺细胞，没有任何中枢信息处理机构。海葵多数栖息在浅海和岩岸的水洼或石缝中，少数生活在大洋深渊，属于超深海底栖动物。海葵虽然看着像花朵，但实际上是一种食肉动物，它的几十条触手上都有一种特殊的刺细胞，能释放毒素以捕获猎物。

关于生活习性[1]，也符合相似的论断。因此，经由籽实发育而成的植物，其唯一的功能似乎是繁殖自己的品种，有些动物类似于植物，其生命活动也局限于繁育自己的品种。于此而言，繁殖机能[2]是一切生物所具有的特性。如果有感觉，那么它们在性交、分娩及哺育后代等过程中获得的感觉均有所差异。有些动物，像植物结实一样，只会在特定的季节繁衍后代；另外一些动物在产后也在忙着为其幼仔寻找食物，当把它们喂养长大后，便不再理会；还有些动物则比较聪明，具有记忆力，它们与后代生活在一起的时间越长，也就更具有群体社交性。

如此一来，动物的生活行为可以分为两类：生育和饮食[3]；所有动物行为终生都会围绕着这两件事进行。食物的组成主要取决于自身身体结构

〔1〕生活习性：指动物在生活方式、生活习惯上表现出来的行为，受到动物本能影响。

〔2〕繁殖机能：一般指动物的生殖繁衍能力。

〔3〕总而言之，动物的生活行为就只有这两个方面：生育和饮食。生育是为了延续动物的物种，保持物种不被淘汰；饮食则是为了动物此时的存在，因为不饮食就会死亡。生育和饮食是本能性的，对于人类也是如此。人类的其他文化活动，只是本能的派生物，只有在满足了生育和饮食后，人类才可能从事其他活动。

□ 河马

河马是属鲸偶蹄目河马科的哺乳动物，其躯干肥圆呈桶状，除吻部、尾、耳有稀疏的毛外，全身皮肤裸露，呈深灰色与肉红色相间，外形总体似猪，但实际上与鲸豚类的亲缘关系更近。它们生活于非洲热带水草丰盛地区，为杂食性半水生动物，多食水草，日食量能达100千克以上。

发育的需要；在所有情况下，这些食物为其生长发育提供必需的营养物质。任何源于天性的东西，均会给动物带来快乐，所有动物都在追求与它们自然本性保持一致的快乐。

2 动物因生存环境产生的习性差异

动物也因生活区域的不同而存在习性上的差异：也就是说，一些动物生活在陆地上，而另一些则生活在水中。并且这种分化可以以两种不同方式进行说明。因此，有些动物因呼吸空气而被称为陆生动物，而其他动物则因吸水而被称为水生动物；还有其他一些动物，既不吸气也不吸水，但是在身体结构上能够适应空气或水的冷却影响，这样它们也被归类为陆生动物或水生动物的一类。另外，人们也通过动物采食和栖息地点的不同，将其分为陆生动物或水生动物；于许多动物而言，虽然它们呼吸空气并在陆地上生育，但却从水中获取食物，并且其生命的大多数时间在水中，这些动物既可生活于水中亦可于陆地上，人们将之称为两栖动物。对于生于水中的动物，它们都不能采食于陆上，进而也不能被称为陆生动物，然而有大量的陆生动物呼吸空气却于水中采食，另外，还有些动物，诸如海龟、鳄鱼、河马、海豹和小型动物中的淡水龟与青蛙等，它们的身体构造极其特殊，如若将其与水隔离，它们便不能存活；同时，如果不能不时呼吸空气，就会因窒息而亡：它们在陆地上或靠近陆地的地方繁衍哺育后代，而后进入水中生活。

然而，在所有的动物中，海豚与其他相似的水生动物，包括与之类似的鲸类动物，均具有较为显著的一大特征构造：这里就须提到鲸鱼和一切身体具有喷水孔的动物。如果说陆生动物是呼吸空气的，水生动物是呼吸水的，那么人们很难对海豚等动物进行界定。实际上，海豚既呼吸空气亦呼吸水：它吸入水后通过呼吸孔排出，它还通过肺部呼吸空气；顺便提及，这种动物具备肺，并用此呼吸，因此，当被捕到网中时，它很快会因缺乏空气而窒息。海豚也可浮出水面保持较长时间，但这时常伴有其沉闷的呻吟声，这种声音与一般用鼻呼吸的动物所产生的声音一致；另外，海豚入睡时，常将鼻子露出水面，这样做是为了持续呼吸空气。现在，将同一类动物同时划分到陆生和水生类别中是不合理的，因为这两种类别或多或少相互排斥；因此，我们必须重新增补关于“水生动物”类别的定义。

实际上，有些水生动物会吸入水并再次将其排出，其机制与呼吸空气的动物吸入空气的目的相同：换句话说，无论是呼吸空气还是水，其目的均是为了冷却血液。有些动物在进食的时候连带着吸入水：因为它们在水中进食，水便顺带着被一同摄入，为此，它们必须具有排水的器官。那些类似于呼吸空气而吸入水的有血动物，它们均具有鳃这一器官；因捕食而吞进的水则需通过喷水孔及时排出。类似的说明也适用于软体动物和软甲动物；因为，这些动物在进食时也会摄入水。

水生动物的生活方式差别，取决于其身体对外界环境温度及生活习性的适应能力[1]，有些动物吸气却生活于水中，另外有些动物有鳃吸水，却在陆上进食。关于后一种动物，目前记载的只有一个品种，即所谓的环尾

〔1〕自然环境决定动物的生存状态，以及发展状态。所以动物的生活习性、外部特征均是自然选择的结果。所以，研究动物的属性、发生、发展和灭亡，都无一例外要从自然环境入手，从而得出合理的科学结论。

蜥：这种生物有鳃无肺，但它确实是四足动物并且适于陆地上行走。

所有这些动物，它们的本性在某种方面发生变化，正如有些雄性动物与雌性动物颇为相似，而有些雌性动物则与雄性动物亦较为相像。实际上是这样的，如果动物的微小器官发生改变，则其全身结构机能等方面较易发生重大改变。这些现象通过观察阉割动物即可验证：于阉割动物而言，它只是失去了身体的一小部分结构，但其身体却由雄性转变为类雌性。介于此，我们可以推断，如果在胚胎发育初期最初成形时，一个极其微小却重要的器官发生了这样或那样的一些量变，那么该动物将于此情形转为雄性，于另一情形转为雌性；另外，如果将这个器官完全消除，那么这种动物即成为了无性动物。因此，如果有微小器官的改变，动物则按照其改变后的模式发育，陆生动物发育成水生动物，水生动物则发育为陆生动物。另外，同样，有些动物是两栖，而其他动物不是两栖，究其原因是其构造在胚胎发育成形期混入了随后构造发育所需的食材等因素；如前文所述，对于每一种动物而言，凡是与其本性相符的事物，皆会使其感到愉悦。

可以根据三方面因素将动物分类为“陆生”和“水生”：其一，呼吸的是空气还是水；其二，它们的体质；其三，食物特征。动物的生活方式与其所在的类别相对应。也就是说，在某些情况下，通过体质、食料和呼吸方式即可将动物划分为陆生或水生范围；有时仅仅凭借体质和生活习性即可分类。

有些不能运动的介壳动物，生活于淡水之中，当海水溶入其体内时，淡水会稀释渗透其机体：事实上，它们生活于淡水中，也汲取营养于淡水中。海水中含有淡水，并且可以通过切实可行的方式将淡水进行提取。取一个蜡制薄容器，用绳子系住上方，然后将其悬浮于海中：二十四小时后，你会发现容器内有一定量的水，此水淡而可饮。

海葵常以身边游过的小鱼为食。这个生物的口位于其身体中间；并且在较大品种的水母中可以清楚地观察到这一现象。像牡蛎一样，它有一个用于排泄食物残渣出口的管道；该管道位于动物的身体顶部。相比较而言，海葵本身可对应于牡蛎的内部肉质部分，其所附着的岩石相当于牡蛎的外壳。

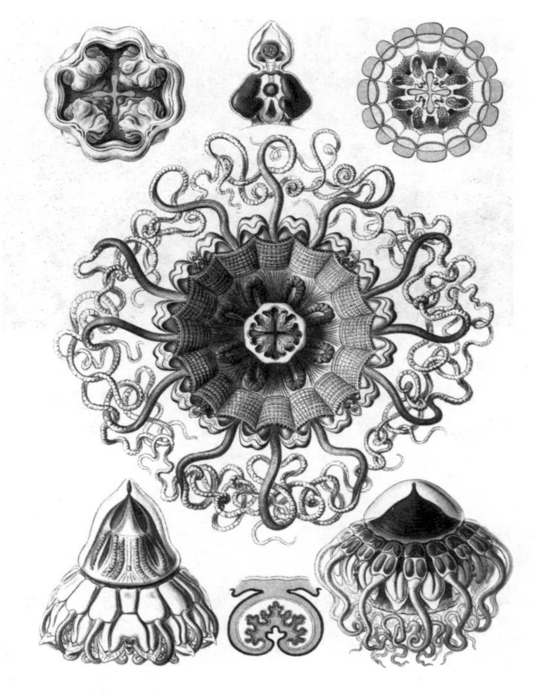

□ 位于正中的水母口器

口腕是由水母翼中心延伸出来的腕状物，其数量和胃囊相同，口腕上有许多刺丝细胞，除了可以捕捉猎物之外，也可以将食物送入口中。水母的口器则位于口腕的基部，直接通到胃腔，除可吃入食物之外，水母的口器也具有排泄的功能。

帽贝离开岩石而寻找食物。在可移动的贝类中，诸如紫骨螺等贝类为肉食性动物，专以小鱼为食——毫无疑问，紫骨螺属肉食动物，因为人们可以以小鱼为诱饵将其捕获；其他贝类亦为肉食，但它们也吃海生植物。

海龟以贝类为食，顺便言及，它们的嘴巴异常坚硬：任何入口的东西，无论是石头抑或其他的坚硬物体，都会被其粉碎。但是当它离开水面进入陆地时，它会吃草。这些动物浮上水面后，很难再次下沉至水底，因此在水面上饱受烈日炙烤与暴晒，有时竟会因此而死亡。

软甲动物以同样的方式进食。它们是杂食性的：它们能吃石头、烂泥、海草和排泄废物，例如岩蟹，它们也吃肉。蝲蛄和有棘龙虾能捕鱼，且能捕获一些体形较大而美味的鱼类，尽管有时候它也会遇到体形不大但比其更为凶猛的鱼类。因此，当蝲蛄和章鱼一同被捕于网中时，它就会臣服于章鱼，有时甚至因惊恐而死亡。蝲蛄可以捕获海鳗，由于其粗糙的棘

□ 鹦嘴鱼

鹦嘴鱼属鲈形目鹦嘴鱼科，口型酷似鹦鹉嘴型且体表色彩艳丽，因而得名。鹦嘴鱼常栖息于热带与亚热带的珊瑚礁海域，为肉食性鱼类，以小型底栖动物为食。

突，被绊住的海鳗很难逃脱。然而，海鳗可吞食章鱼，因为海鳗体表较为光滑，章鱼无法将其缚住，反而被海鳗所食。蝲蛄多在小鱼栖息的洞口守候，以捕食小鱼；顺便提及，它们自己多栖息于粗糙崎岖的海底，并于此建穴。无论捕捉到什么，它都用螯钳将其置于口中，这一点很像螃蟹。当其处在非警惕状态时，触须下垂于身体两侧，径直前行；如果受到惊吓，它便会向后逃跑，游向很远的地方。这些动物用螯钳互相打斗，就像公羊用角相抵一样，它们高举大螯力图钳制住对方；它们也经常簇拥到一块。关于软甲动物的生活方式就介绍这么多。

软体动物都是食肉动物；而软体动物中，鱿鱼和乌贼较之于其他鱼类更显凶猛，它们可将体形较大的一些鱼类制服。章鱼主要以贝类肉体为食；实际上，渔民们可通过堆积的贝壳堆寻找到章鱼的洞穴。有人说，章鱼会吞食同类，但这种说法不正确；实际上，有时候会见到章鱼失去触手的现象，但这不是同类打斗所致，而是被海鳗所食。

所有鱼类，无一例外地均在产卵季节采食鱼卵；至于其他食物品种，则因鱼类不同而存在差异。有些鱼类只吃肉类，如软骨鱼属：海鳗、康那鮨、金枪鱼、鲈鱼、海鲷、弓鳍鱼、海鲈和海鳝。

红鲻鱼是肉食性的，但它也吃海草、贝类和烂泥。灰鲻鱼吃泥，达斯基罗鱼吃泥和腐烂物，鹦嘴鱼和黑尾鱼吃海草，萨帕鱼吃腐烂物、海草和大叶藻，它是鱼类中唯一可用葫芦将其捕获的鱼。除了鲻鱼外，所有鱼均吞食其同类；在这方面，海鳗尤为显著。普通鲻鱼是鱼类中唯一不吃肉的类别；这可由以下事实推断得出，即当它们被捕获时，其肠道中从未发现肉类食物，并且用于捕获它们的诱饵不是肉，而是大麦饼类等素食。各种鲻鱼均以海草和沙子为食。有一种被称为龟鲻的鲻鱼常靠近岸边生活，另一称为“贝雷”者常在离岸稍远处生活，常以自身分泌的黏液为食，因此总是处于饥饿状态。鲻鱼以泥为食，因而其身体沉重且较为黏滑；它从不吃其他鱼。鲻鱼生活于烂泥之中，但偶尔亦会从泥中钻出，清洗掉身体上的黏液。所有生物都不吃鲻鱼的鱼卵，因此其数量较为庞大；然而，当其完全长大之时，许多鱼类就会追逐捕食，鲈鱼尤甚。在所有鱼类中，鲻鱼最为贪婪且永不满足，因此其腹部永远都是鼓鼓的舒展状态；如若发现它腹部空空，很有可能是生病了。当它受到惊吓时，会把头部藏于泥中，自认为隐藏了整个身体。海鲷是食肉动物，专以软体动物为食。平时经常可见，海鲷和康那鲐在追逐小鱼时，将胃吐出。 同时，还应记住，鱼胃紧靠于口腔，它们没有食道。

如前所述，有些鱼如海豚、海鲷、金头鲷、软骨鱼和软体动物均为肉食动物，且只食肉。其他有些鱼类则常吃泥或海草或海苔或所谓的长杆海草或其他水生植物；例如，褐鳕、虾虎鱼和岩鱼；顺便提及，褐鳕也可食肉，但仅能吃虾肉。然而，如前所述，这些鱼很多时候会吞噬同类，特别是大鱼常吃小鱼。它们为肉食动物的证据是，人们用肉作诱饵可将其捕到。鲭鱼、金枪鱼和鲈鱼大部分均为肉食性，但它们偶尔也会以海草为食。沙尔古鱼以红鲻鱼的食物残渣等残留物为食。红鲻鱼在泥中挖洞作穴，当其离开穴洞时，沙尔古鱼就会潜入其中生活并以红鲻鱼遗留下的东西为食，同时它会驱逐其他小鱼，不让它们靠近与自己争抢食物。

在所有鱼类中，所谓的鹦嘴鱼是唯一一种能像四足动物一样具有反刍咀嚼特征的鱼。

通常情况下，大鱼捕捉小鱼时，大鱼会像往常一样游进，张口直接吞下小鱼；但是诸如软骨鱼、海豚和所有的鲸类，由于其口位于身体下面，捕食时必须先将身体侧翻；这一动作给予小鱼逃生的机会；实际上，如果不用翻身，凭借海豚出色的潜行速度和惊人的食量，水中小鱼将所剩无几。

在各个地方，少数鳗鱼也会吃泥，偶尔也会吃水中的食物残渣；它们中的大部分生活在淡水中。鳗鱼养殖者在保持水体清澈方面尤为在意，他们用石板砌好池底，让水流不断地流淌到平坦的石板上然后再流下来；有时他们也用石膏涂抹于鳗鱼池底。实际上，由于鳗鱼的鳃特别小，一旦水体浑浊，鳗鱼会很快窒息而亡。因此，当捕捉鳗鱼时，人们通常先将水体搅浑。在斯特律蒙河中，人们常在昴宿星出现时捕捞鳗鱼，因为在这期间，水流方向与风向相反，水体常处于浑浊状态；如果水体不浑，平时很难将鳗鱼捉住。与大多数鱼类不同，鳗鱼死后，既不随水流而移动，也不漂浮于水面，原因在于它的胃较小。有些鳗鱼体有脂肪，但大部分都没有。鳗鱼离水后可存活五至六日；如果在北风盛行之时，它可持续存活较长时间；如果是南风，则生存时间较短。在夏季，如果将其由河池移到鱼缸，它们很快就会死亡；如果在冬天易址，便能存活。它们无法适应任何急剧变化；因此，当人们将其从一处转移到另一处冷水中时，它们经常会大批量死亡。如果供水较少，它们也会窒息而亡。上述情况亦适用于一般鱼类，因为如果长期不予换水或供水不足，鱼类就容易窒息——犹如动物被封闭于空气稀薄的室内，也易发生窒息现象。曾有实例，鳗鱼可以存活七至八年。河鳗吞食同类并以草或草根为食，或食泥中的偶得物。它们通常在晚间进食，在白日常潜居于深水。

关于鱼类的食物就介绍这么多。

3 鸟类的食物与习性

具有钩爪的鸟类，无一例外均为肉食性，它们不吃谷类或面包等食物，即便是将这些食物切碎放入其口中，它们也不吃；例如各种鹰、鹫、鸢和两种鹰类：猎鸽鹰和猎雀鹰。顺便提及，这两种鹰的体形大小相差极大，与秃鹰也相差极大。秃鹰与鸢体形大小相同，并且在一年内均可看到。另外，还有胡兀鹫和秃鹫。胡兀鹫体形比普通鹰略大，体表颜色呈灰白色。秃鹫有两种：一种体小而白，另一种体形较大，呈深灰色。此外，夜间飞行的鸟类，诸如夜乌、猫头鹰和雕鸮等均有钩爪。雕鸮外貌类似于常见的猫头鹰，但其体形与鹰一样大。另外，还有厄勒俄斯[1]猫头鹰、艾基立安猫头鹰和小角猫头鹰等。在这些鸟中，厄勒俄斯猫头鹰比家养公鸡体形稍大，而艾基立安猫头鹰体形大小与厄勒俄斯猫头鹰大致相同，这两种鸟均以松鸡为食；小角猫头鹰比普通猫头鹰体形略小。所有这三种鸟的外表都很相似，且均为肉食性鸟类。

□ **胡兀鹫**

胡兀鹫，属隼形目兀鹫亚科，成鸟的身体和头呈浅黄色，尾巴和翅膀皆呈灰色，幼鸟全身皆是深色。它们主要栖息在海拔500～4000米山地裸岩地区，可见于沟壑、高原和草原穿插的山脉间。胡兀鹫主要以大型动物尸体为食，且尤其喜欢新鲜尸体。

〔1〕厄勒俄斯应该指古希腊的一个地名。

□ 知更鸟

知更鸟属雀形目鹟科，是一种欧洲常见的小型鸣禽，其鸟喙为暗棕色，自脸部到胸部都为红橙色，下腹部为白色，翅膀和尾巴的上半部则为棕绿橄榄色。它们喜欢活动于林地、灌丛、森林、公园和花园等地，为杂食性鸟类，主食各种虫类。

另外，有些鸟类没有钩爪，但仍为肉食性，例如燕子等。其他鸟类则以虫蛆类食物为食，如苍头燕雀、麻雀、“巴迪斯”雀、绿莺和山雀。山雀有三个品种，体形最大者是山雀——约为正常雀科鸟类大小；其次为长尾山雀，由于其栖息于山丘，因而被称之为“山居雀”；第三种在外观上类似于前两种，但体形较小。

然后还有无花果雀、黑头山雀、红腹灰雀、知更鸟、艾呲莱雀、侏儒鸟和金顶鷦鷯等，它们也为肉食性。其中鷦鷯体形比蝗虫略大，其头顶有闪亮的金红色羽冠，从各方面来看，它都是一种美丽优雅的小鸟。紧接着是花鹨，其体形与雀差不多；其后，山雀与普通雀类大小略同，外形相似，只是其颈部为蓝色，它也因栖息于山谷之中而有“山鹨”之称；最后，鷦鷯和金翅雀也为肉食性。上面列举的各种鸟类及其类属或是完全吃虫蛆，或是以虫蛆为主食，然而下面的这些鸟类及其类属则吃植物籽实，如朱顶雀、裸鼻雀和金翅雀。所有这些鸟类都以植物籽实为食，从不吃虫蛆和其他活体；它们栖息于树枝间，在草木丛生之地生活并从中获取食物。

还有些鸟类最喜欢吃树皮下面的虫子：例如，大小两种鸮科鸟，这两种鸟人们均称之为“啄木鸟”。这两种鸟羽毛相似，啼声略同，只是较大的鸟鸣叫较为响亮；平时，它们均常穿梭于树干间寻觅食物。还有一种绿啄木鸟，通体碧绿，体形大小如同雉鸠，多出现于伯罗奔尼撒半岛[1]，其常栖息于树枝上，啄食树皮下的虫子，颇为有力，鸣声较为响亮。还有一种称之为“除虫鸟”的小鸟，体形大小与小山雀略同，灰羽有斑，而且啼声较小；它是啄木鸟的一个品种。

□ **具有扁阔长喙的白琵鹭**

白琵鹭，鹮科琵鹭属，是一种大型涉禽，其全身羽毛呈白色，腿长，嘴长而直，上下扁平，前端扩大呈匙状，为黑色，常栖息于开阔平原和山地丘陵地区的河流、湖泊、水库岸边及其浅水处。

还有其他鸟类，诸如斑鸠、家鸽、岩鸽和雉鸠等以水果和杂草为食。斑鸠和家鸽于所有季节均可看到；雉鸠只在夏季可见，冬季时，它便潜伏在某个洞穴或其他外界不易找到的地方。岩鸽主要在秋季可见，并多在秋季被捕；它比家鸽体形略大，但比斑鸠要小；人们通常在其饮水时将其捕获。这些鸽子常带着其幼鸽来到雅典。所有其他鸟类，在初夏时节来到我们这里筑巢，并以动物肉哺育幼鸟，只有鸽子的各种属例外。

鸟类各属可通过其采食生活的地区分为三类：其一为陆地型，其二为河湖型，其三为海洋型。水鸟且具蹼足者实际上生活于水中，叉趾而无蹼者则生活于水边。顺便提及，非食肉的水鸟常以水草为食（但大部分水鸟都

[1] 伯罗奔尼撒半岛位于希腊南部，岛上有丰富的历史典故和名胜古迹，比如最早的奥林匹克体育馆、迈锡尼城等。

□ 鸻

鸻即鸻科鸟类的统称，这类鸟的翼和尾部都短，喙细短而直，足则尤为细长，其羽色平淡，多为沙灰色而缀有深浅不同的黄、褐等色斑纹。鸻鸟常栖息于如水边、泽地或田野，以蠕虫、昆虫以及螺类和甲壳动物等为食。鸻鸟还是群居性鸟类，会成群结队地长距离迁徙。

吃鱼），例如苍鹭和琵鹭常出现于湖泊和河流岸边；另外，琵鹭比普通苍鹭体形稍小，并具有一个阔扁长喙。还有鹳和海鸥；海鸥体表灰色。此外，还有“氏尼禄司”、河乌和白臀鸟。在这些较小的鸟类中，最后提到者体形最大，大约相当于画眉鸟的大小；这三者均可称为“摇尾鸟”。然后是斯凯利锥司鸟，其羽毛灰白且有斑点。此外，翠鸟（或称太平鸟）均生活于水边。翠鸟有两个品种：一种栖息于芦苇上且能啼叫；另一种较大者则不发声。这两个品种其项背均为蓝色。还有矶鹞。在海边附近还发现了翡翠鸟的另一品种，名为“凯里鲁斯”。乌鸦还以海滩上的留滞动物为食，因为其属于杂食性动物。还有白鸥、海鸽、凫和鸻。

在蹼足鸟类中，较大的物种生活在河边和湖滨；如天鹅、野鸭、黑鸭、鹈鹕和小凫——一种外表类似鸭子但体形较小的鸟。以鸬鹚为例，鸬鹚与鹳体形大小略同，只是其腿较短；蹼足善于游泳；羽毛呈黑色。它栖息于树上，是所有水鸟中唯一能够在树上筑巢的。此外还有大鹅、群居小鹅、狐鹅、角鹈鹕和紫凫雁。海雕生活于海边，常在潟湖间捕食。

许多种属的鸟类均为杂食性。猛禽以任何可能捕获到的动物或鸟类（除了猛禽）为食。这些鸟从不捕食同类，而鱼类却经常同种相残。

鸟类通常饮水较少。实际上，猛禽从不饮水，除了极少数特例，这些特例也饮水较少；红隼便属于例外中被观察到的一种猛禽。人们曾见到过鸢饮水，但这种情形极为少见。

4 鳞甲动物的食物与习性

体表具有鳞甲的动物，如蜥蜴和其他四足动物与蛇，均为杂食性动物：它们既吃肉又吃草；顺便提及，蛇是所有动物中最贪得无厌的。

所有麟甲动物与具有海绵状肺的动物一样，均饮水较少，所有卵生动物的肺部也呈海绵状，其含血量较低。另外，蛇贪好饮酒：因此，有时人们将酒倒入碟内，然后将其置于墙壁空隙中，待蛇微醉时将其抓住。蛇是肉食性的，每当它们捕获到动物后，便吸光其所有体液而后将其整个身体排出体外。顺便提及，其他与之习性类似的生物，比如蜘蛛；只是蜘蛛在体表吸取猎物的体液，而蛇则在其腹中进行。蛇会吞下所有见到的食物，比如鸟类、兽类和卵。但在吞下猎物之后，它便伸展自己而呈站立状，然后再压缩挤压身体成团状，这样其吞下的物体才可以通过它那细长的腹部；由于蛇的肠道又长又薄，所以它不得不靠身体的运动来帮助消化。蜘蛛和蛇可以长时间不进食物；这种情况可以通过观察药店里保存的标本加以证实。

5 胎生四足动物的食物与习性：狼、鬣狗、熊、狮子、水獭等

胎生四足动物中具有锯齿的猛兽无一例外均为肉食性动物；顺便提及，有人曾说，狼在极度饥饿的时候会进食某种泥土，其他猛兽则没有这种现象。这些肉食动物，除非患病，否则绝不吃草，比如当狗患病后会进食某种草类，而后呕吐，借以清除体内异物。

孤狼比群狼更易攻击人类。

有些称之为“鬣狗”的动物，其体形大小与狼相似，脖间具有马一样的鬃毛，只是其毛发长且坚硬，延伸于整个脊背。它常隐蔽等人，并追逐人，也会发出类似于人的干呕声来诱惑附近的家狗出来。它极为喜欢腐肉，并常在墓地挖洞以满足食欲。

熊是杂食性动物。它吃水果，并因身体柔软而能攀爬树木；它也吃植物，还会击打蜂巢以获取蜂蜜；它还吃螃蟹和蚂蚁，总体来说，熊是肉食性的。熊的体格较为强悍，它不仅敢攻击鹿，而且会趁野猪不备进行偷袭，有时还会袭击公牛。当熊近于牛身时，它会从前面跃上牛背，当公牛用角撞它时，熊便用前爪抓住公牛角，用牙紧紧咬住其肩部，进而将牛掀翻倒地。熊能够在短时间内用后腿直立行走。无论是鲜肉还是腐肉，熊均会进食。

像所有其他野蛮锯齿猛兽一样，狮子也是肉食性动物。狮子进食时较为贪婪，并常常将整个猎物一次吞下而不经撕碎；而后，因食物积聚于腹中，它便两到三天不再进食。狮子平时饮水较少。它每隔一天或不定期地排出少量固体残渣，其粪便像狗的排泄物一样硬且干燥。从狮子胃中排出的气息较为刺鼻，其尿液散发强烈的气味。于狗而言，它常闻尿骚味，这一情形可以解释其常嗅树基的习性；顺便提及，狮子像狗一样抬起后腿进行排尿。狮子呼出的气体会使食物沾染此气味，当它被解剖时，会从其体内散发出刺鼻气体。

有些野生四足动物在湖泊和河流中觅食；海豹是四足动物中唯一一个在海上觅食的。所谓的河狸、萨瑟狸、水獭以及所谓的海狸均属于河边动物。海狸比水獭稍矮，且牙齿坚固：它经常夜间游出水面，啮啃河边白杨树皮。水獭咬人，据说只要它咬住任何动物，就不松口，直到听到骨头碎裂声后才善罢甘休。海狸的毛发较为粗糙，其毛发样式介于海豹毛和鹿毛之间。

6 动物的饮水方式，猪的食性与育肥

□ **白鹳**

白鹳属鹳形目鹳科，是一种大型涉禽，杂食，其颈长，羽毛以白色为主，翅膀具黑羽，成鸟具有细长的红腿和红喙。白鹳也是长途迁徙性鸟类，主要栖息于开阔而偏僻的平原、草地和沼泽地带，常在撒哈拉以南至南非地区或印度次大陆等热带地区越冬。

锯齿猛兽常通过舌头饮水，有些上下齿不等的动物，比如，老鼠亦为舌取。上下齿能够相互吻合的动物，其饮水时多为吸取，比如马和牛；熊既不舌取也不吮吸，而是直接吞水。通常情况下，鸟类吸水，但长颈鸟吸水时得每隔一段时间停一停，然后抬起头；紫黑鸭是长颈鸟中唯一通过吞咽取水的。

于驯养或野生的有角动物和所有非锯齿动物而言，除了极度饥饿外，它们均吃果实和草类。猪是一个特例，它对草或果实极少留意，但最喜欢吃植物的根部，因为其鼻子特别适合将根茎从地下挖出；在食物种类方面，猪是最容易满足的。仅从体形比例而言，猪是所有动物中增重最为迅速的；实际上，猪经过六十天就可以出栏进入市场。猪贩在猪苗饥饿时称一次重量，后期即可知道育肥后实际增加的肉重。在育肥开始之前，必须将猪苗空腹三天；而且，顺便提及，如果动物先前经历过饥饿过程，后期育肥时，它们则会易于长膘增肥；经过三天的饥饿后，养猪人便饲喂其丰富的饲料。色雷斯的猪倌，在猪育肥时，第一天给其饮酒，隔一天后给第二次，之后便隔三天、四天，直到间隔延长为七天。用于育肥的猪饲料为大麦、小米、无花果、橡子、野生梨和黄瓜。这些动物和其他具有温热肠胃的动物都能通过休息来增肥。（也可以将猪置于泥中打滚来长膘增肥。猪在生长的每一阶段内都喜欢吃固定的饲料。猪甚

至会与狼打斗。）如果在猪屠宰前进行称重，你就可以估算出屠宰后其胴体重将达到毛重的六分之五，其余六分之一则为毛发、血液和其他下水等的重量。同其他动物一样，猪在哺乳幼崽时，也会消瘦。关于这些动物的情况就介绍这么多。

7 牛的育肥

牛以玉米以及其他谷物和草为食，并且在其肥育时，常饲喂易引起肠胃气胀的苦野豌豆或捣碎的大豆或豆萁。在年长的牛体表面切出一口，并且往里吹入空气，也会有助于其增肥。牛的增肥可以通过吃大麦或大麦粉，或吃诸如无花果或酿酒糟粕等甜食，或吃榆树叶来实现。但没有什么比晒太阳和在温水中打滚更有益于牛增肥长膘。如果在犊牛角上涂以热蜡，你可将其塑造成你喜欢的任何形状，如果用蜡、沥青或橄榄油涂抹牛蹄角质部，牛就不会沾染蹄病。当牛群因冰冻天气影响而被迫转移牧场时，此情况对牛群的影响程度比在下雪时转移更大。当牛在数年内不作交配时，牛的体形会长得更大：在伊庇鲁斯所谓的皮洛母牛在九岁之前被限制与公牛交配，其目的就是为了培育出体形较长的种用母牛——在这种情况下，这些母牛被称为“处子牛”。顺便提及，世上仅存的皮洛牛大约只有四百只，它们是艾比特王室的私有财产，这些牛离开伊庇鲁斯后便无法正常生长，而其他国家的人也曾试图饲养，但均没有成功。

8 马、骡子、骆驼和驴的饲养

马、骡子和驴以玉米以及其他谷物和草为食，但主要是通过饮水增肥长膘。役用动物所需的食物量与其需水量呈正比，饮用水的水质好坏直接影响其体况能否正常发育。如果以即将成熟的青玉米加以饲喂，动物的毛皮则会光亮润泽；但是如果饲草僵硬带刺则不适宜饲喂。第一茬苜蓿不宜作为饲草饲喂动物，倘若有恶臭气味的水流过苜蓿地，苜蓿沾染上该气味，也不宜作为饲草。牛喜欢饮用清水；但是在饮水方面，马和骆驼一样喜欢浑浊而浓稠的水，它进入水中之后往往先把水弄混，然后再饮用。另外，顺便提及，骆驼可以行走四日而不饮水，但它一旦开始饮水，其饮水量则较为庞大。

9 大象的饲养，骆驼和大象的寿命

大象最多一顿可吃下九米第姆诺[1]饲料；但是一次进食这么多于身体无益。在通常情况下，象可以进食六到七米第姆诺的饲料，五米第姆诺的小麦和五迈里斯的酒——其中六戈底里等于一迈里斯[2]。曾有实例，一头大象一次可喝下十四米特里得[3]的水，这一天内，象还可再喝一米特里得的水。

骆驼能存活大约三十年；在一些特殊情况下，它们的寿命还要长得多。曾有实例，据说有的大象能活到一百岁。还有些人说大象能活两百年左右；其他人则说，象能活三百岁。

10 绵羊和山羊的饲养

绵羊和山羊均为草食性动物，但绵羊吃草时较为认真且安静，山羊则

〔1〕米第姆诺：雅典的谷物量器，大约相当于今天的48升。

〔2〕迈里斯、戈底里：均是雅典的容量器。一迈里斯约相当于中国的三斤；一戈底里，约合四分之一升。

〔3〕米特里得：古希腊的一种液体体积测量单位，一米特里得相当于37.4升。

□ 牛虻

牛虻即虻，属双翅目虻科，其形为长卵形，似蝇而稍大，头阔而呈半球形，两侧复眼大，口器为刺吸式，有三节短触角，喜栖居于近水而温度较高的地方，如水田、沼泽地、苇坑等，以吸食牲畜血液为生，牲畜被其叮咬后不仅会形成有痛感的肿包，还可能被传染上各种疾病。

跑来跑去，只吃牧草的叶尖。通过饮用优质水，绵羊的体况可得到极大改善，因此人们在夏季每隔五天就会给羊群加盐，其加盐量为一百只绵羊一米第姆诺，于此情况，羊群会更加健康且肥壮。实际上，牧民通常在饲料中添加盐分；在麸皮中混入的盐稍多些（因为它们口渴时会饮水更多），而在秋季，他们会在黄瓜上面撒上一些盐；饲料中添加盐分也会增加母羊的泌乳量。如果绵羊在中午时分不休息而继续活动，它们会在傍晚饮水较多；如果母羊在产前喂以腌制饲料，其乳房会得到发育，变得较大。当绵羊育肥时，饲主通常用橄榄树枝、野豌豆和各种麸皮饲喂；如果在饲喂前在食料上撒上盐水，这些食料就会对绵羊肥育较为有效。如果育肥前，先将其饿上三天，它们在后期育肥时会长得更好。在秋季，于绵羊而言，来自北方的水比来自南方的水更有益于其成长。在牧场上经历西风则对羊群较为有益。

如果绵羊运动量过大或遭受困境，其身体均会自行消瘦。在冬季，牧羊人可以很容易地将体格强壮的羊与体质较弱的羊区分开来，因为健壮的绵羊背部常被白霜，而体质较弱的绵羊则背部无霜；因为，体弱者不堪霜重常将其抖掉。所有四足动物在湿气较重的牧场中，体质均会变坏，在高地上则体格更好。扁尾羊比长尾羊更能抵御严寒；短毛羊比长毛羊更适于过冬。绵羊比山羊更健康，但山羊比绵羊更强壮。（被狼所杀的绵羊，其皮毛或由此制成的衣服，均有虱子滋生。）

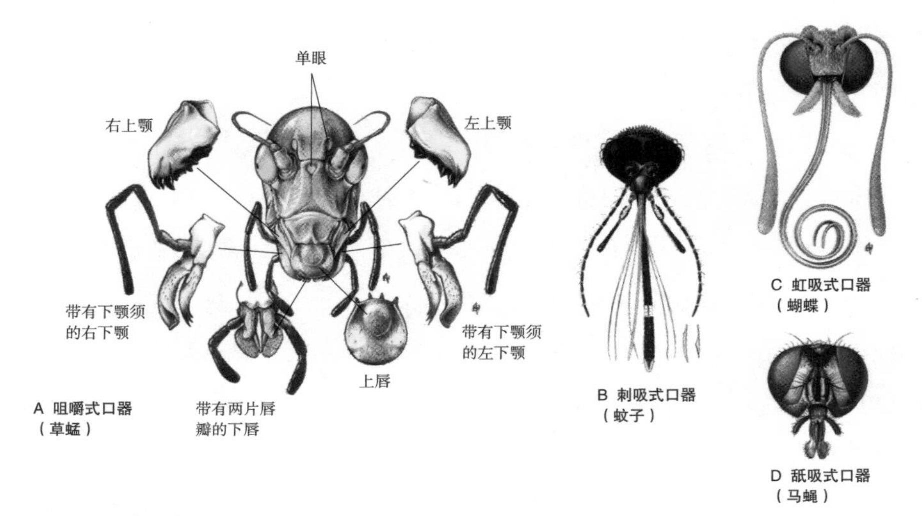

□ **四种类型的昆虫口器**

昆虫的口器即位于其口两侧的器官，由头部后面的3对附肢和一部分头部结构联合组成，主要起摄取食物及感觉等作用。图中即为人们常见的四类昆虫口器：咀嚼式口器（草蜢）、刺吸式口器（蚊子）、虹吸式口器（蝴蝶）和舐吸式口器（马蝇）。

11 昆虫的口器与食物

昆虫中如有牙齿者均为杂食性动物；昆虫中有舌者只能以液体为食，并用这器官随处吸取汁液。而后者中的一些动物可称为杂食性的，例如常见的苍蝇以各种果汁为食；另外，如牛虻和马蝇则是吸血动物，还有另外一些动物则以果汁和植物汁为食。蜜蜂是唯一一个总是避开腐烂物的昆虫；除非它有甜味，否则蜜蜂不会触及该物体，另外，蜜蜂极其喜欢地下的清泉。

关于一些重要种属的动物食物情况就介绍这么多。

12 动物的生活习性与繁育和觅食相关：鱼类洄游，鸟类迁徙

所有动物的生活习性均与繁育或觅食有关；这些习性又因适应其所处

环境的季节冷热而有所变化。所有动物对于温度变化均有感应本能，正如人们在冬季会躲避严寒于室内一样，或者如财产富足的人会在夏季炎热时选择清凉解暑之地而于严寒冬季选择温暖舒适之地生活，因此，所有动物都会因季节变换而选择其最适合的栖息地。

有些生物可以提前做好相应准备而不改变其常住地；其他动物则在秋分后易居，离开蓬托斯和其他寒冷之地以躲避严冬，并且在春分后从温暖之地再次迁移到清凉之地以躲避即将到来的酷暑天气。曾有实例，有些动物是从附近地方迁移而来的，而有些动物，则可能是来自世界的另一端，比如鹤的情况即是如此；这些鸟类从斯基泰〔1〕的大草原迁移到尼罗河源头所在的南埃及沼泽地。据说鹤与俾格米人〔2〕战斗的地方，正是此地；这个故事并不是神话，确实有一些矮人种族，而且就其马匹体形而言亦较小，这些人住在地下洞穴内。鹈鹕也有迁移习性，它们常从斯特律蒙河〔3〕飞到伊斯特河〔4〕，并在伊斯特河畔两侧产卵育雏。鹈鹕迁徙时常成群而行，当

---

〔1〕斯基泰应该是指斯基泰人居住的地方。历史上，斯基泰人居住的地方很广，因为斯基泰人是游牧民族，他们发源于东欧大草原，在顿河与多瑙河之间，黑海以北，此前一直居住在伏尔加河流域。在不断的迁徙中，其居住地从欧洲一直延伸到中亚细亚沙漠，是史载最早之游牧民族；他们善于养马，与阿拉伯人及凯尔特人不断接触，吸取了多种文化包括希腊文化的特别之处，在被其征服的土地上建立了自己的国家。

〔2〕俾格米人：他们不是一个种族，其名称源于古希腊人对非洲中部侏儒人的称呼，后来人类学泛指男性平均身高不足150厘米的人种，稍高的称为类俾格莫伊人。赤道非洲俾格米人群体是最著名的，俾格米的名称多半是指他们。人类学家研究证实，俾格米人是史前桑加文化的继承人，是居住在非洲中部最原始的民族。俾格米人体力过人，自食其力，称森林为“万能的父母”，自己则是“森林的儿子”。

〔3〕斯特律蒙河为古希腊境内的一条河流名称。

〔4〕伊斯特河指多瑙河。多瑙河是欧洲第二长河，仅次于伏尔加河。该河流发源于德国西南部，自西向东，流经9个国家。

其越过重重高山，前面的鸟看不到后面鸟群时，前鸟常会停留以待后鸟跟上鸟群。

□ 鹈鹕

鹈鹕即鹈鹕目鸟类的统称，为潜水性水鸟，其外形如鸭但嘴直而尖，脚的位置特别靠后，前面的脚趾间有一层皮膜形成的瓣蹼，尾特别短。它们常栖息于湖泊、江河、水库、溪流等各种水域附近的芦苇或水草中，主食小鱼、虾、昆虫等。

鱼类也以类似方式时而游入黑海，时而游回原地。冬季时，它们常从外海游入滨岸以获取温暖；夏季时，它们则从靠岸的浅水区游入深海，以获取清凉。弱小的鸟类通常在寒冬霜降时节迁徙至温暖的平原，夏季时便又返回清凉的山野。体质越弱的动物，对严寒酷暑等极端天气就越敏感，在此情况下，它们均会匆忙迁移；因此，鲭鱼在金枪鱼洄游前洄游，鹌鹑在鹤迁居之前迁居。前者在九月迁徙，后者则在十月。所有生物从寒冷之地迁至温暖之地时体况更肥，从暖处迁至寒处时则较瘦；因此，鹌鹑在秋季比在春季刚迁时体况更肥。动物开始从寒冷地区迁移均发生在酷暑季节结束之时。它们从热地迁往寒地时，正属寒地春季时节，此时其生理状况较为适宜生育。

如前所述，鹤类从世界一端迁徙到另一端；并且迁徙时常作逆风飞行。关于鹤类衔石的传言是不真实的：传言说，鹤类在逆风飞行时，为了保持身体平衡，常吞下一块石头，当石头被吐出后，此石便成试金石。

在我们这里，斑鸠和岩鸽长于迁徙，像雉鸠一样从不在此过冬；然而，家鸽却不作迁徙停留于此。鹌鹑也作迁徙；顺便提及，少数鹌鹑和雉鸠可能会在阳光充足之地留下而不迁徙。无论来时还是离开时，斑鸠和雉鸠常

□ 鸿雁

鸿雁属雁形目鸭科，是一种喜欢群体性活动的迁徙候鸟，其嘴为黑色，体色呈浅灰褐色，头顶到后颈为暗棕褐色，前颈则近为白色。它们常栖息于河川、湖泊、沼泽等水生植物丛生的近水环境，有时也活动于山区、平原和海湾等处，以各种草本植物的叶、芽及藻类等为食。

群集而迁。当鹌鹑着陆时，如果天气晴朗或北风吹来，它们会成对散开并且轻快飞行；但此时如果南风盛行，会给其飞行带来困难和痛苦，因为南风常会带来暴雨。因此，捕鹌鹑者在天气晴朗时从不对其下手，只在南风盛行期间捕捉，因为此时它们因暴风雨影响而无法正常飞行。而且，顺便提及，鹌鹑飞行时常发出叫声，这是因其身体庞大笨重而疲劳所致。当鹌鹑从异域迁徙而来时，它们没有领队，但当它们从此处开始迁离时，长舌秧鸡会随着它们一同离去，另外还有草原秧鸡、长耳鸮和长脚秧鸡也与它们一同飞走。长脚秧鸡通常在夜间招呼鹌鹑，当捕鸟者在夜间听到鸟叫声时，便知道鹌鹑马上就要动身了。草原秧鸡就像沼泽水禽，长舌秧鸡可以把舌头长长地伸出喙外。长耳鸮与普通的猫头鹰相似，只是其耳上有羽；有人将其称为夜鸟。长耳鸮在群鸟中最为流氓，而且还特别善于模仿；当捕鸟者在它面前跳舞时，它便模仿捕鸟者的舞姿，此时，捕鸟者的同伴便会从它的身后将其抓住。捕捉猫头鹰时也可用此类方法。

通常情况下，所有钩爪鸟类都是短颈、扁舌且善模仿。印度鸟即鹦鹉就是如此，据说其舌似人，另外，有些人说，当鹦鹉喝了酒之后，会变得比平时更加俏皮。

在鸟类中，下列诸鸟皆为候鸟——鹤、鸿雁、鹈鹕和菰雁。

13 鱼类的洄游与肉质，鱼、贝的蛰伏

在鱼类中，如前所述，有些鱼从深海洄游向岸边，又从岸边洄游向深海，以躲避极端寒冷和炎热的天气。

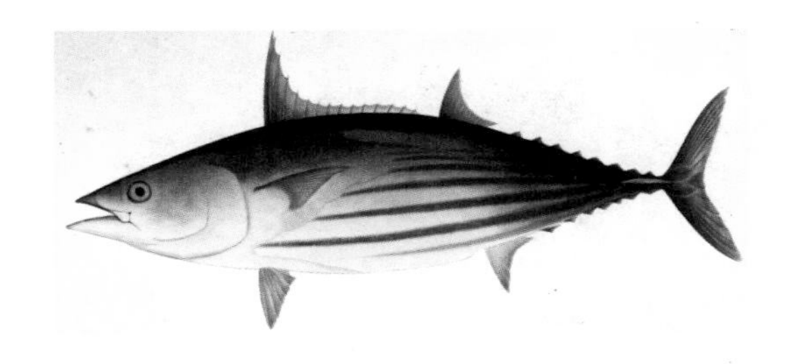

□ **鲣鱼**

鲣鱼属鲈形目鲭科，其体呈纺锤形，横断面近圆形，吻短而前端尖，尾鳍呈新月形，体背为侧蓝黑色，腹部为银白色。鲣鱼喜栖息于清澈温暖的表层水域，常集群行动，以鱼类、甲壳及软体动物为食。

生活在岸边的鱼比深海鱼口味更佳。实际上，这些近岸鱼较之于深海鱼常有着更为丰富和味美的食物，因为凡有阳光照射之处，植物均较为旺盛鲜美且质优，这种现象在任何水园皆可看见。此外，黑色浅水藻常多见于近岸附近；其他浅水藻则像野藻。另外，近岸处的海水温度一般变化不大；因此，浅水鱼的肉质较为结实且紧密，而深水鱼的肉质则相对松弛而多水。

在近岸处发现了以下鱼类——海鲷、黑棘鲷、巨鲈、金头鲷、灰鲻鱼、红鲻鱼、鹦嘴鱼、鲔衔属、虾虎鱼和各种岩鱼。以下为深海鱼类——魟鱼、软骨鱼、白海鳗、海鲈鱼、虎脂鲤和灰背鱼。赤鲷、海蝎、黑海鳗、海鳝和魴鱼等在浅水和深海中均有发现。然而，这些鱼因地而异：比如克里特岛沿岸的虾虎鱼和所有岩鱼均肥而多肉。再次，金枪鱼在夏季常被其特有的寄生虱所困扰，但是在大角星出现后，寄生虱便离开金枪鱼，之后金枪鱼便再次增起肥来。海湾内也有许多鱼类：诸如萨帕、金鲷、红鲻鱼以及大部分群居鱼类。鲣鱼也存在于这样的水域中，例如亚罗碧根尼苏[1]海岸附近；在比斯托尼斯湖可发现较多鱼类品种。花鲭通常不入黑海，夏

〔1〕亚罗碧根尼苏为色雷基中契隆尼的殖民集镇。

□ 原种金枪鱼（即黑海金枪）

原种金枪即黑海金枪鱼，其体肥硕而呈纺锤形，鳞细，背部为青色，腹部为白色，脊鳍、臀鳍下有角刺，尾为新月状，常栖息于海洋中上层，随温度迁游，会在沿海暗礁中产卵。

季在马尔马拉海[1]域产卵，冬季则在爱琴海。金枪鱼属、贝拉米鱼和鲣鱼于夏季进入黑海并在那里度夏；大多数随海流于浅滩洄游者或聚集于浅滩者都会这样。大多数鱼类都有聚群现象，而每群均有领队者。

鱼类进入黑海，其目的有二：第一为觅食。这里排入大海的江河淡水较多，使得提供给鱼类的食物丰富且质优，而且这种内海鱼类比外海鱼类体形小。实际上，在黑海中，除了海豚和鼠海豚外，没有体形较大的鱼，海豚本身也是小型品种；但一旦进入外海，体形大的鱼类就会大批出现。此外，鱼类进入这片内海的另一目的是为了繁殖；因为那里有适宜产卵的隐蔽之处，同时新鲜且甘甜的淡水对鱼卵的发育具有促进作用。产卵后，当幼鱼达到一定大小时，亲鱼会在昴宿星出现时立即游离黑海。如果冬季来临时恰逢南风，它们会不急不慢地游着；但是，如遇北风，它们则会快速游离，因为北风于其旅程而言属于顺风。而且，此时在拜占庭附近捕获的鱼普遍较小，这可能是因为它们在黑海停留时间较短所致。鱼群离开与进入黑海时，人们一般均可看到。然而，特锐嘉鱼只能在进入内海时方能捕获，其离开内海时则不可见；实际上，当渔民在拜占庭附近发现一条特锐嘉鱼游向外海时，他们

[1] 马尔马拉海：土耳其内海，亚洲和欧洲部分分界线之一，东北经博斯普鲁斯海峡与黑海沟通，西南在达达尼尔海峡与爱琴海相连，是黑海与地中海之间的唯一通道，属黑海海峡。

会特别小心地清理渔网，因为这种情况极为少见。对这种现象做出的合理解释是：这种鱼向北游入伊斯特河，而后在伊斯特河的分叉点继续向南游入亚得里亚海[1]。并且，作为该理论正确性的一大证据：亚得里亚海中出现了相反的现象，也就是说，这种鱼不是在入内海时被捕获，而是在其游出内海时被抓住。[2]

金枪鱼游入黑海时总是沿着右岸，在游出时则是沿着左岸。据说，它们这样做是因为其天生弱视，右眼视力略好。

洄游鱼群白日总是持续前行，在夜间它们进行休息和觅食。但如果夜晚有月光，它们就会继续前行而不作休息。惯于海上生活的人曾言，结群洄游的鱼会在冬至到春分期间停止前行。

相较于游离黑海，人们更容易在花鲭进入黑海时将其捕获。在产卵季之前，这种鱼在马尔马拉海中时，肉质最为肥美。通常情况下，当群游鱼离开黑海时，渔民捕捞量较大，那时其体况最佳，较为肥硕。当这些鱼进入内海时，靠近岸边前行的多较为肥硕，远离岸边的则较为瘦弱。常例，当花鲭鱼和鲭鱼游出时如遇南风，拜占庭以南的捕获量比拜占庭附近要多。关于鱼类的迁徙现象就介绍这么多。

下文，我们将对鱼类的蛰伏现象作一介绍，其情况类似于陆生动物的冬眠：换而言之，在冬季，鱼类会将自己隐藏于不易发现之处，并在温暖季节结束蛰伏。但是，在严寒酷暑等极端天气时，动物均会蛰伏起来。有

---

〔1〕亚得里亚海：地中海的一个大海湾，位于意大利与巴尔干半岛之间，通过南端的奥特朗托海与爱奥尼亚相通。

〔2〕古希腊人对多瑙河中部的地理情况尚不明了，以为多瑙河有两个分支，一支流入黑海，另一支流入亚得里亚海。两支河流在上游以地下伏流连通。《柏里尼》一书记述："特里加鱼从黑海游入多瑙河后，由'地下水道'南下，洄游到亚得里亚海中。"这与实际情况不相符合，因为两个海中的沙丁鱼属于不同的种群。

时整个种属均会蛰伏；有时则是其种属中的某类蛰伏，其他则不作蛰伏。例如居于海中的紫骨螺、法螺及诸如此类的贝类均无一例外地进行蛰伏：但是彼此间的隐藏方式有些差别，那些能自由运动的介壳类，如扇贝，或在开口处有鳃的陆螺，它们的蛰伏现象尤为明显——于那些不能运动的介壳类而言，这种现象则不是太明显。它们蛰伏的时间不全一致：蜗牛在刚入冬时就蛰伏，紫骨螺和法螺则在天狼星上升后蛰伏约三十日，扇贝也在大约同一时期进行蛰伏。但是大多数情况下，当天气极为寒冷或炎热时，它们便会进入蛰伏状态。

14 昆虫的蛰伏

除了那些生活于人类住所中或不到一年就结束生命的虫类，几乎所有昆虫均有蛰伏现象。它们于冬季蛰伏：其蛰伏期有的持续几日，有的则像蜜蜂一样只在最寒冷季节蛰伏。由于蜜蜂也有蛰伏现象：实际上，蜜蜂在某一特定时期内，从不摄食面前所放食物，当其蛰伏完毕从蜂巢中爬出时，身体非常透明，腹内没有任何东西；蜜蜂的休息和蛰伏期从昴宿星降落时开始到春季结束。

动物一般蛰伏于温暖之处，或在它们常去蛰伏的地方进行。

15 鱼类的冬眠与睡眠：海鳝、海鲈、金枪鱼等

一些有血动物存在睡眠现象，比如鳞甲类中的蛇、蜥蜴、壁虎和河鳄，它们均于冬季进行为期四个月的蛰伏，于此期间不吃不喝。蛇于冬眠期间常潜伏于地下，蝰蛇则多蛰伏于石头下面。

许多鱼类也有睡眠现象，其中马尾鱼和鸦鱼的冬眠较为显著。通常情况下，有些鱼类一年四季均可捕获，但这两种鱼则较为奇怪，渔民只能在每年

的特定时期捕获到，其他时间则不见其踪影。海鳝、海鲈和海鳗也均有蛰伏现象。雌雄岩鱼常成对蛰伏（这和配种繁殖时情况相似）；人们在鹦嘴鱼和淡水鲈鱼中也观察到了这种现象。

金枪鱼也于深海中冬眠，睡眠后会变得非常胖。金枪鱼的捕捞季开始于昴宿星上升时，最长持续时间可一直到大角星降落；在每年的其他时间里，它们都蛰伏起来而难于被人发现。在冬眠刚开始与结束的日子里，偶尔会有金枪鱼和其他冬眠鱼类在浮游时被捕到；这种情况多发生于水域温暖的地区和特别晴朗的天气，或满月夜晚之时，此时，这些鱼因光热诱导，从其蛰伏处浮出水面以觅食。

大多数鱼类在夏眠或冬眠期间，肉质最为鲜美。

头年金枪鱼〔1〕藏身于泥中，这可从以下事实推断得出：在特定时期内，此鱼难见踪迹，并且在该时期之后便能捕获，捕获时其体表常覆以泥土且鱼鳍损伤。在春季，这些金枪鱼开始活动，朝着近岸处游去，其间进行交配繁殖，此时捕获的雌鱼体内常充满鱼卵。人们认为，此时的金枪鱼肉质最为鲜美，秋冬季的则口味欠佳。此时雄鱼体内也充满了精液。当卵较小时，此鱼很难捕获，但随着卵逐步变大，便很容易捕获，而且此时其体表又被鱼虱感染。有些鱼在沙子下冬眠，有些则在泥中冬眠，只是将其嘴巴留在外面。

大多数鱼类只在冬季蛰伏，但软甲类、岩鱼、鳐属鱼和软骨鱼只在极端恶劣天气中才蛰伏，因为在极端天气时便不见这些鱼的踪影。然而，还有些鱼，例如灰背鱼，在夏季蛰伏，其蛰伏时间长达六十天左右。狗鲟和金头鲷亦有蛰伏现象；因为要间隔很长时间才能捕捞到狗鲟，据此我们推断，其蛰伏期较长。我们还可通过以下情况对鱼的夏眠进行推断：某些鱼

〔1〕头年金枪鱼：出生后第一年的金枪鱼，即幼年金枪鱼。

□ 鹳

鹳通常指鹳形目鹳科的鸟类，大型涉禽，其体羽为白色或具金属光泽的绿墨色；嘴为红或黑色，呈竖直状；脚为红色，前趾为半蹼足；翼大而长，尾短。鹳常单独栖息于原野或丘陵等地，而在迁徙时则会成群结队。

只在特定星座上升和降落之间可以捕获，尤其在天狼星升降期间较为显著，此时海水从海底向上翻转。在博斯普鲁斯海峡这种现象最为显著；因为此时海泥常被带到水面，鱼也随之被带出。渔民常说，当用渔网捕捞海底鱼类时，第二网常比第一网捕得多些。此外，在瓢泼大雨之后，常会发现大量鱼类，其中很多品种是平时难以见到或偶尔一见的。

16 鸟类的蛰伏现象：燕子、鸢、鹳、雉鸠、画眉等

多数鸟类也有蛰伏现象；它们并不像人们常说的那样，全部迁移到温暖的地方。因此，某些鸟类（如鸢和燕子）距离其常去的暖地不远，以便它们迁徙。另外一些距离暖地较远的鸟类，它们就会在原址蛰伏以避免长途跋涉带来的麻烦。例如，燕子常被发现于洞中，其羽毛脱落殆尽；当鸢冬眠醒来，初次从蛰伏处飞出时，有人见到过。关于这种周期性蛰伏现象，钩爪或直爪鸟类之间并无差别，例如鹳、鹨鹡、雉鸠和百灵鸟都会蛰伏。雉鸠于此最为著名，有人曾言，他在冬天见到过雉鸠，那么这种说法肯定不对；在其开始蛰伏时，体形丰满，期间会换羽，但仍保持其肥胖姿态。有些斑鸠进行蛰伏；而一些不蛰伏，常与燕子同时迁徙。画眉鸟和椋鸟蛰伏；钩爪类鸟如鸢和猫头鹰等，其蛰伏期不长。

17 熊、睡鼠的蛰伏，蛇属、昆虫、虾、蟹蜕皮

□ 睡鼠

睡鼠属啮齿目睡鼠科，因有冬眠习性而得名。其体形较小，体表被覆厚而密的软毛，长尾有厚实紧密的毛。睡鼠栖居于阔叶林、针阔混交林和山地沟谷灌丛地区，为杂食性动物，以果实、树籽、嫩枝的皮和芽、草本植物的茎叶以及部分昆虫为食。

胎生四足动物中，豪猪和熊有蛰伏现象。关于熊的蛰伏习性已经证实，但对于其蛰伏目的是为了抵御严寒还是其他尚不明确。蛰伏期间，雄熊和雌熊均变得过于肥胖，几乎不能动弹。此时，雌熊产崽，仍处于隐藏状态，直到冬至后约三个月的春季，雌熊才将小熊带出走动。熊的蛰伏期至少为四十日；其中有十四日处于一动不动的状态，但在随后大部分时间里它会活动身体，并不时醒来。妊娠期间的雌熊很少被见到或被人捕获。熊在蛰伏期间什么都不吃；因为此时它们绝不外出，而且此时一旦被捉，其肠胃均空荡无食。据说，由于从不摄食，其肠道几乎闭合，因此当它初出蛰伏之处时，便先吃些海芋类植物以打开并撑大肠胃。

睡鼠实际蛰伏于树上，在此期间身体很胖；于蛰伏而言，蓬托斯的白鼠情况亦是如此。（进行蛰伏或沉睡的动物，有些在此期间会蜕去其称为“老皮”的物质。老皮指的是动物外皮或包裹其整个机体的外壳。）

在谈及陆生胎生动物时，我们曾表示熊蛰伏的原因是一个悬而未决的问题。现在，我们开始研究棱甲动物。大部分棱甲动物都有蛰伏现象，如果其皮肤较为柔软，就会蜕掉老皮，但如果是诸如乌龟类的硬壳动物，便不蜕壳，顺便提及，乌龟和淡水龟均属于棱甲动物。因此，壁虎、蜥蜴和蛇均会蜕皮：它们在春季蛰伏出来时蜕皮，到了秋季再蜕一次。蝰蛇于春秋两季各蜕皮一次，曾有人说，蝰蛇是蛇属中的特例，不行蜕皮，但此说

法不正确。蛇的蜕皮最先从眼睛处开始，此时不明事实的人会认为它将变成一条盲蛇；而后蜕出头部，紧接着一节节地蜕皮，直到最后变为一个空壳。

蛇的蜕皮过程从头到尾持续一天一夜。在老皮脱落之后，内皮变成了外皮，使蛇犹如刚从胎衣中新生的幼体。

所有蜕皮昆虫均以相同的方式进行蜕皮：诸如负盘、摇蚊以及所有鞘翅目昆虫，如金龟子等，它们均有蜕皮现象。它们均在发育完成后蜕皮，正如胎生动物从胎衣中出来一样，蛆生动物的幼体也从外壳中脱出，诸如蜜蜂和蚱蜢等类均以这种方式进行。蝉破壳而出后，落于橄榄树或芦苇上；刚脱壳的蝉，通常会留下几滴液体，作短暂停留后便振翅而鸣。

海生动物中的蝲蛄和龙虾有时在春季蜕皮，有时则在分娩后的秋季进行。偶有捕获的龙虾其胸部柔软，那里老壳刚剥落，而下半身部分还未脱壳仍较坚硬：于此可见，虾的蜕皮方式与蛇有异。蝲蛄的蛰伏期大约为五个月。螃蟹也会蜕去老皮；软壳螃蟹通常会蜕皮，据说诸如祖母蟹等具有硬壳的螃蟹，也会发生蜕皮。当这些动物蜕皮后，其通体柔软，新蜕皮的螃蟹几乎不能爬行。这些动物并非蜕皮一次，其终身要蜕皮多次。

关于动物的蛰伏时间与蛰伏方式、蜕皮方式和蜕皮季节等相关情况就介绍这么多。

18 动物的成长与天气

对于动物而言，其最佳成长期各异，同时在极端天气下也不会正常成长。另外，动物于某一季节生长状况存在差异，或健壮或多病；而且，事实上，有些动物则患有特有的疾病。鸟类喜欢晴日和干旱天气，此时体况较好且育雏较多，尤以斑鸠情况较为显著。然而，除了少数特例外，鱼类在阴雨天气成长最佳；相反，阴雨天气于鸟类而言则为不利——同时，干旱对鱼类生长不利。如前所述，猛禽一般不饮水，赫西奥德[1]在关于围攻尼努斯[2]的故事中讲到，巫师通过鹰饮水这一行为进行占卜，如今看来，赫西奥德显然是不知道鹰不饮水这一事实。所有其他鸟类均有饮水现象，但饮水甚少，通常所有有海绵状肺的卵生动物均会这样。鸟类健康状况通过观察其羽毛即可诊断，生病时其羽凌乱，健康时其羽平滑。

19 鱼类的生长与季节，渔民捕鱼的时机

如前所述，大多数鱼类在多雨季节最为强健。雨季时，不仅鱼类食物丰富，而且雨水对鱼体健康颇为有利，正如雨水之于草木一样——顺便提及，菜园里的蔬菜虽经人工浇水，但经雨水滋润后长得更为旺盛；沼泽中生长的芦苇亦然，在没有降雨的情况下，芦苇几乎不会生长。雨水于鱼类有利从以下情况便可得知：大多数鱼类在夏季洄游而入黑海；因为此时较多江河积水汇入黑海，其水流极为新鲜且有丰富食物。此外，大量鱼类，如鲣鱼和鲻鱼均会逆流而上，其在河流和沼泽中生长较好。海鲤鱼到了淡水中也会变肥；通常情况下，湖泊较多的地方其鱼类肉质最为鲜美。于大多数鱼类而言，雨水对其有益，尤以夏雨为佳。可以说，在春夏秋季，鱼类喜欢雨水，而在冬季，鱼类则喜欢晴天。通常情况下，对人有利的气候也适宜鱼类生长。

在寒冷之地，鱼类不会繁盛，头内有石的鱼类，诸如光鳃鱼、鲈鱼、石

---

〔1〕赫西奥德生活在公元前8世纪，享年不明，为古希腊诗人，原籍在小亚细亚，出生于希腊比奥西亚境内的阿斯克拉村。从小靠自耕为生。从公元前5世纪开始，文学史家就开始争论赫西奥德和荷马谁生活得更早，今天大多数史学家认为赫西奥德时代更早。赫西奥德以长诗《工作与时日》《神谱》闻名于后世，被称为“希腊训谕诗之父”。

〔2〕尼努斯是古代传说中的亚述国王，也是尼尼微的创建者。

□ 石首鱼

石首鱼为鲈形目石首鱼科鱼类的统称。它们属热带、亚热带沿岸（暖海或热带沿海）肉食性鱼类，少数生活在淡水中，以虾、小鱼为食。石首鱼为底栖，具有洄游性，在产卵期才集体游向浅水区。

首鱼和鲷鱼等在寒冬时候甚为痛苦；由于此石遇寒则冻结，鱼便易病。

虽然雨水对大多数鱼类有益，但对于鲻鱼、鲱鲤和所谓的迈瑞驽鱼来说，却是不利的，因为大多数这些鱼会因雨水而失明，如果降雨过多则对这些鱼影响更大。在严冬时节，鲻鱼特别容易受到这种疾病的影响；其眼睛变白，此时捕捉到的鲻鱼多体况较差，此病常使致其死亡。相较于雨量过大，严寒似乎更易引起这种疾病：例如，在许多地方，尤其是在阿尔戈利斯[1]的纳夫普利亚海岸附近的浅水区，严寒季节，渔民较易在海上捕获这种盲鱼。金头鲷也不耐严寒；鲐鱼不耐炎热且在夏季容易消瘦。乌鸦鱼较为特殊，它喜欢干旱天气并从中获益，但实际上天热和干旱多同时发生。

特定的地方适合特定的鱼类；有些是岸边浅滩鱼，有些是深海鱼，还有些鱼常处于深海但偶尔会游入浅滩，有些鱼则两处均能适应，无论深海抑或浅滩均能见到其踪迹。有些鱼仅能在一个特定的地方繁盛，其他地方便不可见。一般来说，多水草的地方有益鱼类健康；生活在这些地方的鱼均较为肥壮，这样的鱼也有常伴水草的习性。实际上，草食性鱼类于此可得丰富的水草，肉食性鱼类则可在此觅得较多小鱼。风向的南北也会影响鱼的生活：体形较长的鱼类喜欢北风；当夏季北风吹起时，同一水域，体

〔1〕阿尔戈利斯，位于伯罗奔尼撒半岛东部。

形较长的鱼往往比扁体鱼多些。

天狼星上升时节，金枪鱼和剑鱼容易染上一种寄生虫，即在此期间，这两种鱼的鳍旁都会有一个绰号为“牛虻”的蛆。它形似蝎子，大约与蜘蛛一般大小。这种寄生虫会给剑鱼带来极大痛苦，使得剑鱼经常因疼痛而像海豚一样跃出水面；它有时甚至会越过船舷而落在甲板上。金枪鱼比任何其他鱼类更喜欢温暖日光。它常在靠近岸边的浅水区将自己埋于沙中获取温暖，有时也会浮上海面享受日光照射。

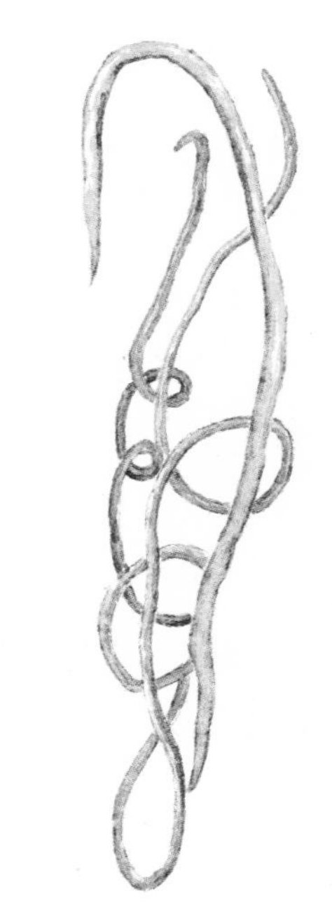

□ 绦鲺

绦鲺是一种鱼虱，属桡足类管口水蚤目，与普通水蚤不同，此物种的成虫已由甲壳桡足类原本的蛛形或蝎形退化成蠕虫状，是一种常见的金枪鱼寄生虫。

体形较小的鱼，其幼鱼易于逃脱，因为大鱼只会捕食那些小种鱼中体形较大者。大部分的鱼卵和鱼苗极易被太阳的热度毁坏，因为太阳照射之处鱼卵和鱼苗均会遭殃。

渔民在日出之前和日落之后进行捕鱼，在此期间捕获量最多。渔民均在此期间撒网，并将之称为“好时网”。事实上，在这些时候，鱼类视力较弱；它们夜间休息，随着白日光线越来越强，它们慢慢地看得相对清楚些。

诸如四足胎生动物中的人类、马和牛以及其他种属中某些家养和野生动物等，其容易感染的瘟疫在鱼类中从未见过；但鱼也患有疾病，从以下情况即可证实——渔民们捕获的鱼大多体况状态良好，但其中有些鱼状况不佳且体色发生改变，渔民据此推断其为病鱼。关于海鱼的情况就介绍这么多。

20 鱼类的疾病，三种捕鱼法，贝类与天气

河鱼和湖鱼也不会感染瘟疫性疾病，但某种鱼会受到一些特殊疾病的影响。例如，鲇鱼在天狼星上升之前，因其在水面游动，往往很容易中暑，并被一声响雷声震至瘫痪。鲤鱼也易受到类似影响但程度较轻。鲇鱼在浅水中为龙蛇所伤数量巨大。在天狼星上升时期，巴莱鲈鱼和天龙鱼体表常有蠕虫寄生，这些鱼受蠕虫影响常浮出水面而热死。卡尔基斯鱼易于患重病：水虱在其鳃下大量寄生，破坏鱼体使其死亡；但其他鱼类均不患此病。

如果将毛蕊花置于水中，在花附近的鱼类均会死亡。毛蕊花被广泛用于捕捉河流和池塘中的鱼类；腓尼基人在海中捕鱼也用此法。

还有另外两种方法用于捕鱼。在冬季，鱼从河水深处游出，顺便提及，河中淡水全年皆较为冷清。因此，人们便挖出一条通往河流的沟渠，并在河水出口处用芦苇和石头围成栅栏，留出孔隙，使河水由此流出；当霜冻来临时，人们便可在沟中取鱼。另一种捕鱼方法适用于夏季和冬季。人们用灌木条和石头在河中筑成一道堤坝，在堤坝中留下一个开口，在开口处放入格栅鱼笼；然后人们便将鱼引向此缺口，使其进入陷阱而被捕获。

通常情况下，贝类较喜欢雨季，但紫骨螺除外：如果将其放置在河流出口附近的岸边，它将在品尝淡水后的一天内死亡。

骨螺在捕获后，可继续存活约五十天；在此期间，它们彼此喂食，因为在其壳上长有一种海草或海苔；在此期间向其投食，仅仅能使其增重，但不能保证其持续存活。

干旱天气对贝类不利。在干旱季节，扇贝尺寸变小且口味变差；正是在这样的天气下，红扇贝的存量较之于平常为较多。在比拉海峡，蛤蜊已绝迹，其消亡的原因有二：一是人们布网过密，二是天气久旱。多雨天气对贝类普遍有益，因为这时海水变得特别甜，适于贝类生长。在黑海，由于气候寒冷，故不见贝类踪影；那里的河流中也无贝类，除了星星点点的

少数双壳贝。顺便提及，双壳贝极易冻死于严寒天气中。关于水生动物的情况就介绍这么多。

21　猪病与疗法

现在开始讨论四足动物，猪易患三种疾病，其一为支气管疾病，这种疾病常伴随着气管和颌肿胀。肿胀可发生于猪身体的任何部位，常使脚部溃烂，偶亦发生于耳朵；发病时，病灶向相邻部位发展，当病情蔓延至肺部时，猪死亡。这种疾病蔓延迅速，猪一旦沾染此病便停止进食。治疗方法仅有一种，即养殖者于发病初期将其病灶完全切除。还有另外两种疾病，均称为克拉朗病[1]。染此双疾者，头部沉重且疼痛，另一种病则伴有腹泻发生。后者无法治愈，前者可通过酒熏、酒洗猪鼻子的方法进行治疗。猪感染此病后难以治愈；一般患病猪多见于三到四天内死亡。当无花果成熟之季，天气变热，此时猪体况过肥，易患此病。其治疗方法是喂食捣碎的桑椹，为其温浴，并对舌背部进行针刺处理。

在肌肉较为松弛时，猪易得丘疹，患病部位多见于腿部、颈部和肩部，并在这些部位蔓延。如果疹斑数量很少，其肉质便较为鲜美，如果疹斑很多，猪肉便多水且松弛。其丘疹症状较为明显，因为疹斑主要位于舌头底面，如果你从下颌拔出一根猪毛，其皮肤会出现充血现象，而且此时猪后足将无法站立。当小猪处于哺乳期时，从不患此病。可以通过食料即饲喂粗小麦的方法来消除疹斑；顺便提及，粗小麦于猪而言是一种较好的口粮。育肥猪的最佳饲料是鹰嘴豆和无花果，但最重要的是要保持多样性，经常更换饲料，猪和一些其他动物喜欢变换饲料：据说，有些饲料利

〔1〕克拉朗病：古时候也称克拉卢病，即猪牛瘰疬病。此处很难说明猪患的是哪种疾病，因为猪得病后，都会低下头去。

于皮肤和骨骼发育，有些利于肌肉增长，有些利于增肥长膘，而橡子虽受猪喜爱，但易使猪肉松弛。此外，如果母猪在妊娠期进食大量橡子，容易引起流产，雌绵羊情况亦是如此；实际上，雌绵羊于此情况更易流产。迄今为止，猪是唯一易患丘疹的动物。

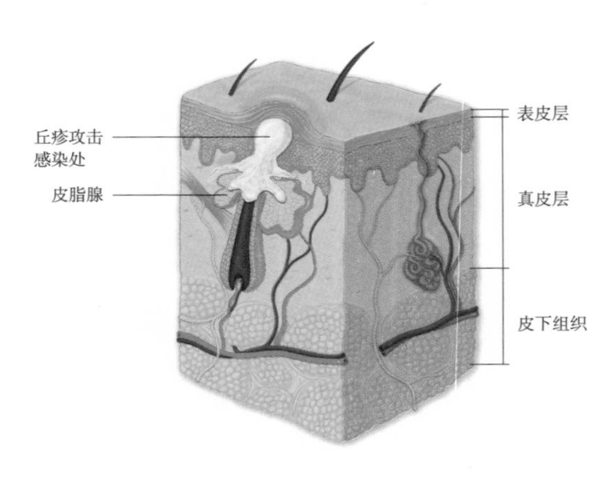

□ 丘疹

丘疹是指局限性、实质性的表浅隆起性皮损（直径小于1cm），可由表皮或真皮浅层细胞增殖，代谢产物聚积或炎症细胞浸润引起，在动物皮肤的各个部位都有可能发生，因而是皮肤病最基本的皮损类型，见于多种不同的疾病。

22 狗病三种

狗易患三种疾病：狂犬病、扁桃腺炎和足疮。狂犬病易使动物发狂，只要被带有狂犬病毒的犬咬伤，除人之外的所有动物均会染上此病。 这种病对狗本身及除人之外的所有任何动物均是致命的。扁桃腺炎对狗也是致命的；患足疮而痊愈的动物为数不多。骆驼像狗一样易于患狂犬病。象因不染任何疾病而著称，但偶有肠胃胀气。

23 牛病与疗法

牛群易于患两种疾病，包括口蹄疫[1]和克拉朗病。患有口蹄疫的牛，

〔1〕口蹄疫，俗名“口疮”“辟癀”，是由口蹄疫病毒引起的偶蹄类动物的急性传染病，主要侵害偶蹄兽，偶见于人和其他动物。其诊断特征为口腔黏膜、蹄部和乳房皮肤发生水疱。

牛蹄溃烂，但可痊愈，同时，牛蹄角质外壳也不至于脱落。人们发现用温热的沥青涂抹于角质部分，就有效果。在克拉朗病中，牛呼吸急促且有发热现象。实际上，牛的克拉朗病与人的热病相似。其特征为耳朵下垂且不进食。牛很快会因此病而致死，人们解剖其尸体时，会发现其肺部已经腐烂。

24 马病与疗法

除了易患足病之外，于牧场上放养的马不患任何疾病。它们有时会因此疾而失去马蹄，但随后很快又长出新蹄，因为一蹄腐烂的同时新蹄亦在生长。足疾症状为马鼻孔下部中间唇部凹陷并起皱，于雄马而言则为右侧睾丸抽搐。

马厩中饲养的马则易患多种疾病。它们容易患“肠梗阻”[1]。马患此病常将其后腿伸向前方腹下，全身后仰，仿佛要跌倒而坐于臀上；如果其连续几日都不进食且变得狂躁，那么可以进行抽血或阉割雄马。这种动物也易患破伤风：其症状为血管变硬，头颈部也变得僵硬，腿伸直而行。这种马也易遭受脓肿疾苦。另一种折磨它们的疾病称为“大麦滞留”症。此症常伴有上颌软化，呼吸发热等现象；如得此病，动物可通过自身体质自行恢复消化机能，但没有任何有效药物可用于治疗。

还有一种叫作“尼菲亚”的马病，据说马患此病，常会静止不动，低头而听管乐；倘若在此期间进行骑乘，它会不停疾驰直到被拉住为止。即使马狂病剧烈发作时期，其神态仍无精打采，还常伴有以下症状：耳朵时而后仰，时而前投，极为疲倦，且呼吸沉重。心绞痛于马而言也是无法

〔1〕由多种原因引起的肠内容物通过障碍，统称为肠梗阻，病情发展快，是常见的外科急腹病症之一，人与一般动物（如犬类）都有可能患上此病。

治愈，这种病常表现为侧腹抽搐、膀胱移位，并伴有尿液滞留、马蹄和马臀向上抽搐等症状。如果动物吞下葡萄甲虫，目前没有任何治愈方法；在体形大小方面它与长腿蜘蛛差不多。马倘若被地鼠咬伤，是较为危险的，其他役用动物亦然；这些动物被咬后，常伴有脓包。如果为妊娠小鼠所咬伤，那么其病症则较为剧烈，脓包随即破裂溃烂，非孕鼠所咬则不会溃烂。有种蜥蜴，有些人将其称为“卡尔基斯”，另些人则称其为“子格尼斯”——马一旦被其咬伤，或因此致死，或引起剧烈疼痛；这种蜥蜴体表颜色犹如盲蛇。实际上，根据动物学专家所言，马和羊的很多疾病与人类的较为相似。有种名为雄黄的药物对马和所有草食性动物均有害；当其作以药用时，常溶于水中，兽医将其过滤后，给动物药饮治疗。母马在妊娠期间，如若闻到熄灭的蜡烛气味便容易流产；对于孕妇，偶尔也会发生类似事故。关于马病就介绍这么多。

如前所述，当母马舌舔清理小马驹身体时，会将其身上的尿囊小体咬掉。所有与尿囊小体相关的离奇故事都为一些老妇以及江湖卖药术士所编造。正如记载所述，母马在产驹前会先排出所谓的驹膜。

如果一匹马曾经和某些马打斗过，则以后无论何时它都可识别其嘶鸣声。马喜欢草地和沼泽，亦喜欢喝浑水：实际上，如果水较为清澈，马会践踏使其浑浊，然后再饮用，饮后常在水中打滚。马甚为喜水，或是饮用或是洗澡；这也就解释了河马的独特身体结构[1]。关于水，牛的习性与马相反；如果水浑或冷或混有其他杂物，牛将不饮此水。

---

〔1〕不过，按如今的动物学分类而言，河马其实与马并非同类物种。马为奇蹄目马科马属，河马则为鲸偶蹄目河马科河马属。

25 驴病“梅利斯”

驴病中最为严重的要属一种称为“梅利斯”的马鼻疽病。它首先发生于驴的头部，一种湿冷液体从鼻孔流出；如果这种疾病仅停留在头部，那么动物可恢复健康，但如果病入肺部，驴将会死亡。在所有马属动物中，驴最不耐寒，所以，在寒冷的黑海海滨和斯基泰均不会发现其踪影。

26 象病与疗法

象患有胃肠胀气，发病时，其大小便不通。如果象吞下霉土，就容易腹泻；但如果它持续吃下去，便不会致病。象偶尔会吞下石头。它也会患有痢疾：此时，可以饲饮温水，以清洁肠胃，或饲喂蜂蜜浸过的饲料，这两种疗法均有止泻效果。当它们患有失眠症时，可用盐、橄榄油和温水擦洗其肩膀，使其正常睡眠；当其肩膀疼痛时，可将烤猪肉覆于其上，镇痛效果明显。有些象喜欢橄榄油，有些则不然。据说，当象误吞小铁块时，人们以橄榄油饲喂，而后铁块会被象排出体外；如果象拒饮橄榄油，人们会把植物根块浸上橄榄油，然后让象吃下此根。

关于四足动物的情况，就介绍这么多。

27 昆虫的繁殖与季节；蜂巢里的害虫

通常情况下，昆虫繁盛于其出生季节，特别是天气暖和湿润之时，其繁盛尤旺，比如春天。

有些生物对蜂巢破坏性巨大：例如，有种蛆在蜂巢中结网，并破坏蜂窝：这种蛆被称为“克罗斯”。它产生一种形似蜘蛛的昆虫，进而使蜂群产生疾病。还有一种形似飞蛾的昆虫，有些人称之为“蜂虱”，它常绕着烛火飞行：这种生物会产生大量满身细毛的幼虫。蜂永远不会叮咬它们，

□ 蜂虱

蜂虱又称蜂虱蝇，属双翅目蜂虱蝇科，是一种翅翼退化的蝇类，它骚扰蜂群，使其采集力、繁殖力下降。其成虫红褐色，体呈卵圆形，周身生有浓密绒毛，口器呈管状。蜂虱常栖息在蜂后和工蜂的头部、胸部绒毛处，掠食蜜蜂饲料，蜂后被其寄生后，行动缓慢，停止产卵，严重者会衰弱而死。

只能通过熏蒸方法将其驱逐出蜂巢。有种毛虫也是生于蜂巢之中，它绰号为“蛀船虫”或“凿虫”，蜜蜂从不招惹这种生物。花朵覆以霉菌或在干旱季节时，蜜蜂最为痛苦。

所有各种昆虫，如果通身以油涂抹，均会死亡；如果你用油涂抹其头部而后将其置于阳光下，它们会更快死亡。

28 动物的生活习性与环境的关系，利比亚、印度的动物杂交

因生活地区的不同，动物的生活习性亦有差异：因此，有些动物绝不会出现在某一地区，倘若将某一动物从原生地带到另一地区，则会出现体形较小、生命较短且不繁盛的现象。有时在紧邻的两个地区也会存在这种差异。因此，在米利都[1]境内一处有蝉，而在该地附近却无蝉；在凯法利尼亚岛[2]上，河的一边有蝉，另一边则无蝉。在普尔杜塞里尼岛[3]上有

〔1〕米利都位于安纳托利亚西海岸线上，是一座古希腊的城邦，靠近米安得尔河口。

〔2〕凯法利尼亚岛是希腊爱奥尼亚群岛中最大一岛，位于帕特雷（Patraikos）湾以西。

〔3〕普尔杜塞里尼岛：邻近累波斯岛的一个小岛。

一条公共道路，其道路一侧有黄鼠狼，另一侧则没有。在维奥蒂亚[1]境内奥尔霍迈诺斯附近发现了大量的鼹鼠，但在临近的勒巴蒂亚[2]地区却没有鼹鼠，如果将鼹鼠从原生地转移到另一处，鼹鼠将不再打洞生活。如果将野兔引入伊萨卡[3]岛，野兔将无法存活；实际上，它会很快死亡，死时其头朝向最初登陆的海滩。西西里岛上没有骑兵蚁；直至最近，在古利奈附近才听到青蛙的呱呱叫声。整个利比亚地区无野猪，无雄鹿，也无野山羊；根据克特西亚斯[4]的记载（其权威性不高），在印度没有猪，野猪或家猪都没有，但那里有无血动物和蛰伏动物，其体形均较为巨大。在黑海，没有体形较小的软体动物和介壳动物，零零落落偶尔会发现一个特例；但在红海中，所有介壳动物体形均特别巨大。在叙利亚，绵羊的尾宽为一肘；山羊的耳朵有七寸和三

□ **印度瘤牛**

瘤牛是一种黄牛亚种，原产于印度，因在鬐甲部有一肌肉组织隆起似瘤而得名。其脖子上方有一个硕大的瘤峰（有的甚至重达几十公斤），这种瘤峰是一种沉积脂肪的肌肉组织，被称为瘤牛的营养库，与骆驼的驼峰相同，它能在物质匮乏时发挥一定的补给作用。

〔1〕维奥蒂亚（Boeotia）位于希腊中部，北与弗西奥里斯区搭界，南与科林斯湾、阿提卡，西与福基斯相邻，东为滨埃维亚湾。

〔2〕勒巴蒂亚是卑奥西亚近海的一个城市，今为里伐迪亚。

〔3〕伊萨卡是古希腊西部爱奥尼亚海上一个美丽的岛国，在荷马史诗中，伊萨卡是神话英雄奥德修斯（奥德赛）的故乡。奥德修斯是伊萨卡的国王。

〔4〕克特西亚斯：公元前5世纪尼多斯（Cnidus）人，亚达薛西二世的御医，历史学家。

寸两种，还有些山羊的耳朵向下垂到地面；有些牛像骆驼一样，肩膀上有驼峰。在利西亚，人们像剪绵羊毛一样剪山羊毛。在利比亚，正如荷马所言，不但长角雄羊出生时有角，雌羊亦然；在蓬托斯的斯基泰地区，雄羊无角。

在埃及，诸如牛和羊等动物通常比希腊的同类动物体形稍大；但也有相反的情况，如狗、狼、兔、狐狸、乌鸦和鹰；其他两种动物体形差别不大，如鸦和山羊。同种间存在体形大小差异主要取决于饮食，食料丰富则体形较大，食物匮乏则体形较小，例如埃及的狼和鹰比希腊的体形小些；对于食肉动物来说，其可捕获的鸟类较少；对野兔和所有食果动物而言，其食物亦匮乏，因为坚果和果实都不会长期存在。

在许多地方，因气候差异导致物种多样：由于气候寒冷，在伊利里亚[1]、色雷斯和伊庇鲁斯等地，驴普遍体形较小，在高卢和斯基泰地区根本找不到一匹驴。在阿拉伯半岛，蜥蜴长度超过一肘，那里的老鼠比我们这里的田鼠大得多，后腿长一掔，前腿有一拇指长。

根据各种记载，在利比亚，蛇的长度令人震惊；曾有关于水手的故事，即有船员登陆上岸时发现大量牛骨头，他们确信这些牛是被蛇所吞噬，于是，立即折返逃往船上，蛇群穷追不舍、速度惊人，将其大船掀翻，吃了几个船员。同样，在利比亚，狮子较多，在欧洲的阿西泺河和那索河之间狮子亦较多；豹在小亚细亚地区较为繁盛，欧洲则无狮。通常情况下，亚洲的野生动物最为野性，欧洲的最勇猛，在利比亚的形态则最为多样化：有一句古老的谚语，“利比亚总会给你新发现”。

在利比亚地区，因其常年干旱缺雨，各不同物种均聚集于有水之处，

---

〔1〕伊利里亚：古地区名，在今欧洲巴尔干半岛西北部，包括亚得里亚海东岸及其内地，大致相当于今斯洛文尼亚、克罗地亚、波斯尼亚和黑塞哥维那部分地区。

并且在那里进行交配；如果它们体形相似且妊娠期相同便会进行彼此交配。有人曾言，那里的各种动物因过于干渴，彼此见面时不会兽性大发而打斗。而且，与其他地方的动物不同，它们在冬季饮水量比夏季更多：因为这里夏季经常缺水；那里的老鼠，如果夏季饮水，极易引发死亡。在其他地方，杂种动物常常杂交生殖：因此，在古利奈，狼和母狗会交配繁殖；拉哥尼亚猎犬是狐狸和狗交配的产物。他们说印度狗是老虎和母狗的杂种，但不是第一代杂交，而是第三代杂种：据说第一代杂种是一个较为强悍野蛮的动物。他们把母狗带到一个偏僻的地方并将其拴住：此时如果遇到正处发情期的雄虎，它会与母狗交配；如果雄虎不在发情期，便会吃掉母狗，母狗被吃的现象多有发生。

29 生活地区的不同引起动物习性的变化；有毒动物：蝎子、蛇、壁虎等

生活区域的不同也会引起动物习性的变化：例如，生活于崎岖高地上的动物其习性不会与低地动物相同。生活于高地的动物看起来更加凶猛，如在阿索斯山[1]生活的野猪；于低地野猪而言，它连一头山地母猪也打不过。

另外，关于动物的咬伤程度也因地域不同而存在差异。因此，在法罗斯[2]和其他地方，被蝎子咬伤并不危险；而在其他地方，如卡里亚[3]，那里的蝎子有剧毒，体形庞大，于人或兽而言，蜇刺均可致命，甚至对猪

〔1〕阿索斯山是希腊北部马其顿省的一座半岛山。

〔2〕法罗斯是埃及亚历山大城边的一座岛屿，著名的亚历山大灯塔修建于该岛上。

〔3〕卡里亚：历史城名，位于伊奥尼亚以南，弗里吉亚和吕基亚以西。

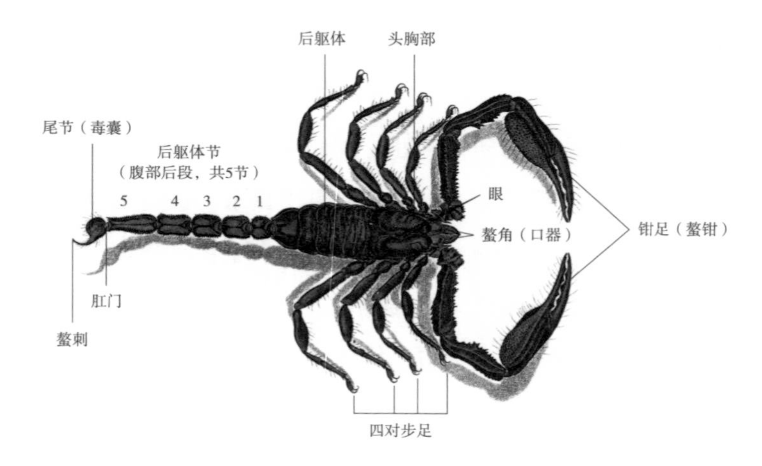

□ **蝎的身体结构**

蝎是一种掠食性节肢动物，全身为几丁质外壳，具有一对可固定猎物的钳足与细长且分节的后腹部（此部分也被概称为尾巴），后腹部末端为带有毒液的蜇针。蝎子多生活于不干不湿的植被稀疏处，还有部分生活在热带雨林与沙漠。

来说也是致命的，于黑猪尤甚。一般来说，猪最能忍受其他动物的咬伤，但对蝎的蜇刺也难以招架。如果猪被卡里亚蝎子蜇中后进入水中，它肯定会死亡。

蛇咬所产生的结果也各不相同。利比亚有蝰蛇；被其咬后只有一种解毒剂，所谓的解毒药物由该动物身体制成。在塞勒尼地区还有一种蛇，一旦被其咬伤，只有某些矿石可以当作药剂予以治疗：这种石头发现于古代国王坟墓，将其置于水中，而后喝下此水便可解毒。在意大利的某些地方，壁虎的咬伤是致命的。一有毒动物咬了另一有毒动物后再咬其他动物，此时咬伤最为致命。例如，一只蝰蛇咬了一只毒蝎后再咬人。对于绝大多数这样的生物来说，雄性毒液均较为致命。有一种体形很小的蛇，有些人称之为“圣蛇”，即使是最大的蛇也会怕它。这种小蛇约有一米长，看起来多毛；其他动物倘若被其咬伤，伤口周围的肉会立即溃烂。在印度有一种小蛇，其毒性较为特殊，其咬伤目前没有任何药物或方法可以解毒。

30 动物妊娠期的健康情况：介壳类、鱼类；鱼类颜色变化，鱼的口感

□ **鳁鱼**

鳁鱼也即沙丁鱼，属鲱形目鲱科，为细长的银色小鱼，背鳍短且仅有一条，无侧线，头部无鳞，体长约15～30厘米。鳁鱼常栖息于近海暖水区域，密集群息，会沿岸洄游，以浮游生物为食。

动物妊娠期间的健康状况也各异。

介壳动物，如扇贝和所有牡蛎动物及软甲动物如龙虾科等在妊娠时体况最佳。对于介壳动物而言，我们也谈其妊娠情况；但是，于软甲动物所可见的交配产卵现象在介壳动物中则不可见。诸如鱿鱼、乌贼和章鱼等软体动物，其在妊娠期间体况最佳。

所有鱼类，当它们开始妊娠时，其口味均较好；但是，雌鱼妊娠后期，有些鱼类口味尚好，有些则索然无味。例如，小鳁鱼在繁殖季节口味最佳。这种鱼，雌性体圆，雄性体长且扁平；当雌性开始繁殖时，雄性体表便成黑色且有斑驳，此时的雄鱼不适合食用；在此期间，它被称为“山羊”。

鹦嘴鱼和小梭鱼在不同季节其体表呈现不同颜色，就像某些鸟类羽毛变色一样：它们在春季变成黑色，过了春季再次变白。褐鳕也改变其体表颜色：平常为白色，但在春季则为斑驳状；据说它是唯一一种会铺床或筑巢的海鱼，而雌鱼则将卵产于床上或巢中。正如所观察到的那样，小鳁鱼会像小梭鱼一样改变其体色，在夏季从白色变为黑色，这种变色在鳍和鳃部尤为显著。像小鳁鱼一样，乌鸦鱼在妊娠时期最为肥美；在此期间，鲻鱼、鲈鱼和有鳞鱼，其口味不佳。像灰背鱼这样的少数鱼类，一年四季无论是否有卵，其口味不变。

另外，老鱼口味不佳；老金枪鱼即便腌渍也不好吃，因为其肉体很大一部分会随着年龄的增长而消耗，所有老鱼都存在这种体况消耗现象。有鳞鱼的年龄可以通过其鳞片的大小和硬度来推断。曾有一条重达七百五十

斤的老金枪鱼被捕获，其尾长两肘，体宽一掌。

河鱼和湖鱼在雌性排卵、雄性射精之后，口味最佳：也就是说，它们已从这种生殖过程中完全恢复健康体况。有些在繁殖季节口味较佳，如萨珀迪斯鱼，有些则口味较差，如鲇鱼。一般来说，雄鱼较雌鱼而味佳；但鲇鱼情况相反。雄鳗鱼口味最佳：虽然它们看起来好似雌性，但实际上并非雌性。

第九卷

本卷概述动物的心理状态与其性别的关联；分析为什么有些动物合群，而有些动物喜欢独自行动；列举诸例叙说各种动物间互为敌友的原因；考订生活习性与种别的关系；论述诸动物的智巧是如何在适应环境的过程中得到进化的；陈说阉割对生理和性情造成的伤害；简括变色、变声、变形乃是源自对爱的渴望。

美洲狮

1 动物的性情：雌雄之别；动物互相为敌的原因，如何捕象

对于相对少见而短命的动物，它们的性格特征并不像那些长寿的动物一样明显。长寿动物似乎具有与其每种情感相对应的天赋：狡猾或天真，勇敢或怯懦，温顺或暴躁，以及其他类似的性情。[1]

有些动物还能够发出或接受指令，从其他动物或人类接受信息：例如那些具有听觉能力的动物便能够发出和接受指令；而且，至于听觉，不仅为可听见的语言，还包括予以示意的各种声响。

于所有动物而言，凡雌雄有别的动物，自然在精神特征上也有区别。这种区别在人类和大型动物以及胎生四足动物中最为明显。于胎生四足动物而言，雌性一般性情温和、易于驯服、喜欢抚摸、善于学习；例如，在拉哥尼亚猎犬中，雌性比雄性更聪明。摩洛希亚品种的狗与其他地方的狗几乎相同；但摩洛希亚牧羊犬的体形较大，且当遇到其他野生动物袭击羊群时更为勇猛，在这点上优于其他牧羊犬。

拉哥尼亚猎犬和摩洛希亚狗杂交产生的后代，其勇敢和耐劳特征较为显著。

除了熊和豹之外，所有雌性动物在精神上均不如雄性；而雌熊与雌豹较为特殊，其勇猛远超雄性。于所有其他动物而言，雌性较之于雄性性格

〔1〕动物的性格特征，或称动物的习性，特指动物的心理或精神方面的性格。亚里士多德在《伦理学》中论述的是人类性格研究，在本书本卷中论述的就可以解释为动物的性格研究。动物都具备求生、觅食和物种繁殖的本性，相应地在动物身上就有喜怒哀惧的情趣，或者称其精神表征。动物和人类在勇怯、智愚、驯服和暴力上都有自己不同的表象，从而秉持自己不同的德行，用以操持自己的情趣和欲念。动物性格的研究是亚里士多德伦理学与政治学的基础。

□ 豹

豹属食肉目猫科，体长平均2米左右，头圆较大，颈稍短，四肢强壮，体呈黄或橙黄色，全身布满大小不同的黑斑或古钱状的黑环。豹对环境的适应性很强，可栖息于热带雨林，山地灌丛、丘陵、以及旱地、湿地等各种地区，为肉食性动物，其主要的食物包括有蹄类动物及中性哺乳类动物，但亦会捕猎啮齿类、两栖类、鸟类及鱼类等动物。此外，豹性情孤僻，平时单独活动，具有很强的领地意识。

温和、顽皮多疑、更易冲动，更注重后代培养；于雄性而言，其精力旺盛、更为狂野、率直而单纯。这些性情差异化特征在动物间或多或少有所体现，但性情发育越完备的动物其特征就越分明，两性分化最为显著的应属人类。

实际上，人类的性情最为圆润且完备，因此于上述各种性能与情操[1]，人类均最为高级。因此，女人比男人更富有同情心，更易感动流泪，同时也较嫉妒且易怒，更易吵闹和打架。此外，女人比男人更易消沉与失望，记性也较好。女性往往较为清醒，易畏怯，活动量少，因而饮食较少。

如前所述，雄性比雌性更为勇敢，且易于因同情心而“见义勇为”。即便是鱼类，当雌鱼被三叉戟击中时，雄鱼会帮助雌鱼逃脱；但当雄鱼被击中时，雌鱼会逃跑。

生活于同一地区或吃同样食物的各种动物，它们相互间常会打斗。如

〔1〕动物都具备情操，比如乌鸦反哺，动物护仔，家狗护主等，皆是动物具有情操的表现。在所有的动物中，人的情操最高级，人类的情操可以用文化熏陶，而动物的情操皆属本能。

情操的现代解释：指由感情和思想综合起来，不会轻易改变的心理状态。在一般情况下，情操泛指情感和操守的统称。

果所需食物较为匮乏，同种生物间也会发生打斗现象。因此，据说生活在同一地区的海豹们常会因此相互争斗，其中雄性与雄性打斗，雌性与雌性打斗，直到一方死亡或被赶走为止；小海豹也会与小海豹打斗。[1]

所有生物均与肉食性动物为敌，因肉食性动物其食物种类相似，故肉食性动物间也相互为敌。占卜师注意到动物有独居和合群的区别；人们将那些独居且经常打斗的动物称为“不合群动物”，将那些群居且和平相处的动物称为“合群动物”。人们可能会说，如果动物不为饥饿所困扰，那些平时怕人的蛮野动物将会被人驯服且易于接近，彼此之间会和平相处不作打斗。上述情形可通过埃及动物予以例证，因为那里动物食物供应充足，即使最凶猛的动物也会和平地生活在一起。实际上，这些动物是因饲养员的仁慈和细心照顾而被驯服，在某些地方，鳄鱼对喂养它们的人来说确实是驯服的。在其他地方也可以观察到同样的现象。

老鹰和蛇相互为敌，老鹰以蛇为食；姬蜂和毒液蜘蛛亦然，姬蜂捕食毒液蜘蛛。于鸟类而言，抔斯利斯（山雀）、凤头百灵、啄木鸟和翠鹂之间相互为敌，因为它们互相啄食彼此的卵；乌鸦和猫头鹰之间也是如此，因为猫头鹰在白天视力较差，乌鸦便在中午去啄猫头鹰的卵，猫头鹰则在夜间去啄食乌鸦卵，它们就这样随着昼夜交替，互啄其卵，轮流占上风。

猫头鹰和鷦鷯之间也存敌意；鷦鷯常食猫头鹰的卵。在白天，所有其他小鸟都在猫头鹰周围翩翩起舞——人们将这种现象称为“百鸟大战猫头鹰”——拍打其脸颊，并拔其羽毛；捕鸟者常利用这种习性，以猫头鹰为诱饵捕捉各种小鸟。

---

〔1〕在动物本性中，攻击性是最为突出的。动物的进攻性，表现在对食物的争夺、地域的控制、地位的争抢及异性的争宠等方面，总结起来看，也就是在两个方面体现了动物的攻击本性，即生存与繁殖的必需。

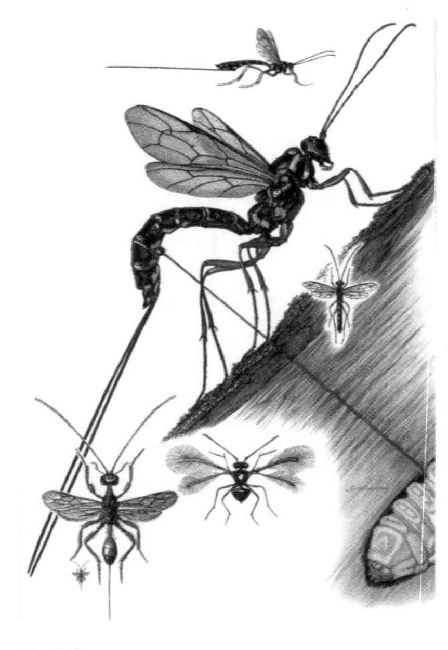

□ 姬蜂

姬蜂属膜翅目姬蜂科，其身体呈黄褐色，触角细长，翅透明，前翅有两条回脉，腹部较狭长而呈圆筒形，腹面为膜质。此外，姬蜂是一种寄生性昆虫，其寄生本领十分高强，有体外和体内两种寄生方式。

鹪鹩常与黄鼠狼和乌鸦交战，因为黄鼠狼和乌鸦常偷食鹪鹩的卵和雏鸟；雉鸠与匹拉里斯为敌，因为它们生活于同一地区且以相同食物充饥；绿啄木鸟和利比乌斯为敌；鸢和乌鸦为敌，由于鸢具有更为锋利的钩爪和更快的飞行速度，故它常可夺走乌鸦所捕获的东西，所以两者相斗亦是为了食物。生活于海上的鸟类，诸如布润特斯、鸥和鱼鹰等海鸟也会因争夺食物而大打出手；秃鹰与蟾蜍和蛇为敌，因为秃鹰常食蟾蜍卵和蛇卵；雉鸠和翠鹂为敌；翠鹂啄杀雉鸠，乌鸦啄杀所谓的鼓手鸟。

鬼鸮和一般猛禽均捕食加拉瑞斯鸟，因此加拉瑞斯鸟常会与它们为敌；壁虎、蜥蜴和蜘蛛之间亦有打斗，因为壁虎、蜥蜴常捕食蜘蛛；啄木鸟和苍鹭之间亦相互为敌，因为啄木鸟常窃食苍鹭卵与幼雏。埃及苏斯鸟和驴之间常有打斗，其原因在于：驴在经过金雀花丛时常将疼痛和瘙痒部位在金雀花皮刺上摩擦；蹭痒期间常伴有大声嘶鸣，此时其间的鸟卵和鸟巢会被倾覆，雏鸟会惊慌跌落，而母鸟为了报仇便飞向驴身并啄食其痛处。

狼与驴、公牛和狐狸打斗，狼作为肉食性动物，常攻击其他动物；狐狸和鹞相斗也是同样原因，于鹞而言，其为肉食且有利爪，常攻击和伤害其他动物。乌鸦常与公牛和驴子交战，它飞向两者头部，击打其身，并啄其眼睛；老鹰和苍鹭亦相互为敌，老鹰有钩爪常攻击苍鹭，苍鹭常屈服于它；

灰背隼与秃鹰常常相斗；长脚秧鸡和厄勒俄斯猫头鹰、黑鹂和黄鹂亦相斗（关于黄鹂，据说它最初是从葬礼的柴堆中出生）：其相斗的原因是，长脚秧鸡常窃食其卵并伤害雏鸟。五子雀和鸕鹟常与鹰交战；五子雀窃食鹰卵，鉴于此，作为猛禽，鹰常猎食其他鸟类，其中以五子雀为甚。马和花鹨为敌，马常把花鹨赶出自己的牧场：花鹨喜食牧草，由于其视力不好，常被马袭击；它模仿马的嘶鸣，飞向马身，试图吓唬马，但却被马赶走，一旦被马蹄所践即行死亡；花鹨羽翼漂亮，生活于河边或沼泽地上，在那里较易得食。驴与蜥蜴为敌，因为蜥蜴常在其食槽里睡觉，有时甚至钻入驴的鼻孔，影响其正常进食。

□ 鱼鹰

鱼鹰即鸬鹚，属鹈形目鸬鹚科，是一种大型游禽，善于潜水。其嘴强而长，为锥状，先端具锐钩，下喉有小囊；脚趾扁，后趾较长，具全蹼。它们栖息于沿海海滨、岛屿、河流、湖泊、池塘、水库、河口及其沼泽地带。鱼鹰常被人驯化用以捕鱼，人们会在其喉部系绳，并在其捕鱼后令其强行吐出。

苍鹭有三种：灰鹭、白鹭和星鹭。灰鹭不喜交配和繁殖；实际上，在交配期间它常发出尖叫，据说此时其眼睛会流下血滴；其产卵方式亦为怪异，似乎在忍受着剧痛。灰鹭常与鹰、狐狸和云雀为敌，因为老鹰猎食它，狐狸在夜晚骚扰它，云雀常窃食其卵。

蛇与黄鼠狼和猪为敌；蛇与黄鼠狼交战，因为它们生活于同一区域且以同一种食物营生；与猪交战，因为猪会咬蛇。灰背隼与狐狸为敌；灰背隼常袭击狐狸，并且，因为其有钩爪，常可捕杀小狐狸。乌鸦和狐狸关系较好，因为乌鸦与灰背隼为敌；所以，当灰背隼袭击狐狸时，乌鸦常来帮助狐狸与其打斗。秃鹰和灰背隼均有钩爪，互相为敌。秃鹰与鹰打斗，顺

□ 云雀

云雀属雀形目百灵科，是一种小型鸣禽，也是鸣禽中少数能在飞行中歌唱的鸟类之一，鸣声婉转，歌声嘹亮，能与蒙古百灵相媲美。其后脑勺具羽冠，背部为花褐色和浅黄色，胸腹部为白色至深棕色。外尾羽为白色，尾巴为棕色。云雀喜栖息于开阔的环境，故在草原和沿海一带的平原尤为常见。

便提及，天鹅也与鹰为敌；天鹅常胜。此外，在所有鸟类中，天鹅最易相互杀戮。

于野生动物而言，有些种属彼此间在任何时候、任何境地都互相为敌；其他种属，比如人类，彼此间只在某些特殊时期和偶然情况下才会发生打斗。驴和朱雀为敌；因为这种鸟生活于蓟丛中，然而，驴因喜食稚嫩的蓟芽，常破坏其鸟巢。花鹨、朱雀属和埃及苏斯鸟间彼此为敌；据说，花鹨的血液不能与埃及苏斯鸟的血液相混。乌鸦和苍鹭关系较好，莎草鸟和云雀、丽都斯和绿啄木鸟也较友好；啄木鸟栖息于河岸边和草丛间，丽都斯栖息于山岩上，常依附于巢穴。冠毛云雀、鱼鹰和鸢彼此友好；狐狸和蛇因同为地下穴居动物而相互友好；黑鹂和雉鸠亦相互友好。狮和灵猫为敌，因为这两种肉食性动物均以同一食物充饥。

因此，通过上述提到的动物情况，可以得知，动物间的相互友好或彼此为敌是由其食物和生活方式导致。

大象彼此间打斗时较为凶猛，它们用象牙互相戳刺；败下阵来的象会完全屈服，在以后的日子里，一旦听到那匹胜象的声音就会害怕。这些动物或勇敢或怯懦，彼此间差别很大。印度人不论象的雄雌均将其投入战争；然而，雌象体形较小，且勇猛程度不及雄象。象用其獠牙即可撞坍墙壁，它也可用其前额压倒一棵棕榈树，而后用脚践踏，使树平躺于地上。

人们用以下方式捕获大象：人们骑着勇猛的驯象，寻找野象；当发现野象时，人们会用驯象与野象相斗，直到野象精疲力竭为止。于是猎人骑上这头野象，用金属叉子调教它；在此之后，野象很快就变得温顺，且服从驯象师指令。当有人骑于其背时，它们一般都很听话，但当人从其背下来后，有些依旧温顺，有些则展露野性；当其发作时，人们用绳索绑住象的前腿，使其保持安静。无论是幼年还是成年，大象均可被捕获。

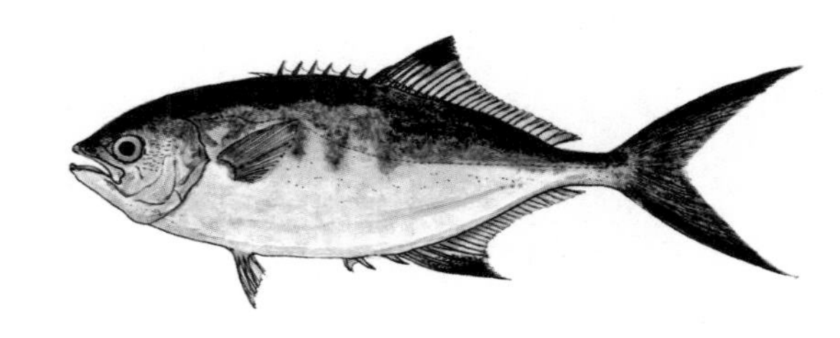

□ **鲹鱼**

鲹鱼是鲈形目鲹科鱼类的统称，其鳞细，尾柄细小，体延长而侧扁，体形有多种样式（纺锤形、椭圆形、卵圆形或菱形等）。大部分的鲹鱼属于中表层洄游性鱼类，通常会结成群沿着岸边在不同深度的水域巡游，部分种则喜欢栖息于沙岸或珊瑚礁区，为肉食性鱼类，多以浮游生物、小鱼为食。

2　群居与独居鱼类的性情

所有鱼类，群聚而游的皆相互亲善；独居而游的则互相为敌。有些鱼，在产卵季聚集；有些，则在产卵后群聚。为全面阐述这个情况，我们可列出以下群聚鱼：金枪鱼、小鳁鱼、海鲤鱼、花背鲐、鲹鱼、乌鸦鱼、海鲷、红鲻鱼、梭鱼、花鲐、宽突鳕、银汉鱼、萨基努斯鱼、雀鳝、（鱿鱼）、彩虹鹦嘴鱼、佩拉姆鱼、鲭鱼和花鲭鱼。在这些鱼中，有些常聚成大群，群内又成对而游；另外某些鱼类，只会在某些季节有群游现象，而群游时内部也必成对，即这些鱼的群聚季节为妊娠期间或产卵后的一段时间内。

巴斯鱼和灰鲻鱼之间仇恨深重，但它们在某些时候也会聚集在一起；有时候，如果食物供应充足，不但同一物种的鱼群会群聚而游，那些栖息区域相同或相邻的鱼群也常会群聚。人们常会发现灰鲻鱼断尾、海鳗自排泄孔以下的身体部分缺失等现象：鲻鱼尾部被鲈鱼所咬掉，鳗鱼身体部分缺失由海鳝所致。大鱼和小鱼之间常有争斗：因为大鱼捕食小鱼。关于海洋动物的情况就介绍这么多。

3 山羊与绵羊的性情

如前所述，动物的性情有怯懦、优雅、勇敢、温顺、聪明和愚蠢之别。据说，绵羊天生沉闷愚钝。在所有四足动物中，绵羊最为愚蠢：它常会漫不经心地逛到荒僻之处而忘记归途；如遇暴风雨天气，它常会迷失归路；如遇暴风雪，如果不是牧羊人将其赶回来，它就会驻足不前；此时牧羊人只能把头羊赶来，它才会跟着回去，否则定会冻死。

如果你抓住一只山羊的胡须——犹如须发——所有的同群山羊都会站立起来，呆呆地盯着这只山羊而不作声。

睡于山羊群中会比绵羊群中更为温暖，天气冷时，山羊较安静且喜欢向人靠近；因为山羊比绵羊更不耐寒。

牧羊人训练羊群，使其听到拍掌声即行聚群，因为倘遇雷暴，掉队的妊娠绵羊极易流产；绵羊习惯此指令后，它们在羊圈内每当听到啪啪声或其他响声后便会群聚一团。

绵羊和山羊根据种类各自群聚于一团，绵羊与绵羊一群，山羊和山羊一群。据说当太阳西下时，山羊不再面对面躺着，而是背靠背而躺。

4 牛与马的性情，马的母爱

牛在吃草时常习惯跟随着熟悉的牛群，如果其中一头牛出群，其余的就会跟随；因此，如果牧民失去一头牛，他们就会密切关注所有其余各牛。

即便是公牛，当其漫步而远离畜群时，也极易被野生动物所猎杀。

当母马与马驹放牧于同一牧场时，如果一头母马死亡，其他母马则会接替饲养哺育那头失去母亲的马驹。实际上，母马似乎天生富于母爱；有时候，一头不育母马会偷偷地带走其他母马的马驹，并会像照顾亲生子女一样抚养马驹，但由于它无法提供母乳，这种行为常会导致马驹饿死。

5　雌鹿的聪明习性，雄鹿的角、鹿茸

在野生四足动物中，雌鹿较为聪明：例如，它多将其鹿崽产于道路两侧，在那里野兽因怕人而不敢靠近，因此相对安全。另外，在其分娩后，它首先吞下胎衣，然后去寻找邪蒿，吃完邪蒿后便再回去哺育幼崽。雌鹿时常带着鹿崽到其洞穴，以便小鹿在危险时刻知道去这个洞穴避难；这种洞穴常在陡峭岩石上，只有一条通道入口，据说此洞凭借地理优势可将所有野兽拒之于外。到了秋季，雄鹿会变得颇为肥胖，这时它常居无定所，躲藏起来，于外界不可见，这显然是因为其太胖怕被捉到，而躲避行踪。鹿常将其鹿角蜕落于偏僻崎岖之地，人们常将罕至之地称为“雄鹿蜕角处”；实际是，一旦蜕角就意味着雄鹿失去了抵御外物的武器，它们不得不到人迹罕至之处避险。据说，没有人见过蜕落的鹿角；这种动物知道其角有药用价值，为免于被人发现便将其蜕角藏了起来。

雄鹿出生当年不长角，但在头上将来生角之处会长出鹿茸，鹿茸呈短粗状。第二年，它们才会长出新角，其角形状较直，犹如挂衣服的枝钉；因此人们将其称为“钉角”。在第三年，鹿角开始分叉为两枝；在第四年，鹿角分为三枝；逐年生长且结构愈发复杂，直到其六岁龄时分叉结束：在此之后鹿角继续生长，但不再继续分叉，所以你不能通过观察鹿角分叉多少来确定其实际年龄。但牧群中的老者可通过两个主要标志加以识别：首先，它们牙齿所剩较少或全无牙齿，其次，鹿角最尖端已不再

锋利。处于生长阶段的鹿角（鹿角第一分节）上端尖硬，雄鹿在遇到攻击时，常用其进行防御，专业术语上称之为“防御叉角”；老鹿因年长而缺失叉角，它们的鹿角只是向上直线生长而不作分叉。每年五月左右，雄鹿会蜕角；蜕角之后，它们白天躲藏于树丛间躲避蚊蝇；在此阶段，它们夜间觅食，直到新角长成才出来。鹿角初生时，包裹于一被囊中，随后逐渐硬化；当鹿角长到足长时，动物便在阳光下暴晒，使它们逐步硬实成熟。当它们不再需要在树干上蹭鹿角时，鹿角即已成熟，此时的鹿角便具有了攻防能力，雄鹿即从隐蔽处出来。曾有一头捕获的雄鹿，其角上长有青绿常春藤，它显然是在鹿角还稚嫩的时候附于其上的，犹如生长于一棵活树上一样。当雄鹿被蜘蛛或类似昆虫叮咬时，它常会采食薄荷；据说人喝下薄荷汁也有益身体，只是味道不怎么好。雌鹿分娩后会立刻吞下胎衣，在胎衣还未落地之前就把它吃掉，所以人们常不可得胎衣。现在人们认为鹿的胎衣可作药用。当猎杀鹿时，猎人们唱歌或吹笛，鹿听到后常恬然躺下欣赏音乐，此时，猎人将其抓获。如果有两个猎人，一个在鹿眼前唱歌或吹笛，另一个则躲在鹿看不到的地方，等吹唱者发出信号后，他便箭射鹿身。如果鹿耳朵竖起，四周声响均可听清，你便无法逃脱其视野；如果它的耳朵下垂，你就可以慢慢靠近。

6 动物的自救与本能：熊、野山羊、黑豹、猫鼬、鳄鱼、乌龟等

当熊被追逐而逃离时，它们常将幼崽赶到前面，或者直接将其驮于背上；当要被追上时，它们便爬到树上去。如前所述，这些熊一从冬眠洞穴中出来，就开始吃白星芋，并咀嚼木棒，犹如磨牙一样。

许多其他四足动物，各有其较好的自救方式。据说，克里特岛的野山羊受到箭伤时，会去寻觅岩薄荷，人们便认为岩薄荷具有帮助伤口更快排出箭镞的功效。狗生病的时候，会吃某种草以引起呕吐。在误食豹毒

后，黑豹试图找寻一些人类粪尿，据说人的粪尿可以治愈其疼痛。豹毒也会杀死狮子。在豹中了猎人下的毒后，猎人将装有人粪尿的容器挂在树枝上，以吸引中毒的豹过来；豹发现解药后极力跳跃，试图取到，但最终中毒而亡，死于树下。

□ 矶鹬

矶鹬属鸻形目鹬科，是一种小型鸟类，其嘴、脚均较短而为褐色，上体为黑褐色，下体为白色并沿胸侧向背部延伸，飞翔时明显可见尾两边的白色横斑和翼上宽阔的白色翼带。矶鹬栖息于丘陵和山脚平原一带的江河沿岸、湖泊、水库、水塘岸边，也出现于海岸、河口和附近沼泽湿地，常单独或成对行动，主要以昆虫和小鱼为食。

猎人说，野生动物喜欢黑豹身上散发的气味；因此，当豹在狩猎时，它躲藏起来；等其他动物逐渐靠近，而后发起攻击。豹通过这种策略，甚至可以捕获像雄鹿那样矫健的动物。

埃及猫鼬看到角蝰蛇时常不会自己主动攻击，而是寻求与其他猫鼬一起攻击；为了应对角蝰的反击，猫鼬常先浸水于河中，而后在泥上打滚，使身体表面形成保护层。

当鳄鱼打呵欠时，矶鹬常飞入其口，帮助其清理牙齿。矶鹬以此获得食物，鳄鱼因被清理了牙齿而显得较为舒适；它从未试图伤害矶鹬这个“小朋友”，但是，当鳄鱼想要它离去的时候，它会摆动脖颈以示警告，以免不小心将其咬死。

乌龟吃了蛇后就会吃马郁兰[1]；实际上，有人曾目睹了整个过程。

〔1〕马郁兰原生于地中海沿岸与土耳其，属半耐寒、多年生草本，也是烹饪调味品之一。

□ 臭鼬

臭鼬属食肉目臭鼬科，其眼小，耳短而圆，四肢短，前足爪长而后足爪短，尾巴长有浓密的皮毛并似刷状，尾巴底部的肛门腺能喷出带有强烈臭味的有毒硫醇混合物。其栖息地区包括丛林、平原、沙漠地区、沟谷、耕地等。臭鼬是社会性动物，以家庭为单位生活，其家庭成员一般为5~6只，多则达10~12只。臭鼬以野果、小型哺乳类动物、昆虫及谷物为食，属杂食性动物。

有人曾看到一只乌龟频繁收集马郁兰，并随后吃蛇；当人将马郁兰连根拔除后，乌龟因无马郁兰可吃而死亡。黄鼠狼与蛇打斗前，首先会吃些野生芸香[1]，其气味对蛇有毒害作用。龙蛇吞下水果时，会吃些莴苣[2]汁；有人曾目睹了整个过程。狗遭肠道蠕虫困扰时，常会吃田中玉米。鹳和所有其他鸟类在受伤时，常将马郁兰覆于受伤部位。

许多人都曾看过蝗虫与蛇搏斗的场景，它们紧紧咬住蛇颈不放。黄鼠狼有一种较好的捕鸟本领；它像狼捕羊一样，直接撕开鸟的喉部。黄鼠狼和捕鼠蛇仇恨较深，因为它们均以同一动物为食。

许多地方的人们都观察到了刺猬的本能，当风向作南北转换时，它们会改变其洞穴的朝向，对于那些家养刺猬而言，它们则从这一墙边转移到另一墙边。据说，在拜占庭，有人从刺猬的这一习性有所启发，准确预测了气候及天气变化，因而使其备受赞扬。

臭鼬的体形大小与马尔泰犬的较小品种一样大。其皮毛厚密，腹白，

---

〔1〕芸香为芸香科芸香属的多年生草本植物，植株的每个部位都有浓烈的特殊气味。

〔2〕莴苣为一年生或二年生的菊科草本植物，原产于地中海沿岸。

擅用小计，外观和习性均类似于黄鼠狼；它易于驯服，喜食蜂蜜，这对蜂巢来说为一害；其捕鸟方式与猫相同。如前所述，臭鼬的生殖器官内有骨骼：其雄性生殖器官可用于治疗痛性尿淋沥症，医生常将其研磨成粉末，给病人服用。

7 燕子筑巢、育雏，鸽子的配偶、孵卵；斑鸠和麻雀的寿命

在动物的生活中，常可以观察到其与人类生活的诸多相似之处。一般而言小型动物比大型动物更加聪慧，这从群鸟的特长和燕子筑巢等现象即可例证。像人类建造房屋一样，鸟类常将烂泥和谷壳一起混合进行筑巢，如果没有烂泥，它会先将身体沾湿，而后用湿羽毛滚出泥团；此外，其筑巢工艺犹如人类，它用干草做床，将硬秸秆垫于其下，并根据自身体形大小调整鸟巢尺寸。

雌鸟和雄鸟双亲一起参与育雏过程；它们会较为平等地哺育雏鸟，使各雏鸟获得均等食物，而不至于某雏鸟多食；起初，双亲会将雏鸟的粪便清理到巢外，但是，随着雏鸟慢慢长大，双亲会教它们在排泄时调整身体，将粪便直接排于巢外。

鸽子在另一方面表现出与人类相似的生活方式。鸽子配对后，雌雄常形影不离；只有当其一方死亡后才另找配偶。雌鸽临近分娩时，雄鸽会给予同情性的照顾；如果雌鸽因害怕分娩之痛而迟迟不入巢，雄鸽会赶着雌鸽，催其尽快入巢。当雏鸽出生后，雄鸽便寻找适合雏鸟发育的食物，而后将其嚼碎，拨开雏鸟喙，投入这些食物碎片，因此，雏鸟能够及时获取食物。（当雄鸽准备将小鸽逐出鸟巢时，雄鸽常与小鸽同居一巢。）通常情况下，鸽子均较为忠贞，但偶尔会发生雌鸽与非配对的雄鸽同居的现象。鸽子间会偶发争吵等好斗行为，并闯入彼此鸟巢，但这种情况一般很少见；在鸽巢彼此相距较远时，这种争吵好斗现象不太多见，但是当其鸽巢彼此

较近时，争吵打斗时有发生。家鸽、斑鸠和雉鸠有一共同特点：当它们饮水时，通常不会立即仰头下咽，只有当其完全喝足后才会将头部后倾。雉鸠和斑鸠均为一夫一妻制，不让第三者插足；两性共同合作完成孵卵过程。是雄是雌，只能通过检查其内部器官来判断，于外观很难辨别雌雄。

斑鸠寿命较长：曾有记载，有活到二十五岁的，有活到三十岁的，更有甚者活到了四十岁。随着其年龄的增长，其爪子会越来越大，饲养者常修剪其爪；此外，仅从外表，很难分辨这些鸟类年长或年幼。雉鸠或家鸽常被蒙蔽双眼以作诱饵，它们一般可活八年。鹧鸪能活大约十五年。斑鸠和雉鸠年复一年地在同一个地方筑巢。通常情况下，雄鸠比雌鸠更为长寿；但于家鸽而言，那些将诱饵鸟笼养的人声称雄鸽常早于雌鸽而亡。有些人宣称雄麻雀只活一年，其事实是：早春时节雄麻雀均无黑胡，随后慢慢长出，好像去年黑胡雄麻雀已全部消亡；他们还说雌麻雀的寿命更长，理由是老雌雀常在新麻雀群中被捕获，并且其年龄可通过鸟喙的硬度加以辨别。

夏季时，雉鸠常栖息于凉爽之地（冬天在温暖的地方）；苍头燕雀夏季时栖息于温暖之处，冬季则在寒冷之地生活。

8 不筑巢的笨重鸟类的配偶与孵卵；鹧鸪的性倾向和捕猎法

诸如鹌鹑、鹧鸪等体形笨重的鸟类，它们不筑巢；实际上，由于其不会飞翔，即使筑起鸟巢也没有用。它们在一块平整的地面上扒拉出一个洞——这就是它们产卵的地方——用荆棘和棍棒围着洞穴铺开，以防御鹰类偷袭，然后就地产卵并孵化；孵化结束后，它们便立即领着雏鸟离开巢穴去觅食，因为它们不会飞翔着寻找食物。鹌鹑和鹧鸪像家鸡一样，当它们休息时，会将其全部幼雏包于翅翼下。如果久处一地，极易被发现，因此它们不会在产卵地进行孵卵。当有人偶然发现其幼雏并试图捕捉它们时，母鸡便会在猎人面前打圈，假装跛脚：此时猎人认为捉到母鸡较为容易便开始追它，母鸡以这种方式拖延时间，让其雏鸡全部逃脱；而后它又回到巢中，唤回雏鸡。鹧鸪产卵数不少于十枚，通常多达十六枚。曾有人注意到，鹧鸪善于欺骗且常搞恶作剧。春季时，伴随着叽叽喳喳的鸟鸣声，雄鸟和雌鸟成对出现。由于雄鸟好色，不喜欢雌鸟孵卵，一旦发现任何鸟卵，便滚来滚去，直到将其打碎；为了防止这种情况发生，雌鸟常会远离雄鸟而产卵，有时在躲避雄鸟的途中，因分娩压力，它们常将卵产于途中遇到的任何合适之处；如果雄鸟就在身边，为保持鸟卵完整不被其破坏，雌鸟在途中产卵后常不会回头看，以免引起雄鸟注意。当雌鸟和雏鸟在一起被人发现后，雌鸟便在人附近打转，将其引到一边，使其远离雏鸟。当雌鸟们都躲于各处进行孵卵时，雄鸟们会吵作一团和打个不停；因此，人们将其称之为“鳏夫”。战败的雄鸟便屈服于胜者，让其骑于背上；败鸟甚至会被第二只雄鸟或任何其他雄鸟踩于其背，但这仅能在那只胜鸟不知情的情况下进行；上述情况，鹌鹑和鹧鸪均有存在，但只发生于一年中的特定季节。家养公鸡间偶尔也有类似现象：在庙宇里，公鸡常被当做祭祀品，其间全无雌鸡，因此每当有新公鸡进去后，原来的公鸡便将其当做雌鸡踩上背去。

家养鹧鸪踩于野鹧鸪背部，啄其头部，施暴方法无所不用。野鹧鸪中的领头者，在发出一声进攻鸣声后，便向前攻击那诱鸟，随后落入陷阱，接下来另一只野鹧鸪继续之前那只的操作，又扑向前去。如果诱鸟为雄性，情况就是这样；但如果诱鸟为雌性并发出鸣叫时，野鹧鸪的领头者也会发出叫声以示回应，此时其余雄鸟不同意这只雄领头鸟与他鸟配对，便会抓住这只领头鸟并驱逐雌诱鸟；鉴于此，雄鸟看见雌诱鸟时常不发声，以免引来其他雄鸟纠缠。有经验的捕鸟人还声称，当雄鸟靠近雌鸟时，也会示意雌鸟保持安静，以免引来其他雄鸟加入干扰。鹧鸪不仅有这里提到的集结讯号，还有些清脆叫声和其他啼声。偶尔，当雌鹧鸪正孵卵时，看到雄鹧鸪朝着诱鸟前去，它常常从其巢中起来，发出相应的叫声，留在原地一动不动，招呼雄鹧鸪前来交配，使其放弃另一雌鸟的诱惑。鹌鹑和鹧鸪皆性欲旺盛，以至于它们直奔诱鸟而去，有时直接踩到其头上。关于鹧鸪的性倾向、捕猎方式以及一些恶习就介绍这么多。

如前所述，鹌鹑和鹧鸪直接在地上筑巢，还有一些不能高飞的鸟类也是如此。此外，诸如百灵鸟、山鹬和鹌鹑等鸟类，它们不栖息于树枝，而是直接蹲于地上。

□ 山鹬（丘鹬）

山鹬属鸻形目鹬科，是一种中小型涉禽，体形肥胖，腿短，嘴长且直，头顶及颈背具斑纹。它们常栖息于阴暗潮湿、林下植物发达、落叶层较厚的阔叶林和混交林中，有时也见于林间沼泽、湿草地和林缘灌丛地带，为杂食性鸟。

9 啄木鸟的种类及性情

啄木鸟从不蹲在地上，而是啄凿树皮，寻找其中的蛆虫和蛀虫等小昆虫；当它们出现时，啄木鸟会用其大而扁平的舌头将其舔食。它可以以任何方式在树上作上下走动，还可以像壁虎那样头朝下进行运动。为了更稳固地抓住树，啄木鸟常将其爪伸入树皮，其爪比寒鸦更宜爬树。有一种啄木鸟，其体形比黑鹂小，羽毛上有微小红斑；另一种则比黑鹂体大，还有一种比家养母鸡体稍小。如前所述，它在油橄榄[1]等树上筑巢。它以树皮

〔1〕油橄榄（Olea europaea）：木犀科木犀榄属常绿乔木，重要的经济林木，主要分布于地中海国家。

下的蛆虫和蚂蚁为食：啄木鸟对寻找蛆虫较为执着，据说有时会将一棵树掏空而致断裂。于家养啄木鸟而言，有人曾看到它将杏核插入树洞中，使其保持稳定；然后再啄此杏核，当其啄第三下时，杏核即被打开，然后吃其中杏仁。

10 鹤的智商，鹈鹕吃贻贝妙法

许多情况表明鹤具有着较高的智商。它们飞行较远并升至高空，以获得广阔视野；如果看到云层和恶劣天气的征兆，它们会飞落某处休息，保持静止。此外，它们在群飞时常有一个领队鹤巡逻于鹤群周边，以使全群皆可听到其叫声。当它们休息时，常将其头伸入翅下而眠，在此期间，首先一腿站立，然后换另一条腿，而领队鹤则昂首四顾，保持敏锐目光，见到任何重要情况均会发出警戒声。

生活于河滨的鹈鹕常吞下大而光滑的贻贝：在将贻贝吞入胃前端的嗉囊进行加工后，再将其吐出，此时的贻贝外壳已打开，鹈鹕便啄食其中的贻贝肉。

11 鸟类的巢穴和育雏；鹰、秃鹫、戴胜的习性

在野生鸟类中，其巢穴的形状均要满足日常应急需要并确保雏鸟的安全。有些野鸟喜欢其雏鸟并且予以悉心照料，有些野鸟则完全相反；有些野鸟的采食方法较为聪明，有些则不然。有些野鸟在山谷、石缝和悬崖上筑巢，例如所谓的石鸻；其羽毛和声音均较为一般，无特别之处；它常在晚间出现，白天于外界不可见。

鹰也筑巢于人迹罕至之地。鹰，虽然贪婪，但它绝不吃任何捕获鸟类的心脏：曾有例证，鹰在抓到鹌鹑、鸫和其他鸟类的情况下不曾吃其心

□ 鹪鹩

鹪鹩属雀形目鹪鹩科，又名巧妇，其体长约10厘米，头部为浅棕色，有黄色眉纹，上体连尾带栗棕色，布满黑色细斑；两翼覆羽尖端为白色。在夏天时鹪鹩常生活在中、高海拔山区的潮湿密林和灌木丛中，在冬天时则迁至低海拔山区和平原地带，主食昆虫，一般为独自或成双或以家庭集小群进行活动。

脏。它们会及时改变其狩猎方法，比如，鹰在夏季捕捉动物的方式不同于其他季节。

于秃鹫而言，据说没人见过它的雏鸟和鸟巢；诡辩家布赖森的父亲赫罗德罗斯曾见到秃鹫常常成群突然出现且数量庞大，无人知晓其出处，便说它来自远方的异域高地。其不为外界所见的原因是，秃鹫仅在少数地方存在，且常在人迹罕至的峭壁上筑巢。通常情况下，雌秃鹫每次产卵一枚，最多两枚。

有些鸟类诸如戴胜和伯伦索[1]栖息于山谷或森林里；布润特斯鸟觅食较为轻松，且鸣声悦耳动听。鹪鹩生活于杂草丛和裂隙中；人们平时很难看到，且捕捉困难，其性格温和，易于觅食，智商较高。人们俗称其“老人”或“国王”；据说，因此老鹰常与之交战。

〔1〕伯伦索，依《希茜溪辞书》应为鸫类。

12 生活在水边的鸟类：鹬鸰、花鹨、天鹅等；聚宾迪思鸢[1]、布瑞斯鸮、鹤的习性

有些鸟生活在海边，如鹬鸰；这种鸟性情调皮，很难捕获，但一旦被捕获，便能够完全被驯服；其下肢柔弱，为一跛鸟。

□ 蹼足动物

蹼足动物也称有蹼动物。蹼是指部分两栖动物、爬行动物、鸟类和哺乳动物脚趾中间的薄膜，常被用以划水而运动。常见的蹼足动物有：两栖类的蛙、蟾蜍；爬行类的龟、鳖；鸟类的雁、鸭、鸥；哺乳类的河狸、水獭、海獭、鸭嘴兽，等等。

蹼足鸟类无一例外地栖息于海边、河湖沿畔，其身体的特殊结构能够适应这种生存环境。然而，有些分趾鸟类，亦生活于池塘或沼泽附近，以花鹨为例，它常栖息于河滨；其羽翼美丽，易于觅食。有种瀑鸥生活于海边；其潜水能力较强，可长时间处于水中，时间长达常人行走两百米那么久；其体形较之于普通鹰为小。天鹅是蹼足鸟，栖息于湖泊沼泽之地；它们易于觅食，性情温和，照顾子女，且晚年体格健壮。倘遇老鹰挑衅，它们将予以回击将其击退，于此常无败仗，但它们从不主动攻击他鸟。天鹅鸣声常悦耳动听，只在其将死之时才会发出哀乐之鸣；天鹅在将死之际，常飞入大海，航行于利比亚海岸的人们常会遇到许多天鹅哀怨鸣叫的现象，而且，有些人还看到过天鹅一曲完毕，投身海中。

---

〔1〕聚宾迪思鸢可能是鸢的一种，比如印度的“高山鸢”。聚宾迪思在一些地方被写成卡尔基斯，应为人名或地名，书中多处以此为动物名。

由于聚宾迪思鸢栖息于高山之上，平时极为少见；体表黑色，体形大小和所谓的猎鸽鹰差不多；身体较为修长。爱奥尼亚人[1]称这鸟为聚宾迪思；荷马在史诗《伊利亚特》中也提到它：

在天堂众神称为“卡尔基斯”的鸟，

在人间被称为“聚宾迪思”。

有些人说哈布瑞斯鸮与雕鸮一样，视觉较差，白天隐匿，但在夜间它会像鹰一样狩猎；当与鹰对战时，场面激烈，时而两败俱伤被猎人所获；和前文所述的其他鸟类一样，它每次产卵两枚，筑巢于岩石和洞穴之上。鹤群打斗时其场面也是异常激烈，因此鹤常为人所获；鹤每巢产卵两枚。

13 松鸡的习性，鹳和食蜂鸟的反哺；绿莺、攀雀、“肉桂鸟”[2]的筑巢方法

松鸡可作各种啼鸣声：人们几乎可以说它在全年每天都啼声各异。它约产九枚卵；以毛发和絮绵为材料筑巢于树上；当橡实逐渐变少时，它常收集一些储藏起来。

关于鹳的反哺现象为人所熟知，老鸟常由其子女喂食。有人说食蜂鸟也有类似习性，且其反哺期更早出现，当其子女有采食能力时，便留亲鸟于巢中，自己外出采食以反哺其父母。食蜂鸟两翼下面淡黄；上面深蓝，就像翡翠鸟一样；其翅膀周边为红色。约在初秋时节，食蜂鸟会在土壤松

〔1〕爱奥尼亚人（Ionian）是古希腊民族一支重要的东部支系成员，安纳托利亚西部海岸地区，如今土耳其，皆以这个支系而得名。

〔2〕肉桂鸟：古希腊传说中的一种鸟类。

软的悬崖边上产下六七枚卵；在悬崖边，它钻入土下六英尺深。

绿莺因其腹部颜色而得名，其体形与云雀一样大；产卵四到五枚，它用一种名为紫草的植物筑巢，将其连根拔起，作为巢垫，上面再铺些绒毛。黑鹂和松鸡的巢穴形状相同。攀雀的巢穴展现出较强的技艺；其巢外形犹如亚麻球，入口较小。

与“肉桂鸟”生活于同一地方的人们说，这种鸟不知从什么地方捡来肉桂，用它筑巢；它们的巢常筑在大树最高枝的嫩条上。当地居民在箭头上绑上铅块，将其巢穴击落，然后捡取其中的肉桂棒。

14 翡翠鸟的外观、巢和产卵

翡翠鸟体形比麻雀稍大一些。其羽翼颜色为深蓝、绿和浅紫色；通体和翅膀，尤其是脖颈部，为这些颜色混杂而成，其间没有色彩边界；喙细长且呈浅绿色：以上即是翡翠鸟的一些情况。翡翠鸟巢形似“海球”；“海球”也被称为“海沫”，只是二者颜色不同，其巢呈浅红色，形似长颈葫芦。翡翠鸟巢大小各异，一般比最大的海绵还大；巢顶有盖，其巢穴四周较为坚固，内部中空，即便使用锋利的刀子也很难将巢切开；但是一旦切开，用手一搓，它就会立即分解成碎片，就像海沫破碎一样。翡翠鸟巢开口较小，刚好容得下它自己出入，所以即使其巢置于海中，海水也不会进入；巢中空管犹如海绵。关于翡翠鸟巢的筑巢材料尚不得知；它可能是由雀鳝鱼的脊骨构成；因为，这种鸟以鱼为食。翡翠鸟除了常栖息于海边外，它还能生活于江河淡水中。它通常会产卵五枚，自四个月大时便开始产卵，持续终身。

□ 鸫鹛

鸫鹛属雀形目画眉科，体重较轻，具长尾，羽毛呈土褐色或灰褐色，多栖息于干燥的稀树草原、亚热带或热带的干燥疏松的灌丛。

15 戴胜、山雀、黄鹂等的习性

戴胜常用人粪筑巢。像绝大多数的野生鸟类一样，它会在冬夏改变体色。（据说山雀产卵数量巨大：有人认为黑头山雀产卵数量仅次于鸵鸟；有人看到过其产卵多达十七枚；然而，有时甚至会出现超过二十枚的情况；其产卵数总是奇数。像前文所述的其他鸟类一样，戴胜也筑巢于树上；它以毛毛虫为食。）戴胜和夜莺有一个共同特点，即舌端不尖。

埃及苏斯鸟易于觅食，育雏较多，并且跛行。黄鹂学习能力较强，善于谋生，但不擅飞行，羽翼丑陋。

16 苇莺、鸫鹛的习性

苇莺觅食能力强于任何鸟类，夏季栖息于凉荫通风处，冬季则栖息于沼泽地中阳光充足且避风的芦苇丛中；其体形矮小，叫声婉转悦耳。所谓的鸫鹛，其叫声婉转，羽翼美丽，善于谋生，体态优雅；这种鸟不产于我国，且很少离开栖息地。

17 秧鸡、䴓[1]、鬼鸮等的习性

秧鸡性好吵闹，善于谋生，但于其他方面而言，其较为不幸。䴓亦好吵闹，聪明爱干净，善于谋生，人们对其有神秘感；䴓育雏较多，悉心照料，以啄食树皮为生。鬼鸮常于夜间飞行，白天不多见；像前文提到的其他鸟类一样，它栖息于悬崖或洞穴中；它以两种食物为食；其生命力顽强，善于谋生。旋木雀是一种无所畏惧的小鸟；它生活于树丛间，以毛毛虫为食，善于谋生，啼声清脆。朱雀属难于觅食；其羽翼不佳，但啼声较有节奏感。

18 鹭的种类及习性

对于鹭属而言，如前所述，灰鹭与雌性交配时存有痛感；白天勤于觅食，常携食物归巢；羽翼不佳，粪便总是湿黏。其他两个品种——鹭分为三种——白鹭羽翼美丽，与雌性交配时不会发生痛感，筑巢于树上并将其卵整齐排放于巢中；它经常出现在沼泽、湖泊以及平原草地上；斑点鹭，绰号“懒鸟”，民间传说认为其较为卑贱，并且正如其绰号所暗示的那样，它是三种鹭中最懒的一种。关于鹭的一些习性就介绍这么多。

被称为珀尼克斯的鸟具有这样一种特性：它在反击袭击它的动物或主动啄击其他动物时常先啄其眼睛，这种现象较之于其他鸟类而多发；它与苍鹰为敌，因为这两种鸟均以同一种食物为食。

---

〔1〕䴓：䴓科䴓属鸟类，约22种，形小，尾短，颈短，在树干和岩石间觅食，常头朝下降落，以昆虫为主要食物，也吃种子，习惯存储种子作为过冬的粮食。

19 山鸫的种类和习性

山鸫分两种：一种黑色，较为常见，一种白色；体形两者相似，啼声相同。后者发现于阿卡迪亚[1]的勒涅山中，其他地方则不见其踪影。蓝鸫与黑鸫长相相似而体形略小；它栖息于悬崖或屋顶上；与黑鸫的不同之处在于，它没有红色的喙。

20 鸫的种类和习性

鸫分三种。其一为槲鸫：它仅以槲寄生和树脂为食，其体形与松鸡一般大小。第二种为鸣鸫：啼声清脆，体形与山鸫相仿。另一种为伊利亚斯鸫[2]：它是三者中体形最小的鸫，并且较其他两种而言，羽毛杂色较少。

□ 槲鸫

槲鸫属雀形目鸫科，是一种体形稍大的灰褐色带有斑点的候鸟。其喙为黑色，基部黄色，背部深灰褐色，胸腹黄或白色并密布有黑色斑点，尾羽外侧尖端、翼下及覆羽边缘白色。槲鸫常单独或集小群栖息于山地针阔混交林和针叶林中，为杂食性鸟类，以多种昆虫、蚯蚓、蜗牛、蛞蝓和浆果为食，尤喜食槲寄生的果实，故而得名。

〔1〕阿卡迪亚：希腊传说中的幸福之地。

〔2〕伊利亚斯鸫也称“伊拉”鸫，取名于荷马的诗篇。

21 “蓝鸟”

有一种鸟栖息于岩石上，因其体表羽翼为蓝色，故称为“蓝鸟”。它在尼西罗斯岛[1]较为常见，体形比山�略小，比苍头燕雀稍大。

其趾爪较为粗大，常在石壁上爬行。此鸟通体钢蓝色；喙长而纤细；其腿跟啄木鸟一样较短。

22 黄鹂和伯劳

黄鹂全身黄色；它在冬季不可见，但在夏至前后会出现，在大角星[2]上升时再次离去；其大小与雉鸠相仿。所谓的“软头鸟”（伯劳）总是栖息于同一树枝上，因此，猎手常躲在那里伺机捕捉。该鸟头大，由软骨组成；体形略小于鸫；具有硬实的小圆喙；通体灰白色；疾足但翼慢。捕鸟者常借助于猫头鹰来对其进行捕捉。

23 帕达鲁斯鸫，乌鸦

还有帕达鲁斯鸫，通常情况下，它们总是群飞而不独行；通体灰白色，其体形大小与前述诸鸟相仿；疾足而强翼，啼声响亮伴有高音。田鸫与山鸫均以相同食物为食；其体形大小与前述诸鸟相仿；并且常在冬季被捕获。所有这些鸟常年可见。此外，还有一些鸟类栖息于城镇中，比如乌

〔1〕尼西罗斯岛位于蒂洛斯岛和科斯岛之间，是一座休眠火山，上一次喷发时间为1933年。

〔2〕大角星：牧夫座的α星，其中最亮的一颗，也是北边夜空中第一亮的恒星。

□ **林百灵**

林百灵属雀形目百灵科，叫声丰富而温和，可以叫出100段不同的曲段。其耳部具深染色和清晰绵延的眉带，尾巴短小，尾部羽毛呈黑褐色，外尾羽尖端具有大块奶油色。林百灵喜欢栖息于干燥、疏散且有许多林间空地的森林或者有松散树木和灌木的草原处，主要以植物的花苞、绿色部分及昆虫为食。

鸦。这些鸟类也在所有季节均可见，从不变换栖息地，也从不进行迁徙。

24　三种鸦

鸦分三种。一种为红嘴山鸦：其体形大小与乌鸦相仿，但有红色的喙。还有一种叫作“狼鸦”。另一种小鸦，被称为“嘲鸦”。人们在利比亚和弗里吉亚还发现了一种蹼足鸦。

25　两种百灵鸟

百灵鸟分为两种。一种栖息于地上，头顶有冠；另一种，不同于前一种零星分散而较为合群；另外，这两种百灵鸟其羽翼颜色相同，但后者体形相对较小，且头无羽冠；人们通常捕食无冠百灵。

26　山鹬

山鹬常被花园中的网所捕获。其体形大小与家养母鸡相仿；其喙较长，且羽毛与鹧鸪相似。它行走迅速，且易于驯服。椋鸟羽有斑点；其体形大小与山鸫相仿。

27 埃及朱鹭分为两种

埃及朱鹭分为两种，其一白色，另一黑色。白鹭常见于除贝鲁西亚[1]以外的埃及地区；黑鹭发现于贝鲁西亚，埃及其他地方则不见其踪影。

28 小角猫头鹰

小角猫头鹰分为两种，一种常年均可见，因此俗称“全天候猫头鹰”，其肉质不佳，很少被食用；另一种则有时出现于秋季，只可看到一到两天，并被视为餐桌美味，除了体形微胖外与第一种没有太大区别；它不啼叫，但前一种可鸣叫。关于它们的来源，仅从眼睛观察尚不可知；唯一可以确定的是，当西风初起时，人们首次看到这些鸟。

29 杜鹃产卵他巢及雏鸟的异亲哺育

杜鹃，如之前论述的那样，它不筑鸟巢，而是将卵产于其他鸟巢之中，多数产于斑鸠巢内，或产卵于地上的百灵鸟巢内，或产于树上绿莺巢内。它每次只产一卵且不自己孵化，而是由原巢中的雌鸟进行孵化和哺育；据说，杜鹃长大时，雌鸟便将自己巢中的其他雏鸟赶出巢外，使其死去；还有人说，雌鸟因其体色美丽而喜欢上了小杜鹃：雌鸟将自己的雏鸟杀死，而后饲喂杜鹃。观察者们均认可关于杜鹃的上述大部分情况，但对于雏鸟的死亡，存在争议。有人说，杜鹃雌鸟飞来吞食了原鸟巢中的

---

〔1〕贝鲁西亚：公元前525年，埃及第二十六王朝末代法老普萨美提克三世，与波斯帝国阿契美尼德王朝第二任皇帝冈比西斯二世的作战地。

□ 朱鹮

朱鹮属鹳形目鹮科。其体形中等，体羽为白色，后枕部有长的柳叶形羽冠，额至面颊部皮肤呈鲜红色。朱鹮栖息于温带山地森林和丘陵地带，大多邻近稻田、河滩、池塘、溪流和沼泽等湿地环境，为杂食性鸟类，主食无脊椎动物和小型脊椎动物。其种群数量由于环境恶化等因素而急剧下降，朱鹭因而被归为濒危动物。

雏鸟；还有人说，因杜鹃雏鸟相较于巢中其他雏鸟而体格强壮，凭借该优势，其他雏鸟便抢不到食，直至饥饿而亡；另外一些人则说，小杜鹃体格强悍，同巢的其他雏鸟是被它杀死的。杜鹃在安排后代方面表现出极大智慧；实际上，雌杜鹃深知自身怯懦，在紧急情况下永远无法帮助其幼雏，因此，为了下一代的安全，它便将其卵产于其他鸟巢中，由他鸟代为哺育。事实上，杜鹃鸟是所有鸟类中较为怯懦的：当群鸟啄击时，它便逃跑而远离攻击。

30 弱足鸟与夜鹰的习性

如前所述，弱足鸟亦被称为“塞普勒斯”[1]，与燕相似；事实上，要区分这两种鸟并非易事，其差异在于塞浦勒斯小腿上有羽毛。这些鸟在长长的泥巢内育雏，其巢口狭小，仅能够使自身出入；它们在一些屋檐、岩石下或岩洞中筑巢 ，以防止其他动物和人类进行破坏。

所谓的夜鹰生活在山林中；其体形比山鸫略大，比杜鹃略小；它每次

〔1〕塞普勒斯与燕科的穴砂燕、雨燕科的褐雨燕相似。

产卵两枚，最多三枚，其性情较为慵懒。夜鹰常飞到雌山羊身边吮吸乳汁，其“山羊乳鸟”的俗称便由此而来；据说，在它吮吸山羊乳头后，山羊乳房干瘪，乳汁全无，失明。夜鹰白日视觉较差，但夜间看得很清楚。

□ **白尾鹰**

白尾鹰也即白尾海雕，属隼形目鹰科，是一种大型猛禽。其成鸟多为暗褐色；后颈和胸部羽毛为披针形，较长；头、颈羽色较淡，为沙褐色或淡黄褐色；嘴、脚为黄色；尾羽呈楔形，为纯白色。它们栖息于湖泊、河流、海岸、岛屿及河口地区，是肉食性鸟类，以鱼为主食。

31 乌鸦的散居及交流

在较小的限定区域，食物够两只鸟吃饱时，乌鸦便可成对散居；当其雏鸟长到可以飞行时，老乌鸦便首先将其赶出巢，然后继续将其逐远。乌鸦每巢产卵四到五枚。大约在米迪奥率领的雇佣兵在法萨罗被屠杀时〔1〕，雅典和伯罗奔尼撒半岛地区一直没有乌鸦，由此看来，这些鸟似乎具有一些相互交流的方法。

32 鹰类的生活习性，捕猎、筑巢、育雏等

鹰分几种。其中一种叫作“白尾鹰”〔2〕，常见于低地、树林和城市附

〔1〕米迪奥雇佣兵：与史料不符，无法考证。法萨罗：在罗马历史上发生过重大事件的城市之一，公元前48年的法萨罗战役即发生在该城。

〔2〕白尾鹰：出自埃斯契卢的剧本《亚加米农》。

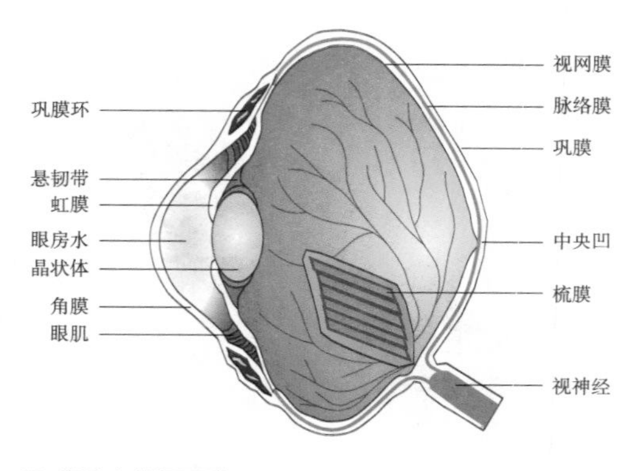

□ **鹰眼中的视网膜**

与人眼的视网膜不同，鹰眼有两个分别集中在眼睛不同区域的中央凹：正中央凹和侧中央凹。前者能敏锐地发现前侧视野里的物体；后者则接收鹰头前面的物体像。鹰头部的前方有最敏锐的双眼视觉区度（由两个侧中央凹的视野交盖而成），鹰眼视野由此便近似于球形，因而能看到非常宽广的地域。此外，鹰眼的瞳孔也很大，在一定范围内，瞳孔越大分辨率就越高，从这一点来说，鹰眼也要比人眼灵敏。

近；有人将其称之为“苍鹭杀手”。它较为勇敢，能够只身飞向山谷和丛林深处。其他鹰类很少飞入丛林或低洼之地。还有另一种鹰被称为“普兰古斯”，于体形大小和力量方面，在各鹰中排名第二；它栖息于山间峡谷和河湖边，并以“野鸭杀手”和“黑鹰”著称。荷马在描述普里亚姆到阿喀琉斯[1]营帐时提到了这一物种。还有另一种黑羽鹰，其体形于鹰属各种类中为最小，但最为勇敢。它常栖息于山林中，被称为“黑鹰”或“野兔杀手”；它是唯一终身抚育幼雏并与之一同狩猎的鹰；其飞行速度较快，喜欢整洁，自信无畏，性格好斗，本性安静，既不低鸣，也不高鸣。还有另一种鹤翼鹰，其体形庞大，白头短翼，尾羽较长，形似秃鹰，别称“山鹳”或“半鹰”。它栖息于丛林中；集其他鹰属的不良嗜好于一身，无一处优点；它常被乌鸦和其他鸟类追逐，以至于被后两者抓住。其行动笨拙，难于觅食，专食动物腐肉，常常饥肠辘辘，其叫声经常可闻。鹰属中还有另一种称之为“海雕”或“鹗”的品种。这种鸟脖颈粗大，羽翼卷曲，尾羽宽阔；常栖息于海滨，用其趾爪捕

〔1〕阿喀琉斯是荷马史诗《伊利亚特》中于特洛伊战争第十年参战的半神英雄。

食猎物，并且常因抓不牢猎物而使其跌落水中。还有另一种鹰被称作“真鹰”；人们说它才是唯一真正意义上的鹰，所有其他鹰属及各种鸟类都或多或少因杂交而混种，导致后代血统不像真鹰那样纯正。真鹰在所有鹰属中体形最大；较之于胡兀鹫为大；较普通鹰大一倍，羽毛黄色；真鹰就像所谓的“巨敏迪斯”[1]一样，平时较为罕见。

鹰捕寻猎物的时间通常为中午到晚上，早上归巢。当鹰年老时，其上喙逐渐变长弯曲，最终饥饿而亡。关于鹰民间有个传说：鹰最初是一个人，当一个陌生人向其讨食时，他拒不给予，为了对他以示惩罚，众神将其变成一只终将饥饿而亡的鹰。鹰储备多余食物以供养雏鹰；由于其每日觅食困难，有时甚至一无所获地回到巢里。如果发现有人在其巢附近徘徊，它便用翅膀击打，并用爪子抓他。鹰巢不建于低地，而是建在高处，通常筑巢于无人能及的悬崖边上；一般，它总在较高地点筑巢。亲鹰多将雏鹰喂食到能够飞翔为止；这时，亲鸟便将它们从巢中撵出，使其远离当地区域。实际上，一对鹰的生存需要广阔的空间，因此划定区域内不允许其他鸟类徘徊。鹰不在其鸟巢附近狩猎，而是去很远的地方搜寻猎物。当鹰捕获一只野兽后，通常不立刻将其带走，而是放在原地；如果捕获物太重，它就将其丢弃在那里。当它发现一只野兔时，不会立刻猛扑过去，而是让其进入空地，再行捕捉；它也不是直接降到地面，而是从较高处盘旋而下：其策略不同于猎人那么直接，而是以稳妥为首。由于从地面直接飙升到较高处需要较大体力，它常于高处起飞；飞得越高，视野就越广阔；从其飞行高度而言，鹰是唯一可与众神比拟的鸟类。通常，猛禽很少落在岩石上，因为其爪子通常弯曲，在坚硬石头上站立不稳。鹰捕食野兔、小鹿、狐狸以及所有类似动物，因为这些动物对它来说易于捕获。它是一种长寿鸟，这从鹰巢能长

---

〔1〕巨敏迪斯指一种岭鸢。

时间保持在固定位置便可推断出来。

33 斯基泰大鸟的特殊产卵法

在斯基泰，人们发现了一种体形和大鸨相仿的鸟。雌鸟产卵两枚，但从不孵化，而是将其藏在野兔或狐狸的皮毛中并将其留在那里，当它外出狩猎时，常立于大树上观察周围情况；如果有人试图爬树，它就会像鹰一样用翅膀击打来者。

34 猫头鹰、夜乌、胡兀鹫等的捕猎，胡兀鹫育雏趣话

猫头鹰、夜乌以及白天视力较差的所有鸟类都在夜间捕猎，但不是通宵觅食，只是在黄昏和黎明时分进行。其食物包括老鼠、蜥蜴、金龟子和诸如此类的小动物。

所谓的胡兀鹫，尤其善于照顾雏鸟，且易于觅食，常常将食物带至巢中，性格慈善。它不仅哺育其亲生幼雏，还会喂养他鸟幼雏；当鹰将其雏鸟从巢中赶出时，胡兀鹫便会在鹰雏落下时将其捡起并代为喂养。顺便提及，对于鹰来说，在其雏鹰尚未能自己觅食或学会飞行前，亲鹰便将其赶出巢。这似乎是出于嫉妒；因为鹰天性嫉妒且贪婪，以至于吃食物时常大块进行，行为较为疯狂。因此，当小鹰接近成年时，食量每日剧增，亲鹰便会嫉妒它们，用其爪子抓挠小鹰。雏鹰间也互相争斗以获得一小块食物或一个舒适的位置，然后亲鸟便击打它们并将其赶出鸟巢；此时小鹰常尖叫以抗议，胡兀鹫每当听到这种声音时，便等着在小鹰坠落时将其接住并加以喂养。

胡兀鹫眼睛上有一层薄膜，其视力较差，但是海鹰视觉敏锐，在其雏鸟成熟之前便教它们盯着太阳看，雏鸟如若不照着做，亲鸟便予以击打，

而后将其头调整到看太阳的位置[1]；如果其中一雏鸟在看太阳时眼睛流泪不止，亲鸟就会杀死此雏，然后喂养另鸟。胡兀鹫栖息于海滨，如前所述，它常捕食海鸟；当胡兀鹫追逐海鸟时，它会在海鸟从水底蹿出海面的那一刻逐一进行捕捉。当海鸟刚出水面便看到海鹰时，便惊恐地再次潜入水中，打算再在其他地方出来；但是，由于海鹰视觉敏锐，它翱翔于高空，观察着海面的动静，于此，海鸟多溺水而亡或刚出水面便被抓住。当海鸟成群聚集时，海鹰从不主动攻击，因为这些海鸟会用翅膀一起拍打水面，溅水阻止海鹰靠近。

35 海鸽的特点

海鸽常被海泡捕获；这种鸟喜欢追逐泡沫以抢食，因此渔民常泼撒海水，形成泡沫以捉海鸽。海鸽长得丰满肥胖，肉味肥美，只是尾端有海藻味，不宜食用。

36 鹰的种类，色雷斯人用鹰捕鸟，亚述海边的渔民用狼捕鱼

对于鹰属而言，最强的是秃鹰，其次是灰背隼，鹞排名第三，其他不同的种类有：星鹰、捕鸽鹰和波特尼鹰；宽翼鹰又被称为半秃鹰；其他一种则称为捕雀鹰或滑羽鹰或捕蟾鹰。后一种鹰易于觅食，鼓翼而行。有人说鹰有十种，彼此各有不同。曾有人说，有种鹰只捕捉停歇在地面上的鸽，但从不接触飞行中的鸽；另一种鹰只捕捉停于树上或其他高处的鸽，但从不捕食停于地面或正飞行的鸽；其他的鹰则只捕食那些飞行中的鸽。他们

[1] 鹰和鹫能看太阳的说法，出自于埃及神话。

□ 鮟鱇钓鱼

鮟鱇为鮟鱇目鮟鱇科的近海底层肉食性鱼类，其外形颇为奇特。身体呈短圆锥形，嘴扁而阔，其边缘长有一排尖端向内的利齿；其头巨大而扁平，头部上方有肉状突出，会发光，可以用来引诱猎取深海中具有趋光性的鱼类，故这种突出结构也被称为拟饵。

说，鸽能区分不同鹰类：因此，当看到鹰进行攻击时，如果此鹰专攻飞鸽，鸽便立即静止不动；如果此鹰专攻静止鸽，鸽便立即起身飞离。

在色雷斯被称为塞德里波利斯[1]的地区，人们以鹰为助手捕捉沼泽中的小鸟。猎人手持棍棒，拍打芦苇和灌木丛将小鸟赶出，鹰便在其头顶上吓唬它们，使它们再入草丛之中。然后猎人用棍棒击打并将小鸟抓住。他们把一部分战利品奖给捕鹰，即猎人把一些鸟儿扔到空中，鹰便在空中将其捕食。

据说，在亚述海附近，狼群与渔民一起行动，如果渔民拒绝与狼群分享食物，群狼便会将渔民在湖边晒的渔网撕碎。

关于鸟类的习性就介绍这么多。

[1] 塞德里波利斯：杉城，或者杉树镇。

37 几种鱼类的绝活：蟾胡鲇的须，电鳐的电击，狗鲟、比目鱼等的隐匿法，“圣鱼”的花纹，海蜈蚣、狐鲨的脱钩法，鲣鱼的御敌术，雄鲇鱼护幼；乌贼、章鱼、鹦鹉螺等的习性

于海洋生物而言，它们也具有相应适应周围环境的器官及结构。关于蟾胡鲇的常见说法是完全正确的；关于电鳐的情况介绍也符合实际。蟾胡鲇眼前有几组须状细丝，细长如发，须端圆形；须丝位于头部两侧，用作诱饵。因此，蟾胡鲇伏于水底，搅动泥沙使水浑浊，自己隐藏其中，伸出须丝，当小鱼撞击须丝时，蟾胡鲇便将它们从上面拖入口中。电鳐通常先用其体内的震动波将想要捕食的鱼进行麻醉，而后将其吃掉；它也隐藏于泥沙中，并捕获所有在其附近游动且已受麻醉影响的生物。实际上，这种现象已为人所观察到。刺鳐也会隐藏自身，但其方式与上述情况并不完全相同。这种生物以此种方式进行谋生显而易见，即，它们较不活

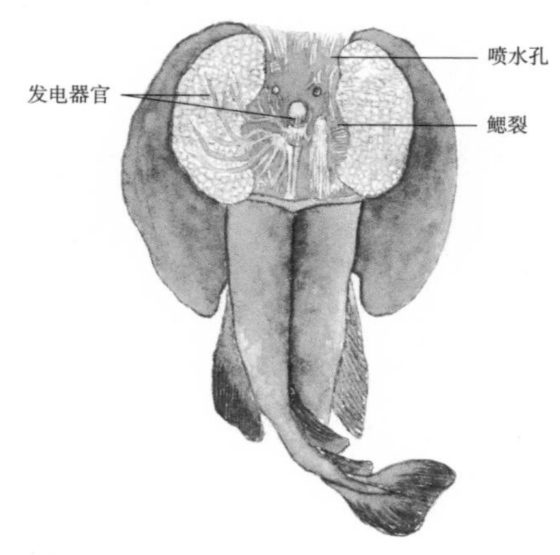

□ **电鳐**

电鳐，是对软骨鱼纲电鳐目鱼类的统称。其最大个体有2米；背腹扁平，头和胸部在一起，尾部呈粗棒状，像团扇。古希腊人和罗马人用电鳐的电击治疗痛风、头痛等疾病。

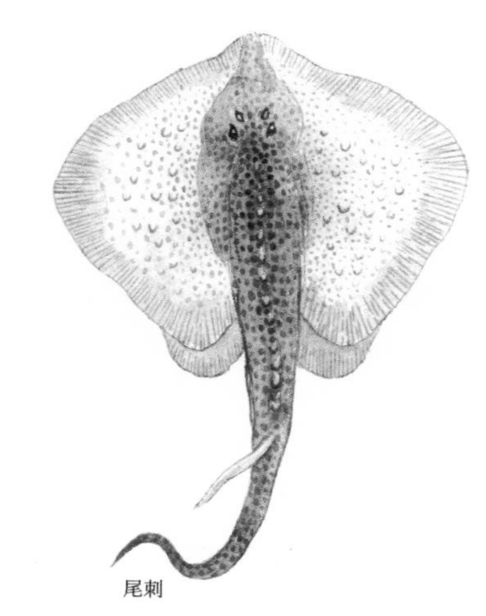

□ **刺魟**

刺魟又称赤魟、魔鬼鱼，其尾上有具长尖刺的扁体软骨，它们主要栖息于大洋的暖温带和热带水域，为底栖性鱼类，常将躯体埋于水底泥沙中。刺魟是一种与鲨鱼有很近亲缘关系的鳐鱼，同时也是目前所知体形最大的有毒鱼类。

跃，且捕获时其体内常已充满游速最快的鲻鱼。此外，凡是失去须丝的蟾胡鲇被抓住时，其体况较差。而且人类被电鳐击中时也会感到一阵麻木。另外，狗鲟、鳐属鱼、比目鱼和圆犁头鳐常隐匿于泥沙中，用其口边的须丝捕食他物，渔民们便称这种须丝为钓竿，那些被诱获的小鱼常将须丝看作它们赖以为生的海藻。

在任何水域看到一只花鮨时，均表明此地附近不会有危险生物出现，此时海绵捕捞者可以安心潜水，人们将这些信号鱼称之为“圣鱼”。陆上也有完全相同的情况，即只要有蜗牛存在的地方，你便可以确定附近既没有猪也没有鹧鸪：因为猪和鹧鸪均食蜗牛。

海蛇在颜色和外形上与海鳗相似，但体形较小，运动较快。如果海蛇被抓住并扔到地面上，它会用尖嘴在沙中快速打洞；顺便提及，海蛇嘴比普通蛇嘴更为尖锐。所谓的海蜈蚣，在吞下钓钩后会将钩住的器官向外翻，直到它将钓钩完全翻出后，再将翻出器官翻回体内。像陆地蜈蚣一样，海蜈蚣遇到美味诱食也易上钩；如遇他物，这动物像所谓的海荨麻（水母）一样不用齿咬，而是通过全身的刺与其打斗。所谓的狐鲨（长尾鲛），当其发现自己吞下钓钩后，会试图像蜈蚣一样摆脱钓钩，但不是以同样的方式：换句话说，它是往钓鱼线前端游动，并将鱼线咬断；在有些深水急流区，有人可以用多钩钓线将其捉到。

当鲣鱼遇到危险生物时，常群聚于一起，其中体形最大者在鱼群周围游动，如果群中有一鲣鱼被外来物触碰，群鱼便合力抗击；它们具有坚固的牙齿。一只拉米亚鲨落入鲣鱼群中，最终被其咬得全身伤痕累累。

在河鱼中，雄鲇鱼非常善于照顾鱼苗。雌鲇鱼分娩后即行消失；雄鲇鱼在鱼卵最多的地方停留并对外保持警惕，以防止其他小鱼吞食鱼苗或鱼卵，雄鲇鱼值守约四十或五十日方离开，直到小鲇鱼完全长成能应付其他外界危险的时候。渔民们知道雄鲇鱼的具体位置：因为在抵挡小鱼的时候，雄鲇鱼快速出击并在水中发出嘀咕声。雄鲇鱼非常认真地履行父亲的职责，渔民有时候将附有鱼卵的水草连根拔起并将其拖入尽可能浅的地方；于此情形，雄鲇鱼会紧紧跟随，并在吞食小鱼时被钩子抓住；然而，如果雄鲇鱼之前上过此当，此次便不再中招而是用其坚固的牙齿将钩子咬成碎片。

□ **鲗及其所造的巢**

鲗指黑海、亚速海中的一类刺鱼，其脊鳍、臀鳍及腹面有硬棘刺，因而得名。其形类似于青花鱼。六七月间产卵时，刺鱼的雄鱼会收集藻类，分泌黏液为丝，制成圆形的巢，以让雌鱼产卵其中。

所有各种鱼类，无论是那些好动的还是静止的，都占据着它们出生的地区或与之非常相似的地方，因为这些地方有其赖以生存的食物。食肉鱼最为活跃好动；鱼类中肉食性的为数众多，只有少数鱼类不食肉，如普通鲻鱼、萨帕鱼和卡尔基斯鱼等鱼。所谓的鲥鱼会分泌出一种黏液，形成巢穴以便投身其中。于贝类和无翅鱼而言，扇贝凭借其内在的体能，发挥最大的能力，运动到最远的地方；紫骨螺和其他类似的螺贝，几乎不作移动。在比拉湖[1]中，除了海鲤之外，所有鱼均在冬季外迁；因为海域狭窄使其温度比外海更低，它们因此离去，待初夏来临再度回来。潟湖中没有发现任何鹦嘴鱼、斯瑞塔鱼、斑鲨、多棘鱼和海生螯虾等鱼类，无论是普通章鱼还是有香章鱼，于潟湖中均不可见；但是在潟湖发现的鱼类中，白杨鱼不是海鱼。从夏初时节到产卵季节，卵生鱼类在此期间最为旺盛；胎生鱼类则兴于秋季，诸

〔1〕比拉湖指比拉海峡，在累斯波岛与密替利尼岛之间。

如鲻鱼、红鲻鱼和所有与之类似的鱼类情况也是如此。在莱斯博斯岛[1]附近，外海或潟湖中的鱼类在潟湖育子；其交配发生于秋季，在来年春季进行分娩。于软骨鱼各种属而言，雄性和雌性常在秋季聚集在一起，以便进行交配；在初夏时节，它们便成对游入内海，并在分娩后雌雄分开；有些被捕获的雌雄鱼，它们正在交配。

在软体动物中，乌贼最为狡猾，并且是唯一一种为了隐藏和躲避危险而使用墨汁的物种：章鱼和枪乌贼仅在恐惧时才喷射墨汁。这些生物从不一次性完全排出所有墨汁；在排出一次后，其体内墨汁会再次慢慢积聚。如上所述，乌贼经常通过喷射有色颜料的方式隐藏身体；它时而在墨汁区域内，时而游出此隐蔽区域；它还用长触手进行捕猎，其捕食对象不仅是小鱼，还包括鲻鱼。章鱼有时较为愚蠢，如果有人将手放于水中，它就会抓住手；但是它习性整洁而节俭：也就是说，它把食物带回巢中储存起来，吃掉所有可食用部分后，它会吐出螃蟹的壳和贝类的鞘以及小鱼的骨架。它通过改变体色来捕捉游鱼，使其体色与附近岩石颜色一样；当遇到任何危险时，它也会立即改变颜色。据说乌贼也会使用同样的伎俩，即它们可以改变体色，使之与栖息地颜色相同。其他鱼类能做到这一点的只有圆犁头鳐，即它可以像章鱼一样改变体色。章鱼通常不会活过一年，其机体有倾向于液化的本性；因为，如果殴打和挤压章鱼，它会不断缩减，直至最后消失。分娩后的雌章鱼尤其易于缩减消失：它还会变得较为愚蠢，如果被海浪抛出，它会无动于衷；此时，人潜水时徒手就可将其捕捉；其通体覆泥，捕食时往往不遗余力。雄章鱼也会瘦得只剩皮包骨头并且身体湿冷。作为章鱼活不到第二年的证据，即在夏末或秋初小章鱼出生之后，就很少能看到大章鱼，而在此之前，人们每年所看到的都是最大的章鱼。

---

[1] 莱斯博斯岛是爱琴海中的岛屿，距土耳其10千米，紧邻小亚细亚海岸。

人们说，章鱼无论雌雄，一经产卵期都立即变得衰老虚弱，以至于小鱼就可轻而易举地将其拖到洞中进行享用；这种现象在产卵前根本不可能发生；他们还说，当章鱼还年轻的时候不会发生这种情况，青年章鱼比老年章鱼强壮得多。乌贼也活不到第二年。章鱼是唯一能进入陆地的软体动物；它善于在粗糙的地面上行走；当你挤压其身体时，除了脖颈外，它通体都是硬邦邦的。关于软体动物就介绍这么多。

据说章鱼还可以在其体周形成一层薄薄的粗糙壳，其壳状似硬鞘，并且随着体形的增大而日趋变大。当它从这个鞘中出来时，就好像是从巢穴出来一样。

鹦鹉螺是一种章鱼，但其本性和生活习惯都较为奇特，不同于一般章鱼。它从深水中升起并在水面上游动；上升时，其壳体向下翻转，以便更容易地使空壳上升并随之游动，但是在到达水面后它会改变壳体位置，将壳翻转过来。在其触手之间，它具有一些相互联系的网状组织，类似于蹼足鸟类脚趾之间的物质；只是鸟蹼很厚，而鹦鹉螺的这部分结构薄如蛛网。当微风吹过时，它便使用这种结构，以之为帆，并放下触手作为舵桨。一旦受惊，鹦鹉螺便用水充满外壳并沉入水底。关于鹦鹉螺外壳的形成与生长模式，至今人们所得的知识还不足以完全解释清楚；然而，其外壳似乎在它出生时并不存在，而是像其他贝类那样是在生长时长成的；关于其去壳后能否继续存活的问题，目前仍无定论。

38 最勤劳的动物：蚂蚁、蜜蜂、蜘蛛等

在所有昆虫，或所有生物中，最为勤劳的是蚂蚁、蜜蜂、大黄蜂和黄蜂，事实上，所有与之相近的种属都较为勤勉；于蜘蛛而言，有些则比其他更为娴熟且善于储藏。蚂蚁的工作方式易于为人观察到；当它们搬运食物进行储存时，常列队而行；所有这些情形都易于观察，因为即使在明亮

的月夜它们也会继续工作。

39 蜘蛛的种类及蛛网

普通蜘蛛和长腿蜘蛛可分多种。长腿毒蜘蛛有两种：一个类似于所谓的狼蛛[1]，体小有斑，尾端较尖细，飞跃行进，因此人们习惯称之为“跳蚤”；另一种体大且黑，前腿长，动作稳重，行走缓慢，体格不太健壮，也从不跳跃。（毒物贩子售卖的其他品种，有些咬人较轻，有些却从不咬人。还有另一种，即所谓的狼蛛。）在这些蜘蛛中，体形较小的多不结网，体形较大的在地上或断壁残垣上编织粗糙且不太美观的蜘蛛网。蜘蛛结网处常有一个空洞，它总在洞内看守着蛛网末端，直到一些动物落入蛛网并作挣扎时，蜘蛛便从洞内蹿出进行捕食。有斑蛛常在树下结网，此网常破烂不堪。

还有第三种蜘蛛，较为聪明且精巧。它首先织出伸展到外部远端的所有外端径向丝网；然后从蛛网中心向四周结出横向丝网，如此使之整体横纵相交，织成全网。它常在远离蛛网中心的位置睡觉、存食，在蛛网中心等候猎物靠近。当任何生物接触到蛛网时，网的中心就会震颤，此时蜘蛛就用蛛丝绑住并包裹该生物，直到它不能动弹，然后便将其抬起存放。如果此时恰好蜘蛛饥饿，它便会吮吸猎物的体液——蜘蛛就以这种方式进食；但如果蜘蛛那时不饿，它首先会修复好蛛网，而后继续值守，等待下一个猎物的出现。如果有猎物进入网中，蜘蛛首先会占据网中心，然后从这一起点去捕食落网之物。如果有人破坏了蛛网的一部分，蜘蛛便会在日出或日落时重新编织，因为这些时候，猎物常会落入网中。通常是雌蛛进

---

〔1〕狼蛛属蜘蛛目狼蛛科，它们善跑能跳，行动敏捷、有毒且凶猛。

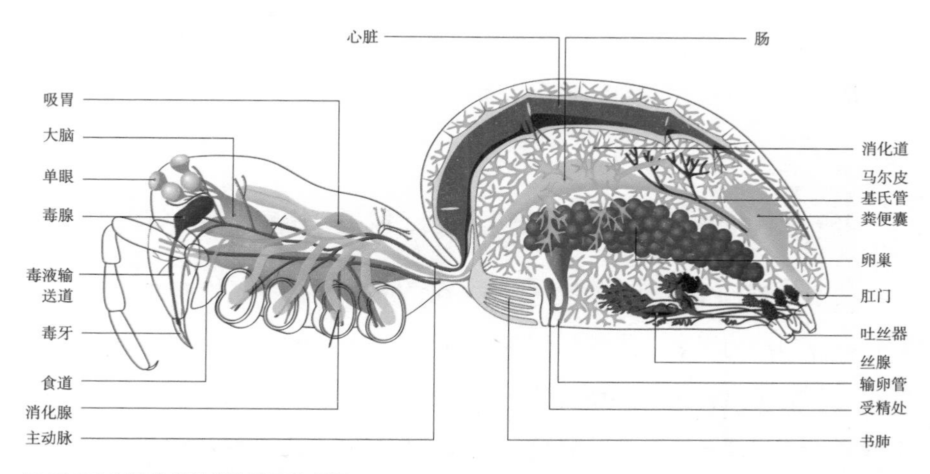

□ **可以吮吸猎物体液的蜘蛛及其吸胃**

吸胃是吸食液体的昆虫的嗉囊变形体。当在迅速吮吸大量食物时，吸胃具有暂时贮藏的功能。此外，吸胃还可以从低渗透压的食物中除去水分，再将食物送到中肠。

行织网和捕食，但雄蛛亦会分享该猎物。

擅长熟练织出较好蛛网的蜘蛛有两种：其一体形较大，另一种体形较小。体形较大者具有长腿，伺守猎物时，常倒悬于网下：原因是它体形较大，守在网上则太易暴露，有可能吓走那些正要入网的小虫，所以它便在网下藏起来；体形较小者则躲在蛛网上面的一个小洞内等待猎物到来。蜘蛛从刚出生时便会结网，蛛网是从其身体树皮样组织中发出，状似豪猪身上的发射状鬃毛，而不是像德谟克利特[1]所说的那样：蛛网是由其体内盈余之物分泌而成的。蜘蛛能攻击体形大于自身的动物，用蛛丝将其缠绕绑

〔1〕德谟克利特（公元前460—公元前370年）：古希腊唯物主义哲学家，原子唯物论学说的创始人之一，古希腊哲学家留基伯（公元前500—公元前440年）的学生。

起：换句话说，当一只小蜥蜴入网时，蜘蛛会用蛛丝将其嘴巴紧紧缠绕，使其张不开口；之后，蜘蛛便爬到蜥蜴身上开始吸食。

40 蜜蜂的种类及习性：群居生活、筑巢、蜂房害虫、蜂群作息等

关于蜘蛛的情况就介绍这么多。在昆虫中，有一属没有能够包含其所有物种的通用属名，尽管属间各种类形态彼此相似，这一属包括所有筑“蜂窝”的昆虫：蜜蜂和所有体形与之类似的昆虫。此属包括九种，其中六种属于群居蜂——蜜蜂、蜂后、雄蜂、年胡蜂、大黄蜂和地黄蜂；三种独居蜂——体暗褐色的小萨伦蜂、体有黑斑的大萨伦蜂和第三种，体形最大的一种，被称为大野蜂。蚂蚁永远不会出去狩猎，而是收集附近的东西；蜘蛛既不制作也不存储食物，只是专于外出狩猎；于蜜蜂而言——我们将对这九个品种依次进行介绍——它们不进行狩猎，而是用收集到的材料做成食物并将其储存起来，蜂蜜就是蜜蜂的食物。蜜为蜂粮，从养蜂人移动蜂巢的事实即可说明：于蜜蜂而言，当其被熏蒸时，最为痛苦，在此时它们大口吞噬蜂蜜，而在其他时候，它们从不如此贪吃，而是较为节俭，储存食物以备将来之用。它们还有另一种食物——蜂面包：蜂面包比蜂蜜更为量少，并且具有无花果的甜味；粉状蜡一般由蜜蜂涂抹于腿间而带到蜂巢中。

它们的工作方式和习性之间存在较大差异。当蜜蜂获得一较为清洁的空蜂巢时，会在巢内建造蜡室，然后将各种花的蜜汁和树胶带进巢内，其树胶主要来自柳树和榆树等易于渗胶的树木。它们用这种材料涂抹巢底，以防止其他生物偷袭；养蜂人称这种东西为“封盖蜡”。如果蜂窝的入口较为宽大，它们也会使用相同的材料建造边墙来缩小蜂巢入口。工蜂首先为自己建造蜂房；然后再为所谓的蜂后和雄蜂筑造蜂房；工蜂们一直在忙于筑建自己的蜂房；于蜂后蜂房来说，只有当幼虫较多的时候才会增筑；

于雄蜂蜂房而言，则只有当蜜汁较为充盈时才会对其加筑。工蜂在蜂后蜂房旁边筑建自己的蜂房，其蜂房体积一般很小；雄蜂窝也建造于工蜂蜂房周边，体积比工蜂的蜂房小。

□ 胡蜂

胡蜂也即黄蜂、马蜂，属膜翅目胡蜂科，长约16毫米，其触角、翅和跗节为橘黄色，身体乌黑发亮，有黄条纹和成对的斑点。胡蜂是一种完全变态的昆虫，一生会经历卵、幼虫、蛹、成虫这四个形态，群居，为捕食性蜂类。

它们从蜂房顶部向下建造蜂巢，然后自上而下一个个地进行筑造，直到巢底。储藏蜂蜜和喂养幼虫的两个蜂房是两面开口，因为这两个蜂房的底部是同一个，两者互为对向，犹如一个双脚杯。蜂巢顶端开始部分的最初两到三层体积较小且不储藏蜂蜜，凡是充满蜜的蜂房均会用蜡封口。蜂巢入口孔隙间常涂有许多“蜂蜡”：这种蜡的残渣呈深黑色；“蜂蜡”具有强烈刺激性气味，可用以治疗瘀伤和化脓。紧接着的油腻物质是沥青蜡：相较于上述蜂蜡，沥青蜡刺激性气味较轻，在药效上也不及蜂蜡。曾有人言，雄蜂于蜂巢中会自行筑建蜂房；但它们不会采蜜，与巢内幼虫一样，靠工蜂采集的蜂蜜生存。雄蜂通常会留于蜂巢内；当它们偶尔出巢时便在空中翱翔，四处游转，像是操练一般，之后再重返蜂房，大吃一顿。蜂后永不离巢，除非一些特殊情况，即与群蜂一起外出觅食或其他任何原因。人们说，如果一群小蜂外出迷路走失，它们会沿着原路进行返回，借助其气息找到领蜂。据说，如果蜂后无法飞行，蜂群会一起抬着它飞行，如果蜂后死亡，那么这个蜂群也会消亡；而且，该蜂群会在蜂后离世后继续筑巢存活一段时间，但不会再去采蜜，因而群蜂很快就会消亡。

蜜蜂爬上鲜花，用前腿迅速采集蜂蜡；而后前腿将蜂蜡转至中间腿上，然后将蜂蜡继续传递到后腿膝上凹陷部位；当它们采集满时，便飞回蜂巢，此时，人们可以清楚地看到它们满载而归。在每次外出采蜜时，蜜蜂都不会从一种花飞到另一种花，而是从一朵紫罗兰[1]飞到另一朵紫罗兰，并且在它回到蜂巢之前不会沾染其他花朵。在到达蜂巢时，它们卸下采集之物，蜜蜂常会三到四只结伴而返。人们不能准确地说出蜜蜂采集到的东西为何物，也不清楚它们采集工作的确切方法。人们曾观察到蜜蜂在橄榄树上采集蜂蜡的过程，因为橄榄树叶子较厚，蜜蜂在树上能停留较长时间。采集工作结束后，它们就开始饲养幼虫。没有什么办法能阻止雄蜂处于幼虫和蜂蜜之间。据说只要蜂后尚存，雄蜂就会和蜜蜂一起产生；如若蜂后死亡，据说蜜蜂就会把雄蜂喂养于自己的蜂房内，此时雄蜂精力显得尤为旺盛：因此人们将其称为“有刺雄蜂”，这里不是说雄蜂真的具有螫刺[2]，而是它们的尾部活动犹如使用这种武器一样。雄蜂的蜂房比其他蜂房大；有时蜜蜂会为雄蜂构建蜂房，但通常会将雄蜂置于自己蜂房内；在这种情况下，养蜂人会将雄蜂从蜂巢中切除。

如前所述，蜜蜂有若干种类：蜂后有两种，其一体表色赤而较好，另一种则体表黑且有斑，体形大小比蜜蜂大一倍。工蜂体小且圆，身有斑点；另一种体长且似黄蜂；还有一种，即所谓的盗蜂，色黑扁腹；另外一种是雄蜂，其体形最大，习性懒惰，体无螫刺。生活于耕地上的蜜蜂和生

---

〔1〕紫罗兰，十字花科紫罗兰属，二年生或多年生草本植物，原产地中海沿岸。

〔2〕蜜蜂的螫刺位于尾部，系由产卵器变成，连接毒腺，可以分泌毒液以注入被刺动物体内。不过因螫针有倒生刺，不易拔出，故蜜蜂在螫刺后试图拔出螫刺时，有时会使腹部内脏器官随之拔出，进而导致自身死亡。

活于山区的蜜蜂，其后代之间存在差异：山林蜜蜂体小多毛，勤劳且强悍。工蜂筑巢较为匀整，蜂巢表面较为光滑。每层蜂巢中只有一种蜂类：也就是说，或全是蜜蜂，或全是幼虫，或全是雄蜂；然而，倘若一层蜂巢中各种蜂类混杂，则每种各为一列，直到蜂巢末端。长型蜂筑巢不匀整，蜂房边缘的部分高低参差不齐较为突出，犹如黄蜂巢一样；其幼虫等均无固定地方，随处居住；这些蜂群所产生的蜂后品质不好，会产生大量的雄蜂和盗蜂，它们要么根本不会产蜜，要么产非常少量的蜜。

蜜蜂覆于蜂巢上使蜂巢成熟：据说，如果它们没有这样做，蜂巢会变坏并被一蜘蛛网覆盖。如果它们对蜂房未损坏部件部分进行护持，那么这部分就可保全，只是让受损部分自行消失；如果它们不能如此护持，整个蜂巢都会消失；在受损的蜂巢中，会产生一种小虫，待其长出翅膀时便会自行飞去。当蜂巢保持稳定下来时，蜜蜂会对其表面进行修补，并在蜂巢底部加上支柱，留有自由通道；因为如果没有这样的自由通道，它们就无法生育，蜘蛛网便会蔓延开来。

当盗蜂和雄蜂同时出现于蜂房内时，它们不仅自己不工作，而且还妨碍其他蜜蜂正常工作；如果被工蜂发现，工蜂便会将其杀死。这些工蜂也会毫不留情地杀死蜂巢中的大多数蜂后，尤其是劣种蜂后；它们这样做是因为害怕蜂群中蜂后过多而导致派别之争，最终导致蜂巢瓦解。如果蜂房中幼虫较少，尚不能进行分封排位，工蜂也会杀死蜂后，并将多余蜂后的蜂房进行拆除；以免蜂后带走一些本不够多的小蜂。如果蜂巢中蜂蜜不足，有断粮危险时，工蜂就会破坏雄蜂的蜂房；在这种情况下，它们会拼命地与所有试图抢走蜂蜜的生物进行战斗，并将居于蜂巢中的雄蜂一同逐出。小型蜂与长型蜂进行激烈斗争，并试图将彼此从蜂巢中驱逐出去；如果小型蜂获胜，蜂巢将会异常丰饶，但如果失败，长型蜂就会占据蜂巢而不外出，而且在秋季之前即行消失。工蜂杀敌时，它们总会选择在蜂巢外进行；每当有工蜂自己死在巢内时，其他工蜂便将它们的尸体搬离巢外。

所谓的盗蜂会破坏自己的蜂巢，如果机会合适，它们就进入其他蜂巢进行破坏活动；如果当场被其他蜂发现逮个正着，总会被当场处死。盗蜂想躲过监测直接进入蜂巢并非易事，因为蜂巢的每个入口都有哨蜂守卫；并且，即便它们侥幸进入蜂巢，之后因盗食过多，身体胀大亦无法飞行而逃，而是在蜂房前滚动，试图逃跑，但这样成功逃跑的机会微乎其微。

蜂后通常不会飞离蜂房，除非蜂群皆飞行时才会在外面见到它们：在此期间，所有其他蜜蜂都聚集在它周围。当飞行蜂群靠近时，所有蜜蜂会发出非常单调和奇特的嗡嗡声，此声音会持续好几天，并且通常提前两到三天会看到几只蜜蜂在蜂巢周围飞来飞去；由于难于观察，蜂后是否在这其中，目前尚不可知。当它们蜂拥而出时，通常会各自跟着自己的蜂后，聚集成群，分群而行；如果一个小蜂群附近有一大蜂群，小群便会转移到这个大群中，如果它们原来蜂群中的蜂后与之一起混入新群，它们就会把原蜂后杀死。关于蜂群的出巢和群飞就介绍这么多。

蜜蜂通常各司其职地进行各自的本职工作，即有些蜂负责采集花蜜及其他花卉产物，有些蜂负责取水，其他蜂则负责修整蜂巢、蜂房等后勤工作。在喂养蜂的幼虫时，蜜蜂需要取水。蜜蜂绝不会停滞于任何生物的肉体之上，它们亦不食用动物性产品。关于蜜蜂每年的具体开工时间，没有定数；但当百花争艳之时，适宜外出工作，它们多较为舒适活泼，在夏季，尤其适合这种户外工作，当天气晴朗时它们常孜孜不倦地工作。经过精心饲喂的蜜蜂，当其尚小，其蛹壳刚脱落后三日左右，便会自觉地加入工作的行列。当蜂群得以定居后，有些蜜蜂则会根据职责分工，自行外出以寻找食物并将其带回。在状况良好的蜂巢中，只在冬至后的四十日才会停止生产幼蜂。当幼虫已经长足身体时，蜜蜂会将食物放在它们旁边并用蜡进行封闭；而且，一旦幼虫长到足够强壮，它们就会自行打破蜂房蜡盖，然后出来。

那些在蜂巢中搞破坏的生物均会由工蜂进行处理并清除出蜂巢，但是其他蜜蜂则对这种破坏现象熟视无睹、漠不关心。当养蜂者取出蜂巢时，他们会留下足够的食物以供蜂冬季享用；如果数量充足，巢内群蜂即可安全过冬，得以存活；如果蜂蜜存量不够，加之遇到恶劣天气，它们就极易死于蜂巢，但如果天气晴好，它们会成群飞离蜂房。它们在夏季和冬季均以蜂蜜为食；但是它们还储存了另一种类似蜡质的食物，有人将其称为蜂花粉。它们最大的敌人是黄蜂和山雀，此外还有燕子和食蜂鸟。如果沼泽中的青蛙看到蜂群过来也会攻击、吞食它们，因此养蜂人常会从蜜蜂取水的池塘里捕捉青蛙；他们还需要摧毁附近的黄蜂巢和燕巢，并将食蜂鸟的巢一并摧毁。如此一来，蜜蜂的外敌就悉数被养蜂人除去，而只需防备其同类的骚扰。蜜蜂间常互相争斗，亦常与黄蜂打斗。当远离其蜂巢时，蜜蜂既不攻击自己的同类，也不攻击任何其他生物，但是在其蜂巢附近它们会杀死所能捕获的任何生物。蜜蜂在进行螯扎他物后，倘若不能及时拔出连接其肠道的螯刺，就会很快死亡。事实上，如果被蜇刺的人挤出其刺，蜜蜂就会得以存活恢复，倘若失去其蜇刺，蜜蜂则必死无疑。即使是大型动物，它们也可用蜇刺将其杀死；实际上，曾有一匹马被群蜂蜇刺最终死亡。蜂后最不易发怒，也很难看到它们蜇刺他物。死亡的蜜蜂均会由工蜂予以清除、搬离蜂巢，并且从各方面来说，这种生物因其干净的本性

□ **山雀**

山雀即指雀形目山雀科的鸟类，是一种小型鸣禽，其长7～20厘米，嘴短而尖，呈锥形，羽毛柔软，一般为灰色或黑色，常带有蓝或黄色斑纹。山雀常栖息于平原、丘陵、盆地等地区，主食昆虫及其幼虫。

而著称；事实上，由于其排泄物有恶臭味，它们经常飞到巢外很远处才进行排泄；并且，如前所述，蜜蜂不喜欢臭味和香味，以至于它们竟蜇刺那些使用香水的人。许多偶然原因都会导致蜜蜂的消亡，当蜂后数量变得太多时，它们也会各自带走一部分蜂群。蟾蜍也以蜜蜂为食；它来到蜂巢门口，将肚皮鼓至最大，坐在那里等着蜜蜂飞出来，一一将其吞食；蜜蜂无法对其进行报复，但养蜂人通常会杀死这些蟾蜍。

至于那些被称为低劣和不善筑巢的蜂种，有些养蜂人认为它们是缺乏工作经验的年轻新蜂；新蜂通常指的是那些当年长成的蜂类。新蜂蜇人时的痛感较之于其他蜜蜂为轻；因此，新蜂群体易于安全携带。当蜂蜜短缺时，它们便会驱逐雄蜂于巢外，养蜂人便为蜜蜂提供无花果和甜味食物。老蜜蜂专做室内工作，身体粗糙多毛；年轻的蜜蜂则负责户外花蜜采集工作，身体较为光滑。如果蜂巢空间太小，它们也会把雄蜂杀死；顺便提及，雄蜂住在蜂房的最里面一层。有一次，当一个蜂房食物匮乏时，一些蜜蜂袭击了临近的蜂巢；取胜后便将其蜂蜜带回自己的蜂房；当养蜂人试图杀死外来入侵蜂种时，本巢的其他蜜蜂也会出来帮助养蜂人一起击败敌人，且它们不会去蜇刺养蜂人。

攻击发育良好蜂巢的主要疾病，首先是克里如斯[1]病：常表现为蜂巢底部会生出一些小蠕虫，随着这些蠕虫的生长发育，整个蜂房就会被蜘蛛网状的物质所覆盖，随后蜂巢慢慢腐烂；另一种疾病则表现为蜜蜂精神倦怠和蜂巢腐臭。

蜜蜂以百里香[2]为食；白百里香比红色味佳。在夏季，蜂房应放置于通风凉爽之处，冬季则移至温暖之处。如果它们采集的花草发生霉病，它

---

〔1〕克里如斯：一种虫名，指蜂虱。

〔2〕百里香：被子植物门百里香属，果实为小坚果，是欧洲烹饪常用的香料。

们也易生病。在大风中飞行时，它们常通过携带石头的方式来稳定自身。如果附近有条溪流，它们就从中饮水，但在它们饮水之前，通常首先放下负荷物；如果附近没有水，它们会在他处饮水，此时会先吐出花蜜而后饮水，之后便又投入工作之中。春季和秋季是适于蜂类采蜜的最佳季节；春季的蜂蜜比秋季的蜂蜜更甜更白且质量更佳。优质蜂蜜常来自新蜂巢和鲜花嫩芽；红色的蜂蜜质量低劣，这归因于其蜂巢状况不好，就像破损的酒桶盛放酒使酒质变差一样；因此，蜂巢应保持干净清洁。当百里香开花时，蜂巢常会充满蜂蜜，这种蜜通常不会凝结变硬。色泽金黄的蜂蜜品质较佳。白蜂蜜不是仅来自百里香一种花；眼痛和伤痛均可以以蜂蜜为药膏进行敷用。品质低劣的蜂蜜总是浮于表面，易于清除；质量上乘的蜂蜜常在蜂巢下层。当百花争艳之时，它们会开始制蜡；因此，你可以在此时将蜡从蜂房取出，之后，它们会立即生产使用新蜡。它们常去采集蜂蜜的花草种类如下：桃叶卫矛、樨苜蓿、金丝、桃金娘、开花芦苇、蔓荆和帚草。当它们在采集百里香时，常在封蜡之前混进一些清水。如前所述，它们都要飞到巢外较远处进行排泄或将排出物放入蜂巢一房内。如前所述，小型蜂比大型蜂更为勤劳；小型蜂翅膀较薄，颜色为深黑色，犹如经历炙烤一般。色泽较为艳丽的蜜

□ **蔓荆**

蔓荆为管状花目马鞭草科牡荆属植物，是一种落叶灌木，喜充足的阳光，耐高温，较耐旱。其嫩枝四方形，有掌状复叶，小叶卵形或长倒卵形，圆锥花序顶生；花萼钟状，花冠淡紫色，果实球形，成熟后黑色。蔓荆多生于海滨、湖泽、江河的沙滩荒洲上，适应性较强，有防风固沙的作用。

蜂，如华而不实的妇女，均较为闲散。

蜜蜂似乎很喜欢听嘎嘎声，因此，人们常说敲击陶器或石头便可将它们集中到一个蜂巢中；然而，它们是否能真正听到这种声音，并且是否是因为此声而发生群集，或者是因为受到惊吓而群集均不得而知。它们将蜂巢中所有的慵懒闲蜂驱逐出蜂巢。如前所述，它们根据职责分工进行工作：有些负责制蜡，有些负责采集蜂蜜，有些负责采集蜂花粉，有些负责修整蜂巢，有些负责用水混合蜂蜜，有些则专职从事户外工作。在黎明时分，蜂巢安静，它们不会发出任何声音，直到有一只蜜蜂发出两三次嗡嗡声，从而唤醒其余的蜜蜂；之后，它们便全都开始工作。傍晚时分，它们便纷纷归巢，起初较吵；然后声音逐渐减弱，直到最后一只蜜蜂飞回，发出嗡嗡的声音，显然是提示大家准备休息；片刻之后，一切突然陷入沉静。

众所周知，如果蜂巢中声音响而有力，并且群蜂外出时皆拍翅有力，那么整个蜂群就处于较好状态。因为它们正在建造育雏蜂房。蜜蜂在经历寒冬饥饿后，再度重新开始工作。如果养蜂人在秋季取巢时所剩蜂蜜较多，蜜蜂们会变得有点懒惰；但应该根据蜂的数量留下足够的蜂房，因为如果剩下的蜂房太少，蜜蜂工作就会显得无精打采。如果蜂房太多，它们也会变得闲散沮丧。一个发育较好的蜂群可以储存六到九斤的蜂蜜；一个较为繁荣的蜂巢将可产生十二至十五斤蜂蜜，有时多达十八斤。绵羊和如前所述的胡蜂，均为蜜蜂之敌。养蜂人把平盘放在地上，上面放块肉，待一些胡蜂聚集于肉上时，他们就用盖子将它们罩起来，而后将其投入火中。在蜂巢中留置一些雄蜂是件好事，蜂巢中有了雄蜂，工蜂就会显得尤为勤勉。蜜蜂能提前感应到降雨天气，此时它们多不肯飞离蜂巢；即使此时天气很好，它们也只会在有限空间里作近处飞行，而养蜂人从此现象便可预知即将有恶劣天气到来。当蜂巢内的蜜蜂彼此聚集时，这表明蜂群即将离去；因此，当养蜂人看到这种现象时，他们就用甜酒喷洒蜂巢。建议在蜂巢旁种植以下植物：梨、豆、波斯草[1]、叙利亚苜蓿、黄豆、常春藤、罂粟、百里香和扁桃仁。有些养蜂人在蜂体上洒些面粉，当它们在户外工作时，可以将其与其他别家蜜蜂分开。如果春天来迟，或者气候干旱失常时，那么蜂巢中的幼虫数就会减少。关于蜜蜂的习性就介绍这么多。

□ **紫花苜蓿**

紫花苜蓿又称紫苜蓿，为蔷薇目豆科苜蓿属植物，为多年生草本，最高可以长至一米。其根系强大粗壮，茎直立，枝叶茂盛，叶腋生总状花序，为紫色花。紫苜蓿喜欢温暖的半湿润到半干旱气候，在大面积栽种时能很快覆盖地面，其持水量较大，从而可有效截留降水，减少地表径流，能起到一定的水土保持效益。

41 胡蜂与驯养黄蜂的习性

胡蜂可分为两种。有一种为野胡蜂，数量较为稀少，多生活于山地，多产卵于橡树[2]上而不是地下，这种胡蜂比另一种体形稍大，体长而黑，体有斑点且有刺，性情较为勇敢。其螯刺于身体比例而言略显大些，其刺痛感比其他蜂类更严重。这些野蜂可以生活到第二年，而在冬季橡树遭到砍伐时，它们就会从叶间飞走。它们在冬季蛰伏，

〔1〕波斯草即菠菜。

〔2〕橡树又称为栎树、柞树，是壳斗科植物的泛称，包括栎属、青冈属及柯属等。

躲于树干内部。被驯服的蜂中，有些是母胡蜂，有些是工胡蜂；但通过观察驯服的黄蜂，人们就可以了解两者的各种特征。

关于驯服黄蜂也有两种；其一为领头，被称为“母蜂”，其他则为工蜂。领头蜂较之于其他蜂体形较大，性情也较为温和。工蜂们多活不到第二年，到冬至时节，便悉数死亡；以下即可例证：冬初时节，这些工蜂就会进入昏睡状态，到冬至后，便均不可见。领头蜂，即所谓的母蜂，于整个冬季皆可看到，它们多蛰伏于地洞里；当人们在冬季进行耕犁或掘土时，经常会遇到母蜂，但绝不会碰到工蜂。以下即为胡蜂的繁殖方式。夏季临近时，领头蜂会找到一个避风地，在那里进行筑巢。蜂巢包含大约四个蜂窝，胡蜂便在这里生产工蜂而不产母蜂。当工蜂长大后，它们会在原有蜂窝附近继续增建其他更大的新窝，然后再以类似的方式构建其他新巢；因此，在秋末时节，蜂巢均较大、蜂窝也多，此时其中的领头蜂即所谓的母蜂，专产母蜂，而不产工蜂。这些母蜂幼体在巢房中发育较快，体形较大，生活在蜂巢最高处，四个蜂窝为一个单位或者更多蜂窝为一体，其发育情况几乎与我们看到的蜂后幼虫一样。工蜂的幼虫长成之后，领头蜂便什么都不做，工蜂必须对其进行供养，以下即为实例：工蜂的领头者这时便在巢内休息，不再飞出。往年的领头蜂在产生新的领头蜂后是否被当年新生后代杀死，还是其当年必死，抑或它们能活到第二年，关于这些目前均没有确实的结论；关于母胡蜂或野胡蜂的寿命或其他相似问题，目前具体情况仍不得而知。母胡蜂体宽且重，比普通胡蜂更为肥大，从其重量而言，胡蜂的翅膀不是特别强壮；这些胡蜂不能远飞，因此常在巢内休息，修整蜂巢，管理内务。在大多数胡蜂巢中均有所谓的母蜂；其身体有无螯刺尚不得知；很可能像蜂后一样，体表有螯刺，但从不使用。在普通的胡蜂中，有些像雄蜂一样体无螯刺，有些则有刺。身体无螯刺的胡蜂，体形较小，略显弱态，从不打架，而其他有刺胡蜂则体大而勇敢；有人说，胡蜂有刺者为雄性，无刺者为雌性。在冬季来临时，许多原本有刺的胡蜂转为无刺；但这种现象的真实性目前仍不得而知。在干旱和杂草丛生之地，胡蜂较为兴盛。它们住在地下；其蜂巢由断木碎片和泥筑造而成，每个蜂巢由一点发出，像草那样延展。它们以某些花卉和水果为食，但大部分以动物性食物为食。有人曾经见过驯胡蜂的交配情况，但是不确定两蜂是否皆有螯刺，或其一有刺另一无刺；人们通过观察野胡蜂的交配行为后发现其中一只有螯刺，而另一只有无螯刺则尚不确定。胡蜂幼虫似乎不是经由分娩而产生，因为这种幼虫一开始就体形较大，不太像是胡蜂孕产。如果你抓住胡蜂的一脚，使其翅膀振动嗡嗡作响，那些无刺胡蜂就会相向而飞，而那些有刺胡蜂则不会这样；有些人就凭借这些事实推断出：胡蜂群中一组为雄性，另一组为雌性。

可以在冬季地下洞穴中发现了胡蜂，有些有螯刺，有些则没有。有些蜂巢，蜂窝较小且数量较少；其他蜂巢则蜂窝较大且数量较多。当季节更迭时，所谓的母蜂常在榆树上被捕获，此时它们常在榆树上采集一些黏稠的胶状物。如果去年胡蜂较多且天气湿冷，今年会出现大量的母胡蜂。人们在悬崖边或地面垂直裂缝中可以捉到这些母胡蜂，它们体表均有螯刺。

42 大黄蜂的习性

关于胡蜂的习性就介绍这么多。大黄蜂不像蜜蜂那样以采集花蜜为生，大多数情况下，它们以动物为食：因此它们常在粪污处盘旋，追逐大苍蝇，抓住后咬掉其头，然后带着剩下的尸体飞回巢中；它们还喜欢甜水果。它们的食物就是这些。它们的蜂群中也有像蜜蜂和胡蜂这样的蜂后或领头蜂；其领头蜂在体形方面较之于其他黄蜂为大，而且彼此间的大小比例严重不同于领头蜂与胡蜂及蜂后与蜜蜂之间的比例。像领头蜂一样，黄蜂后常居于蜂巢内。大黄蜂像蚂蚁一样刮出泥土，筑巢于地下；黄蜂和胡蜂它们均不像蜜蜂那样成群飞去，刚出生的小黄蜂大量聚集于同一蜂巢内，因此它们不停地扒出更多的泥土，使其巢穴愈来愈多。因此，黄蜂巢会越来越大；事实上，一个特别繁荣的蜂巢有时可以装满三到四个篮子。它们不像蜜蜂一样储存食物，而是蛰伏越冬；在越冬时节大多数会死亡，但是否全部死亡，尚不得知；在蜜蜂的蜂巢中可以产生多个蜂后，这些蜂后各带走一部分蜜蜂；但是于黄蜂而言，在其巢中只可见到一个后。

当个别黄蜂找不到蜂巢时，它们就会群集于一棵树上构建蜂窝，人们在地面上即可看到这些蜂窝，另外，这个巢中也会有一个蜂后；等到蜂后成熟后，蜂后就会领着它们飞走。关于它们的交配方式及繁殖方法，于实际观察不可见。如前所述，在蜜蜂中，雄蜂和蜂后均无螯刺，某些胡蜂也是如此；但是，黄蜂似乎都带螯刺：但仍应提及，黄蜂后是否有螯刺还需仔细观察研究。

43 大黄蜂与檀司瑞登蜂

大黄蜂产子于地面的石块之下，一般为两窝或更多一些；在这些窝中可看到一些蜂蜜，但品质较差。檀司瑞登蜂犹如大黄蜂，但其体表有斑，体宽类似于蜜蜂。这种蜂极为贪吃，有时候它们会成群飞入厨房，飞到鱼片和类似的美食上。檀司瑞登蜂就像胡蜂一样，在地下培养幼虫，并且非常多产；其蜂巢比胡蜂大得多亦长得多。关于蜜蜂、胡蜂和所有其他类似昆虫的工作方法和生活习性就介绍这么多。

44 狮子的勇敢、胆怯与情感，灵猫和香猫的习性

如前所述，关于动物的性情脾气，各种动物间有勇敢抑或胆怯之别，即便是在野生动物中，也存在驯服和野性之别。狮子进食时，最为凶狠；

但是当它饱餐时则较为温顺。

它完全没有怀疑或恐惧心理，对于与其一同长大且相互熟识的动物，它喜欢与之嬉戏，并对它们很有感情。狮子看到人后，也毫无试图逃跑之意或惊恐之感，仍然安然奔跑，但即使被众多猎人追逼时，它也不慌不忙、一步一步地撤退，并且时不时地转过头去看看追捕它的猎人。然而，当其进入树木繁茂之处时，便全速奔跑，直到穿过丛林重返旷野时，方恢复之前的悠闲状态。当在旷野，遇到较多猎人追逐而必须全速时，它确以最快速度行进，但只跑不跳。这种奔跑步伐较为均匀且有节奏感犹如小狗走路一样；但当它追捕猎物并且紧挨其后时，便突然猛扑过去。关于狮子有两种较为正确的表述：一种说，狮子较为怕火，正如荷马史诗中所描述的那样[1]：

“狮子虽勇猛，但亦怕火炬。”

另一种说法为，狮子一直盯着攻击它的猎人，而后择机一扑而上。如果一个猎人射击狮子但并未射中对其造成伤害，那么狮子跃起抓住他也不会伤害他，甚至不用其爪抓他，仅是摇晃几下，吓唬吓唬他，便将其放开而后离开。当狮子年老力衰时，牙齿会逐渐磨损，待其不能进行捕猎他物时，便会攻击牛棚和人类。狮子的寿命较长。曾有一头狮子因腿瘸而被猎人捉住，猎人发现其牙齿已破损；有人认为这个事实就足以证明狮子长寿，因为除了高龄以外，狮子不会落入此种状态。狮子有两种，其一体形丰满，鬃毛卷曲，其二体长直鬃；后者较为勇敢，前者比较胆小；有时它们竟会像小狗那样夹着尾巴逃跑。有人曾经看到一头狮子正在攻击一头野猪，但当野猪进行反击时，它便跑开了。狮子最容易受到伤害的部位为腹

[1] 详见荷马史诗《伊利亚特》。

部两侧，全身任何其他部分都可受到任何数量的打击，并且其头部特别坚硬。每当人或畜被狮子所咬时，不论是为牙齿或爪子所伤，受伤部位会流出黄脓，即使用绷带或海绵绷紧也不能止住；这种伤口的治疗方法与狗伤处理相同。

灵猫喜欢与人为伴；它不怕人也不害人，但它却和狗与狮子为敌，因此不与狮子或狗同处一地休息。灵猫以体小者为最佳。有人说这种动物有两种，有人说有三种；其差异如同某些游鱼鸟兽一样，可能不会超过三种。其体毛颜色在冬季和夏季会有不同；夏季时毛发较为光泽，冬季时则有毛皮覆绒。

45 梅萨比雄山野牛的形态及习性

在裴妮亚山和麦迪卡分界的梅萨比雄山上，[1]有野牛[2]的踪迹；而在裴妮亚山，人们称之为莫纳普斯。野牛与家养公牛体形相仿，身体不长但较为健壮；如果将野牛皮撑开，其大小完全容得下七个人坐下。一般来说，其身体犹如牛畜，只不过从其脖颈一直到肩膀长着类似马鬃毛一样的毛发；野牛的鬃毛间存有杂毛，此毛较之于马鬃毛而更柔软细密。野牛的毛色多为棕黄色，其鬃毛延伸至眼睛，较为深厚。其鬃毛颜色灰红，犹像所谓的栗色马鬃，但较为粗糙。其毛发之下长有绒毛。至今，尚未发现深黑色或全红色的野牛。其吼声犹如公牛。其牛角较弯曲，向内转向，因此不适宜用于攻防；两角间距离约有七尺或者稍微再宽些，每一角可以容纳

---

〔1〕裴妮亚山：马其顿与伊利亚以北的多瑙河地区，今在塞尔维亚境内。梅萨比雄山，为今天的科恰耶山。

〔2〕野牛：野牛称谓较多，如乌罗斯、勃巴卢等，各个地区的称呼不一。在埃及、伊拉克和希腊等地区的古代石刻和壁画中，都有捕猎野牛的场景。

大约三斤的液体；牛角有漂亮的黑色光泽。其额头上的一缕毛发向下延伸到眼部，这样它正面所看到的物象不及两侧看到的清晰。它没有上齿，这一点与母牛和所有其他有角动物情况相似。其腿有毛，偶蹄，尾巴类似于牛尾，与其身体不相匀称。它像公牛一样用蹄子将地上的灰尘扬起。其皮肤较为硬实，抗打击能力较强。由于其肉味较佳，故容易成为狩猎对象。受伤时，它会全速奔跑，只有在力竭时才会停止。面对袭击者时，野牛通常用脚踢和喷粪两种方法抵御袭击者，它能将粪便喷到八米距离开外。这种方法它可以重复使用，它的喷粪特别臭，倘若猎狗沾上一些，其皮毛就会溃烂。粪的这种奇异作用只有在它被惊扰时才会起作用。只有当动物被打扰或惊恐时，粪便才具有这种特性；当动物不受惊扰时，粪便便不会让外物受伤起泡。母野牛到了分娩季节时，它们会结队上山产犊。在产犊前，它们会在四周撒上粪便，形成圆形的圈子，作为防护；野牛具有积聚大量粪污而后进行排泄的生理机能。

□ **野牛**

野牛体形巨大，体长可达2～3米，体高约2米，体重约600～1200千克。其两角粗大而尖锐呈弧形。头额上部有一块白色的斑。野牛常栖息于热带、亚热带的山地阔叶林、针阔混交林、林缘草坡、竹林或稀树草原，习惯结成小群在森林中活动。

46 大象的习性

所有野兽中，性情最为温和且最易于驯服的动物为大象。人们可以教授它若干技巧，它能领会理解人们的示意；例如，它可以学会在国王面前跪下。它感觉较为灵敏，具有优于其他动物的智力。当雄性与雌性交配后，雌性已经受孕后，雄性就不会与它进行第二次交配。

有人说象能存活两百年；另些人则说象可以存活一百二十岁；雌象寿命与雄性寿命差不多；他们说象在六十岁左右最为强壮，它们对恶劣天气和霜冻较为敏感。象常到河岸边，但它不是水生动物；只要将鼻子伸出水面，它就能够渡过河流。由于身体较为沉重笨拙，象终究不是游泳健将。

47 骆驼和马拒绝与母交配

雄骆驼拒绝与其母亲进行交配；如果饲养员试图强迫，它会坚决拒绝。有一次，当年轻小驼拒绝性交时，饲养员便蒙上母驼身体使小驼与之交配；但是，在配种完毕后，揭开覆盖物后，小驼便知道事情真相已无法挽回，它竟在不久后亲自咬死这个饲养员。曾有这样的故事，斯基泰国王有一匹较为优质的母马，所产的小马驹都较优良；他想用品种最佳的子马与母马进行配种，于是便把子马带到母马马厩内，但子马拒不与之交配；之后把母马的头蒙起来，子马此时不再觉察为母马，便与之进行交配；等到揭开母马头上的蒙盖，子马看到母马的面貌后，便狂奔而去，投崖而亡。

48 海豚的善良事迹及行动速度

在海洋鱼类中，有很多关于海豚的故事，均讲述了其温柔而善良的本性，在太拉[1]和其他地方均有海豚特别喜欢男孩的事迹。故事说，有一条海豚在卡里亚[2]外海受伤而被捕获，一群海豚便跟进海港，守在那里，一

〔1〕太拉：今意大利的太伦托。

〔2〕卡里亚：历史地名，位于伊奥尼亚以南、弗里吉亚和吕基亚以西。

直等着渔民将那条海豚放走；随后才成群离开。一群小海豚群后面常跟着一条大海豚保护它们。有一次，人们看到一群大大小小的海豚，其中有两条相距不远，一起撑着死亡的海豚免得其沉于水底被他物所食。关于这种生物的移动速度之快，有些故事简直令人难以置信。它似乎是所有海生和陆生动物中行动最为快速的动物，而且它可以跳过大型船只的桅杆。这种速度主要表现在它们追捕鱼类时；然而，当游鱼试图逃脱时，此时若恰逢海豚饥饿，它们就会追逐至深水；但是，由于还需返回水面，它们便屏住呼吸，好像在计算全程长度，然后像箭一样飞速上游至水面进行呼吸，此时如果有船在附近，它们会跃过船的桅杆。当它们潜入深水后，经常出现这种现象，即它们总是集中精力全速游进。海豚常雌雄成对生活于水中。关于它们常搁浅于沙滩的原因至今仍不得而知；实际上，这种现象时有发生。

49 动物生理及习性改变：鸡的雌雄转化

所有动物的生活行为会随着生存环境[1]的变化而变化，行为的改变亦会导致其性情和生理结构的变化，这种变化在鸟类中常有发生。例如，当母鸡在战斗中击败公鸡时，它会像公鸡一样打鸣，并踩到公鸡背上；其鸡冠会竖起于头上，臀部的尾羽亦会上升，如此，便很难再分辨出它们是母鸡；曾有实例，有些母鸡的脚上还长了鸡距。曾有实例，有一只母鸡死后，一只公鸡便承担了母鸡的哺育职责，领着雏鸡找寻食物，它们过于尽职以至于不再打鸣并终止其性欲。有些公鸡先天就偏向雌性，以至于当别的公鸡踩到它背上时，它们不作反抗。

---

〔1〕生存环境：一般是指独立于人与动物之外的自然状态，决定着人类及动物的生活习性。

50 动物阉割后的生理及性情变化，反刍

有些动物不仅在某些年龄和某些季节改变其形态和性格，而且在阉割后也会发生上述改变；所有具有睾丸的动物都可以进行去势。鸟类的睾丸在体内，而卵生四足动物的睾丸则靠近腰部；步行的胎生动物睾丸在腹部下端，有些藏于体内，但大部分都露出体外。

鸟类的去势部位在其两性交配的尾部。如果此鸟已成年，你用烙铁炙烤该部位两到三次，它的冠羽会变成蜡黄色并停止打鸣，并失去性欲；但是如果去势的对象是尚未成年的幼鸟，那么在其长大后，这些雄性特征都不会出现于其身上。人类的情况亦是如此：如果在孩童时期就进行阉割，后来他们便不生阴毛和胡须，而且声音永远保持童音；如果成年时予以阉割，那么其腹股沟附近的毛发会逐渐变得稀疏，其他阴毛会全部脱落。先天头发永不消失，因为阉人全不秃顶。所有阉割的雄性四足动物，其发声均会变为雌音。所有其他四足动物，除了公猪外，只能在其幼年进行阉割，否则总会死亡；于公猪而言，不分年龄均可进行去势。所有动物，如果在幼年进行阉割，它们会比未阉割的同类长得体形更大且形体美观；如果在身体长成后再进行阉割，其体形便不再增大。于公鹿的不同年龄段进行阉割，其情况有异，即，如果阉割时还未长鹿角，那么之后便不再长出；如果进行阉割时已经长出鹿角，那么其后此鹿角便得以保留但不再生长。牛的最佳去势年龄为一岁龄；不进行去势的牛一般长得又小又丑。牛的去势方法如下：人们将犊牛翻过身，背部着地，腹部向上，首先在阴囊上切开一口，而后挤出睾丸，再挤睾丸根部，尽可能挤至阴囊底部。之后，便用毛发将切口处包扎起来，如果有脓血就将其放出并加以洗净；如果阉割后发炎，人们便烧炙阴囊并涂上膏药。如果将一头长成的公牛进行阉割，从其外表来看，仍然可以与母牛进行交配。为了育肥需要，人们通常会割除母猪的卵巢，没有卵巢的母猪会失去性欲而专于增肥。母猪的卵巢摘除方法如下：首先将母猪空腹两日，之后，将其后腿吊起，呈悬垂状

易于进行手术；人们在相当于公猪睾丸部位切开母猪下腹部，卵巢就在这个部位，系属于子宫的两个角上；他们在该部位切除一小块，完成卵巢摘除，随后缝好伤口。作战用的雌驼，人们为了防止其受孕妊娠，便对其施行卵巢摘除术。上亚细亚的一些居民所养殖的骆驼数量多达三千头：当它们奔跑时，由于腿长，步子迈得大，所以比僧萨亚马的速度快得多。通常情况下，经过阉割的动物均比身体健全的动物长得高大些。

□ **红尾鸲**

红尾鸲属雀形目鹟科，其嘴短健，上嘴前端有缺刻或小钩，善于鸣叫；尾为红色，其正因此得名。红尾鸲多栖息于山地、森林、河谷、林缘和居民点附近的灌丛与低矮树丛中，主食昆虫，常单独或成对活动。

所有反刍动物都会从反刍过程中获得营养和快乐，这种愉悦感就像它们进食那样。诸如牛、绵羊和山羊等反刍动物，它们均缺失上齿。关于野生动物的反刍现象，没有可靠的观察记录；我们只可从被驯服动物中有所发现，例如鹿，它也有反刍现象。所有反刍动物一般都会躺在地上进行反刍；冬季反刍最为频繁。于圈养牲畜而言，一年中反刍时间长达七个月，在户外采食，放牧于草原上的成群牲畜其反刍时间通常较短，咀嚼也少。还有一些上下颌牙齿完备的动物，例如，庞蒂克鼠，亦有反刍现象；有的鱼类也有反刍行为，人们将其称为“反刍鱼”。

长腿动物的粪便多为松软稀薄，宽胸动物易于呕吐，这些特征一般适用于四足动物、鸟类和人类。

□ 夜莺

夜莺属雀形目鹟科，是一种迁徙性鸟类，因其为少有的在夜间鸣唱的鸟类而得名，其鸣叫声高亢明亮、婉转动听且音域甚广。夜莺体色为灰褐，相对其他鸟类而言羽色较为黯淡。夜莺常栖于河谷、河漫滩稀疏的落叶林和混交林、灌木丛或园圃间，主食各种虫类。

49（续） 鸟类羽毛和叫声的改变；鸟类的沙浴、水浴

相当多的鸟类会根据季节变化羽毛颜色和鸣声：例如，山鸫在冬季，其羽翼颜色会变成黄色而不是黑色，并且改变啼声。夏季时，它的啼声婉转悠扬，但到了冬季就会不堪入耳，喋喋不休。鸫也会改变体色，在冬季，其喉咙部的斑点类似于椋鸟，在夏季为明显可见的鸫斑；然而，其啼叫声冬夏相同。当山丘葱郁之时，夜莺可连续唱歌十五昼夜；之后它仍唱歌，但不是昼夜连续进行。夏末时节，其啼叫就没有那么婉转动人了，此时叫声略显单调；其羽色也会跟着时节而变，因此在意大利，此鸟夏季时就不叫夜莺，换作他名。冬季时，它隐藏起来，因此人们只能在短时间内看到。知更鸟和所谓的红尾鸲彼此互变；前者为冬季鸟，后者为夏季鸟，它们之间的差异实际上仅限于羽毛颜色。同样，小鸣禽与黑头莺也彼此互变。小鸣禽出现在秋季，而黑头莺却在秋末冬初时出现。这些鸟也只是在羽翼颜色和啼声上存在差异；曾有实例，有人观察到这两种鸟变换的全过程，它们其实只是名字不同，实际上是同一鸟类。同一鸟类，在羽翼颜色和啼声方面存在差异并非奇异，因为即便是斑鸠，在冬季也会停止“咕咕”，并且在来年春季才重新开始“咕咕”；然而，在冬季，人们很久未能听到咕咕叫声，严寒之后偶遇晴朗天气时，会偶尔听到一两声“咕咕”。通常情况下，鸟类的鸣声

在交配季节最为响亮且多样。杜鹃也可改变体色，其啼声在离开之前的短时间内不可听到。它大约在天狼星升起时离开，到来年春季再行出现。在天狼星升起时，一些称为鵬的鸟类消失，并在此星落下后重新出现：因此它在天气极度寒冷时离开，在较为炎热之时归来。戴胜也改变其颜色和外观，正如埃斯库罗斯[1]诗中所描述的那样：

戴胜见证了自己的痛苦，
穿着宙斯赐予的花衣：
有时是一个快乐的山鸟，
有着骑士般的顶饰，
有时又披上白鹰的银羽，
跟着时节变换脱掉灰白羽翼，
迎接着春季的到来。
一鸟身上赋予双重颜色和外观，
闪闪发光的羽翼象征着它的年轻，
银色羽翼则彰显其老成，
当田野一片丰收景象时，
其羽翼五彩斑斓较为应景。

□ **戴胜**

戴胜是犀鸟目戴胜科的鸟类，其头顶羽冠长而阔，呈扇形，颜色为棕红色或沙粉红色，具黑色端斑和白色次端斑；头侧和后颈淡棕色，上背和肩灰棕色；下背黑色而杂有淡棕白色宽阔横斑。戴胜常栖息于山地、平原、森林、林缘、路边、河谷、农田、草地、村屯和果园等开阔地带，尤其在林缘耕地等环境中较为常见，它们以虫类为食，多单独或成对活动。

---

〔1〕埃斯库罗斯（公元前525年—公元前456年）：古希腊悲剧诗人，有“悲剧之父”的美誉，代表作有《被缚的普罗米修斯》《阿伽门农》和《复仇女神》等。

然而生活总有风风雨雨，

它便深藏孤独山丘以自居。

在鸟类中，有些在沙中打滚进行沙浴，有些进行水浴，有些则既不沙浴也不水浴。有些鸟类常在地上行走而不会飞，例如家鸡、鹧鸪、雉鹧鸪、凤头百灵和雉鸡等鸟类均有沙浴习惯；有些直爪鸟类和那些栖息于河岸边、沼泽地或海边的鸟类则有水浴习惯；有些鸟类，例如鸽子和麻雀，它们既沙浴又水浴；于钩爪鸟类而言，大部分既不沙浴也不水浴。关于鸟类的沐浴方式就介绍这么多，有些鸟类有一种特殊的习惯，就是以身体下部发声，例如，雉鸠——它们通过尾羽的快速拍打发出一种奇怪的声音。

所涉主要动物索引

（按拼音首字母排序）

F

G

H

J

K

L

M

N

P

Q

R

S

T

W

X

Y

Z

特别说明

文化伟人代表作图释书系全系列

第一辑

《自然史》
〔法〕乔治・布封 / 著

《草原帝国》
〔法〕勒内・格鲁塞 / 著

《几何原本》
〔古希腊〕欧几里得 / 著

《物种起源》
〔英〕查尔斯・达尔文 / 著

《相对论》
〔美〕阿尔伯特・爱因斯坦 / 著

《资本论》
〔德〕卡尔・马克思 / 著

第二辑

《源氏物语》
〔日〕紫式部 / 著

《国富论》
〔英〕亚当・斯密 / 著

《自然哲学的数学原理》
〔英〕艾萨克・牛顿 / 著

《九章算术》
〔汉〕张苍 等 / 辑撰

《美学》
〔德〕弗里德里希・黑格尔 / 著

《西方哲学史》
〔英〕伯特兰・罗素 / 著

第三辑

《金枝》
〔英〕J.G. 弗雷泽 / 著

《名人传》
〔法〕罗曼・罗兰 / 著

《天演论》
〔英〕托马斯・赫胥黎 / 著

《艺术哲学》
〔法〕丹纳 / 著

《性心理学》
〔英〕哈夫洛克・霭理士 / 著

《战争论》
〔德〕卡尔・冯・克劳塞维茨 / 著

第四辑

《天体运行论》
〔波兰〕尼古拉・哥白尼 / 著

《远大前程》
〔英〕查尔斯・狄更斯 / 著

《形而上学》
〔古希腊〕亚里士多德 / 著

《工具论》
〔古希腊〕亚里士多德 / 著

《柏拉图对话录》
〔古希腊〕柏拉图 / 著

《算术研究》
〔德〕卡尔・弗里德里希・高斯 / 著

第五辑

《菊与刀》
〔美〕鲁思・本尼迪克特 / 著

《沙乡年鉴》
〔美〕奥尔多・利奥波德 / 著

《东方的文明》
〔法〕勒内・格鲁塞 / 著

《悲剧的诞生》
〔德〕弗里德里希・尼采 / 著

《政府论》
〔英〕约翰・洛克 / 著

《货币论》
〔英〕凯恩斯 / 著

第六辑

《数书九章》
〔宋〕秦九韶 / 著

《利维坦》
〔英〕霍布斯 / 著

《动物志》
〔古希腊〕亚里士多德 / 著

《柳如是别传》
陈寅恪 / 著

《基因论》
〔美〕摩尔根 / 著

《笛卡尔几何》
〔法〕笛卡尔 / 著

中国古代物质文化丛书

《长物志》
〔明〕文震亨 / 撰

《园冶》
〔明〕计　成 / 撰

《香典》
〔明〕周嘉胄 / 撰
〔宋〕洪　刍　陈　敬 / 撰

《雪宧绣谱》
〔清〕沈　寿 / 口述
〔清〕张　謇 / 整理

《营造法式》
〔宋〕李　诫 / 撰

《海错图》
〔清〕聂　璜 / 著

《天工开物》
〔明〕宋应星 / 著

《工程做法则例》
〔清〕清朝工部 / 颁布

《髹饰录》
〔明〕黄　成 / 著　杨　明 / 注

《鲁班经》
〔明〕午　荣 / 编

中华文化经典著作

《周易》
金　永 / 译解

《黄帝内经》
倪泰一 / 编译

《山海经》
倪泰一 / 编译

《本草纲目》
倪泰一　李智谋 / 编译

“锦瑟”书系

《浮生六记》
刘太亨 / 译注

《老残游记》
李海洲 / 注

《影梅庵忆语》
龚静染 / 译注

《对称》
曾　怡 / 译

《生命是什么？》
何　滟 / 译

《智慧树》
乌　蒙 / 译